EDER MARINHO MARTINS

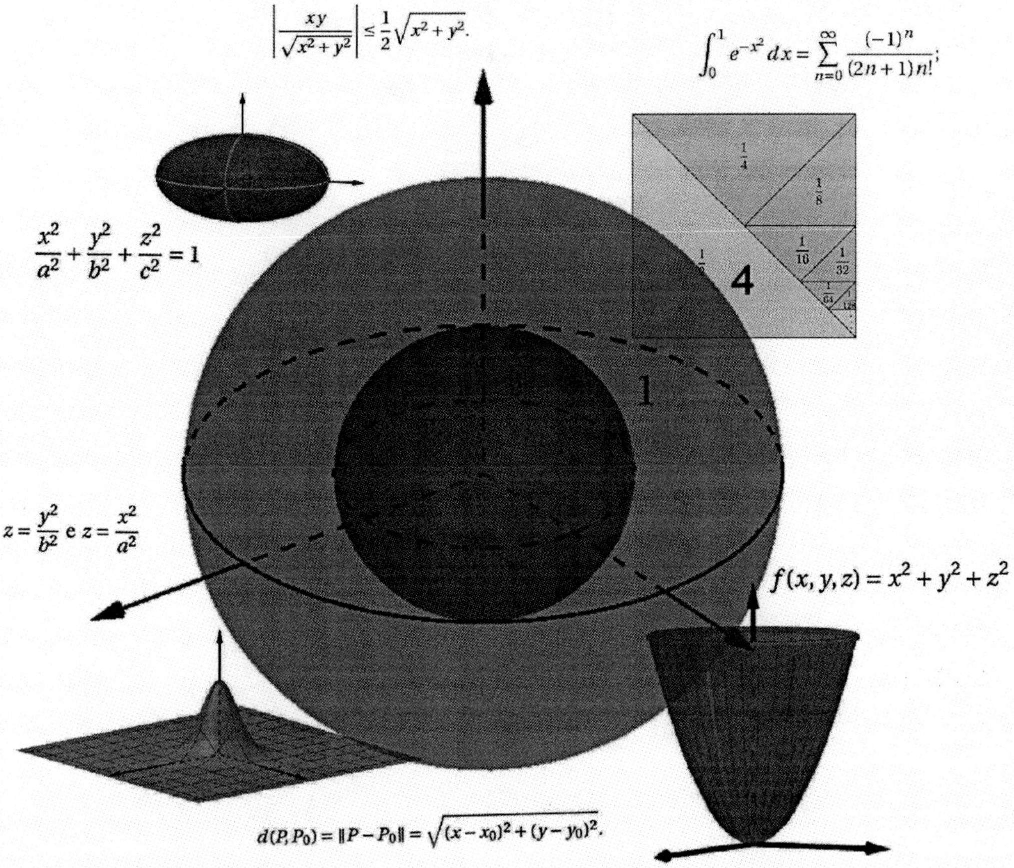

UM CURSO DE CÁLCULO II

EDITORA CIÊNCIA MODERNA

Um Curso de Cálculo II

Editor: Paulo André P. Marques
Produção Editorial: Dilene Sandes Pessanha
Capa: Daniel Jara
Diagramação: Daniel Jara
Copidesque: Equipe Ciência Moderna

FICHA CATALOGRAFICA

MARTINS, Eder Marinho.

Um Curso de Cálculo II

Rio de Janeiro: Editora Ciência Moderna Ltda., 2021.

1. Matemática 2. Cálculo
I — Título

ISBN: 978-65-5842-048-4 CDD 515

Editora Ciência Moderna Ltda.
R. Alice Figueiredo, 46 – Riachuelo
Rio de Janeiro, RJ – Brasil CEP: 20.950-150
Tel: (21) 2201-6662/ Fax: (21) 2201-6896
E-MAIL: LCM@LCM.COM.BR
WWW.LCM.COM.BR

05/21

Agradecimentos

Gostaria de agradecer a todos os alunos e professores do Departamento de Matemática da UFOP que apontaram erros nas notas de aula utilizadas para escrever este texto, mas alguns deles merecem ser citados nominalmente. Gabriel Anjos Pimentel — ex-aluno do Bacharelado em Matemática da UFOP —, os Professores Vinícius V. P. de Almeida e Wenderson Marques Ferreira leram cuidadosamente o manuscrito e apresentaram diversas sugestões. Amanda Helena Lopes Valente e Joyce Kelly de Figueiredo, estudantes do curso de Matemática da UFOP, colaboraram enormemente para a elaboração do capítulo de respostas ao final deste livro, além de terem encontrado erros na última versão do texto. O Professor André Talvani Pedrosa da Silva — diretor do Instituo de Ciência Exatas e Biológicas da UFOP —– apoiou a proposta desde o início. Vale também agradecer ao Professor Davidson de Oliveira Rodrigues, amigo e professor de História do IF Sul de Minas, pois conversamos sobre qualquer tipo de assunto (até mesmo ensino de Cálculo) e me apresentou excelentes sugestões de como proceder com o texto. Os professores Thiago Santos (UFOP), Jaime Velasco e Sueli Cunha da UERJ pela disposição em colaborar com a diagramação do texto. O Professor Raimundo Santos Leite foi quem me indicou a Editora Ciência Moderna para publicação do livro. À Elisa Barreto pela paciência em me ouvir falando deste material por tantas vezes. Naturalmente não poderia esquecer dos meus ex-professores Adilson Vieira Brandão (hoje na UFSCAR) e João Luiz Martins (hoje na UFSC). O embrião deste texto surgiu quando escrevemos, junto com o professor Wenderson – em nossos tempos de graduação –, uma pequena apostila de Sequências e Séries Numéricas. O Professor (já aposentado) Kléber Aguiar de Carvalho, do DEMAT-UFOP, com quem aprendi a fazer o esboço de superfícies. O professor Kléber, aliás, é a pessoa que conheço que melhor as desenha, realizando verdadeiras obras de arte no quadro negro. Por fim, mas não menos importante, agradeço ao Sr. Paulo André e toda equipe da LCM pela receptividade com o projeto apresentado e toda disposição em me auxiliar na elaboração e diagramação final.

Para

Elisa, pela paciência;

Meus pais: Efigênia e Marinho (ambos *in memoriam*)

Meus irmãos: José (*in memoriam*), Nivaldo, Antônio, Maria (*in memoriam*), Neusa, Lala, Oliveira, Lulu e Lúcia.

Prefácio

> Mas se o universo tivesse surgido subitamente de uma outra coisa, então também esta outra coisa teria de ter surgido, a dada altura, de uma outra. Sofia compreendeu que apenas diferia o problema. Afinal, alguma coisa teria de ter surgido do nada a certa altura. Mas seria isso possível? Este pensamento não seria tão impossível como o de o mundo ter sempre existido?
> (J. Gaarder, "O Mundo de Sofia")

O presente texto nasceu da escrita de notas de aulas para auxiliar os alunos da disciplina de Cálculo Diferencial e Integral II (MTM123) da UFOP em seus estudos. O texto, entretanto, pode ser utilizado por qualquer instituição de ensino superior com alguma disciplina de Cálculo que trate dos assuntos aqui apresentados. A principal motivação para a escrita veio para atender uma demanda dos próprios estudantes (alguns, talvez na intenção de agradar o professor, outros de forma honesta, sempre diziam gostar da maneira que eu escrevia e explicava o conteúdo). Após algum tempo, juntando anotações desde os tempos em que cursei a disciplina, resolvi me aventurar a escrever. Alguns livros que vale citar como referências bibliográficas são (STEWART, 2008a) e (STEWART, 2008b), (ANTON; BIVENS; DAVIS, 2007a), (ANTON; BIVENS; DAVIS, 2007b), (FLEMMING; GONÇALVES, 1992a), (FLEMMING; GONÇALVES, 1992b).

Fiz alguns "testes" com versões preliminares do texto com turmas minhas de Cálculo II da UFOP e a recepção foi positiva. Assim, me senti motivado a publicá-lo em formato de livro. O pré-requisito para a leitura deste texto é o conhecimento de limite e derivada de funções de uma variável real, e das técnicas de integração (o curso de Cálculo I da UFOP vai até esse ponto mais o cálculo de área via integração definida — conteúdo presente neste material).

Os exercícios propostos foram divididos em três categorias: *de aquecimento, gerais* e *teóricos*. Os exercícios de aquecimento aparecem no final de cada seção e objetivam o treino da técnica apresentada (uma fixação); os exercícios gerais (muitos com respostas ou soluções no Capítulo 6) são apresentados no final de cada capítulo e tem a intenção de exigir do leitor a capacidade de intuir qual a técnica adequada para resolver o problema apresentado; por fim, os exercícios teóricos são mais conceituais com questões do tipo "*prove ou demonstre que*" e "*verdadeiro ou falso*". Esse tipo de exercício visa melhorar a compreensão teórica dos assuntos abordados no texto e também desafiar o leitor (são de particular importância para os alunos dos cursos de Matemática e Física). Observo ainda que alguns exercícios (adaptados, quando necessário) do ENADE — Exame Nacional de Desempenho de Estudantes — são apresentados ao leitor, algo que não aparece nos livros de Cálculo tradicionais. Todos os exercícios têm o objetivo de completar a teoria e são necessários para o melhor entendimento dos assuntos abordados. Costumo dizer que, ainda que você não faça todos os exercícios, é de extrema importância ler todos e perceber se você sabe ou não fazê-lo.

No primeiro capítulo apresentamos as aplicações da Integral num contexto voltado para a Geometria: Cálculo de comprimentos, Áreas e Volumes. No Capítulo 2, fazemos uma exposição sobre Sequências, um dos assuntos mais importantes dentro da matemática devido a sua aplicabilidade no que se refere a aproximações. No Capítulo 3, apresentamos as Séries Numéricas e os testes de convergência. Tenho notado que este é um dos assuntos de difícil assimilação por parte dos alunos (sobretudo no estudo dos Testes de Convergências). Esse capítulo é dedicado, também, ao estudo das Séries de Potências, um dos assuntos mais belos dentro do Cálculo Diferencial, pois estas permitem aproximar funções sabidamente complicadas (como seno, cosseno, raízes etc) por polinômios. Não que polinômios sejam funções "simples", mas possuem a vantagem de que para avaliá-las em valores específicos, temos apenas potências a calcular. O Capítulo 4 é destinado ao estudo das superfícies cilíndricas e quádricas. Este é um tópico no qual os estudantes geralmente apresentam dificuldades e tive a preocupação de deixar esse capítulo o mais didático possível. A visualização de superfícies é extremamente importante não só pela percepção espacial que se ganha, mas também auxiliará no Cálculo das Integrais Triplas. O Capítulo 5 é destinado às funções de várias variáveis. Nesse capítulo trilhamos um caminho similar àquele feito para funções de uma variável real: limites, derivadas e integrais (este último não aparece neste texto). Como veremos, a ideia de limite e derivada são ligeiramente mais complicadas que aquelas vistas para funções de uma variável real. Vale observar que, diferentemente de boa parte dos livros da literatura atual, optei por apresentar noções de Topologia antes de introduzir as ideias de limites de funções de várias variáveis. Espero com isto oportunizar ao estudante uma melhor compreensão da ideia de proximidade no espaço e da própria definição de limite — um *pesadelo* para os estudantes de maneira geral. No Capítulo 5.11 são apresentadas as respostas e soluções dos exercícios gerais. No Apêndice é apresentada a fórmula de Taylor para Funções de Várias Variáveis e a prova do Teste da Derivada Segunda para Extremos Relativos de Funções de Duas Variáveis. No sentido de deixar o texto mais completo, estão a disposição do leitor a demonstração de alguns resultados (nem todos são possíveis de se demonstrar neste texto, pois seriam necessários conhecimentos mais avançados), mas a prova de teoremas e proposições é algo que pode ser omitida numa primeira leitura sem prejuízo de compreensão dos assuntos principais. Ainda que seja opcional, convidamos o leitor a essa parte do texto. Espero que o texto seja útil para estudantes e professores. Boa leitura!

Eder Marinho Martins

Sumário

Capítulo 1

Aplicações da Integral

1.1 Teorema Fundamental do Cálculo e Áreas

A integral definida surge a partir do problema do cálculo da área de uma região D do plano cartesiano limitada pelas curvas $x = a, x = b$, $y = 0$ e $y = f(x)$, em que $f : [a,b] \to \mathbb{R}$ é uma função contínua e positiva (veja Figura 1).

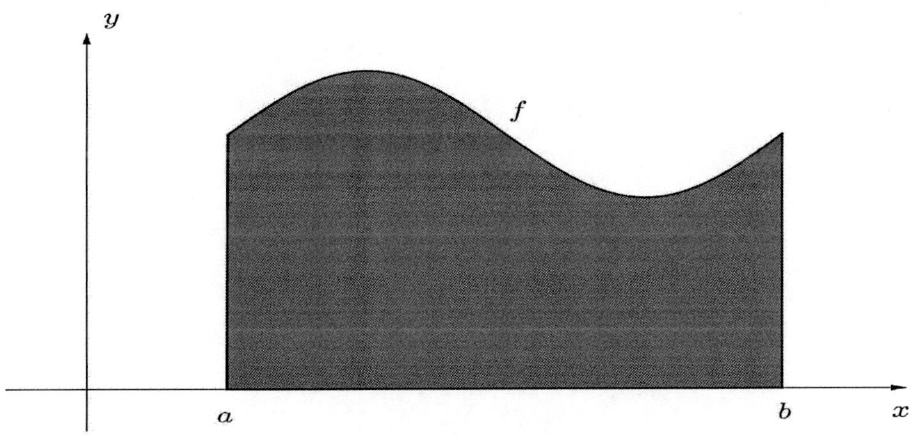

Figura 1 – Região D

Observe que a região D pode ser escrita como

$$D = \{(x,y) : a \leq x \leq b, 0 \leq y \leq f(x)\}.$$

A estratégia clássica para encontrar a área da região D é dividir o intervalo $[a,b]$ em n subintervalos $[x_{i-1}, x_i]$ e tomar $\alpha_i \in [x_{i-1}, x_i]$. Desse modo, consideramos os retângulos de base $\Delta x_i = x_i - x_{i-1}$ e altura $f(\alpha_i)$ (veja Figura 2).

Naturalmente, a área de cada retângulo que aparece na figura é dada por

$$A_i = f(\alpha_i)\Delta x_i.$$

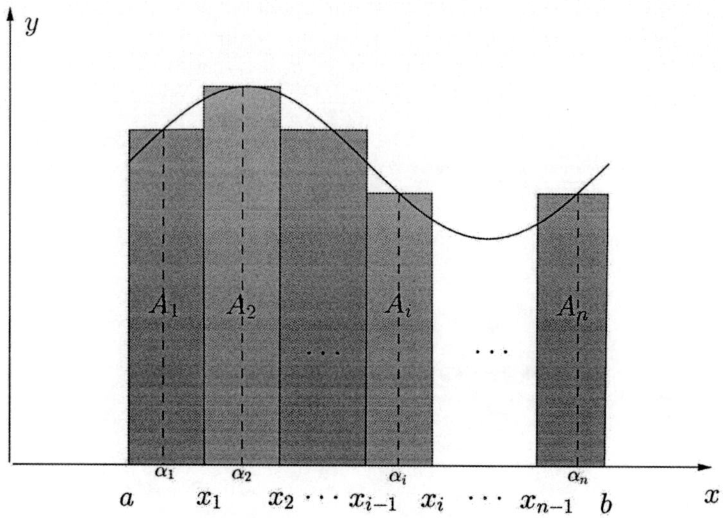

Figura 2 –

A área da região D é aproximada por

$$A(D) \approx A_1 + A_2 + \cdots + A_n.$$

Para simplificar nossa exposição, vamos supor que cada intervalo $[x_{i-1}, x_i]$ tem o mesmo comprimento, isto é $\Delta x_i = \Delta x$. Com isto, podemos escrever

$$\Delta x = \frac{b-a}{n},$$

assim

$$A(D) \approx \sum_{i=1}^{n} f(\alpha_i)\Delta x.$$

Intuitivamente tem-se

$$A(D) = \lim_{n\to\infty} \sum_{i=1}^{n} f(\alpha_i)\Delta x.$$

Considerando a notação apresentada temos a

Definição 1.1. Seja $f : [a,b] \to \mathbb{R}$ uma função contínua. A integral definida de f no intervalo $[a,b]$ é dada por

$$\int_a^b f(x)dx = \lim_{n\to\infty} \sum_{i=1}^{n} f(\alpha_i)\Delta x.$$

A soma acima é dita **soma de Riemann** da função f. □

De acordo com o desenvolvimento acima, a área de uma região

$$D = \{(x,y) : a \le x \le b \text{ e } 0 \le y \le f(x)\}$$

é dada por

$$A(D) = \int_a^b f(x)dx. \tag{1.1}$$

Observação 1.1. A definição de integral definida não exige $f(x) \geq 0$. Tal integral (definida) é uma *ferramenta* para o cálculo de áreas, porém o problema precisa ser modelado de modo a utilizar a integral corretamente. □

Observação 1.2 (A ideia esquemática do problema de área)**.** Pode-se pensar no problema da área de maneira mais simples (menos rigorosa, porém) que a apresentada na Definição 1.1. A Figura 3 apresenta a região

$$D = \{(x, y) : a \leq x \leq b, 0 \leq y \leq f(x)\}$$

e um retângulo construído de maneira similar aos apresentados na Figura 2: dado $x \in (a, b)$, constrói-se o retângulo de base $B = \Delta x$ (esse Δx é imaginado **bem pequeno**) e altura, H, dada pela diferença entre o limitante superior e inferior da região no ponto x. No caso em questão, a altura é dada por $f(x) - 0 = f(x)$. À medida que x varia de a até b, o retângulo da figura percorre toda a área procurada. O **elemento de área**, ΔA, é definido como sendo a área do retângulo, isto é

$$\Delta A = H \cdot B.$$

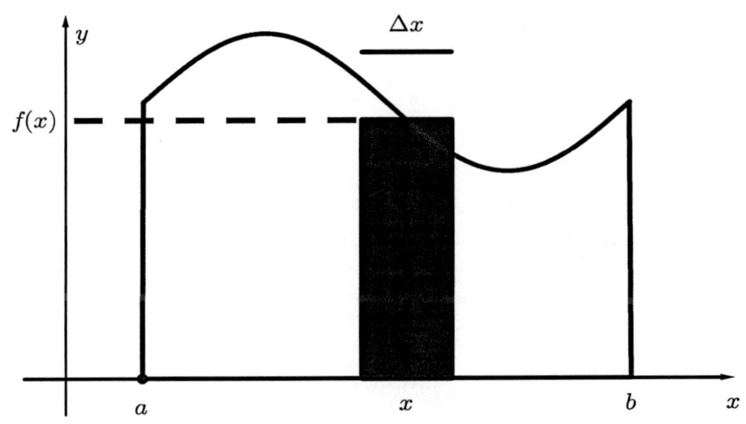

Figura 3 –

Ao "somar" a área de todos os elementos de área, obter-se-á a área da região D. Esse processo de soma é realizado pela integral definida e, no caso da Figura 3, $A = \int_a^b f(x)dx$. O elemento $f(x)dx$ representa a área de um retângulo muito fino e o símbolo $\int_a^b$ representa a soma dessas áreas. □

A grande pergunta que surge no estudo de integrais definidas é como calcular o limite que aparece na Definição 1.1. A chave para essa questão é o Teorema Fundamental do Cálculo.

Teorema 1.1 (Teorema Fundamental do Cálculo)**.** *Seja $f : [a, b] \to \mathbb{R}$ uma função contínua e F uma primitiva de f, isto é, $F'(x) = f(x)$. Então*

$$\int_a^b f(x)dx = F(b) - F(a). \tag{1.2}$$

Observação 1.3. O Teorema Fundamental do Cálculo relaciona dois problemas clássicos: o cálculo da área de uma região e o da tangente à uma curva. Se entendermos que o lado esquerdo de (1.2) é uma *soma contínua* e lembrarmos que $f(x) = F'(x)$, podemos interpretar o TFC como

A soma das taxas de variação instantânea de F (representadas por $F'(x) = f(x)$) é igual a variação total de F no intervalo $[a, b]$.

Acredito que a afirmação acima torna mais intuitiva a compreensão do TFC. □

Nos exemplos apresentados, $u.a.$ significa unidades de área (metros quadrados, centímetros quadrados etc).

Exemplo 1.1. *Encontre a área da região limitada pelas curvas $y = senx$, $y = 0$, $x = 0$ e $x = \pi$.*

Solução: Ao invés de aplicarmos diretamente a expressão dada na Definição 1.1, pensemos no gráfico da função $f(x) = \text{sen}x$ apresentado na Figura 4.

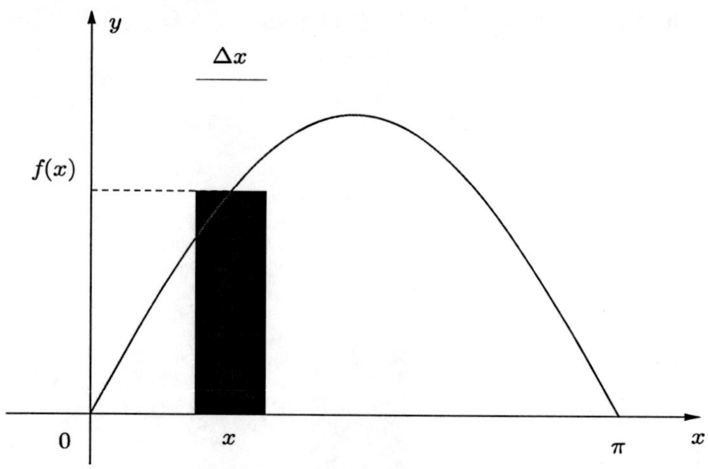

Figura 4 – Figura do Exemplo 1.1

Escolhendo de forma arbitrária um ponto $x \in (0, \pi)$, construímos um retângulo de base Δx e altura $f(x) = \text{sen}x$. O **elemento de área** do problema apresentado é dado por $\Delta A = f(x)\Delta x$; ao realizarmos a ***soma*** desses retângulos obtemos a integral que nos fornece a área, isto é

$$A = \int_0^\pi f(x)dx = \int_0^\pi \text{sen}x dx.$$

O cálculo da integral acima é simples:

$$\begin{aligned}\int_0^\pi \text{sen}x dx &= (-\cos x)\Big|_0^\pi \\ &= -\cos\pi + \cos 0 = 2u.a.\end{aligned}$$

1.1.1 Área entre duas curvas

Considere uma região D, limitada pelas curvas $x = a, x = b$, $y = f(x)$ e $y = g(x)$, em que $f, g : [a, b] \to \mathbb{R}$ são funções contínuas tais que $f(x) \leq g(x)$. Observe que pode-se escrever

$$D = \{(x, y) : a \leq x \leq b \text{ e } f(x) \leq y \leq g(x)\}.$$

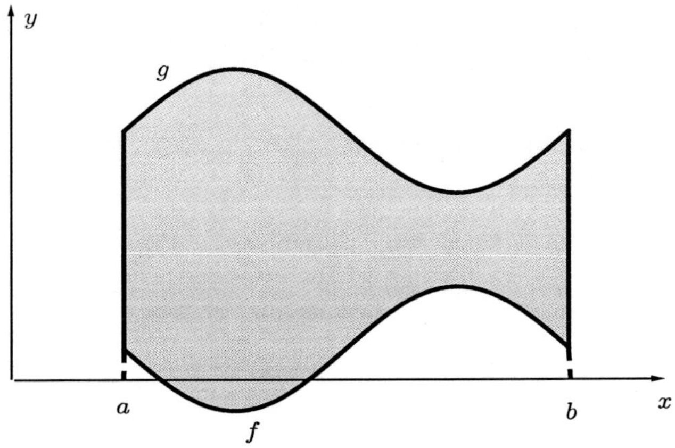

Figura 5 –

Uma ilustração de uma região D é apresentada na Figura 5

O Cálculo da área da região D é feito de maneira similar ao que fizemos na seção anterior. A única diferença é que a expressão da integral irá mudar, pois D não é mais limitada inferiormente por $y = 0$ e sim por uma função não identicamente nula.

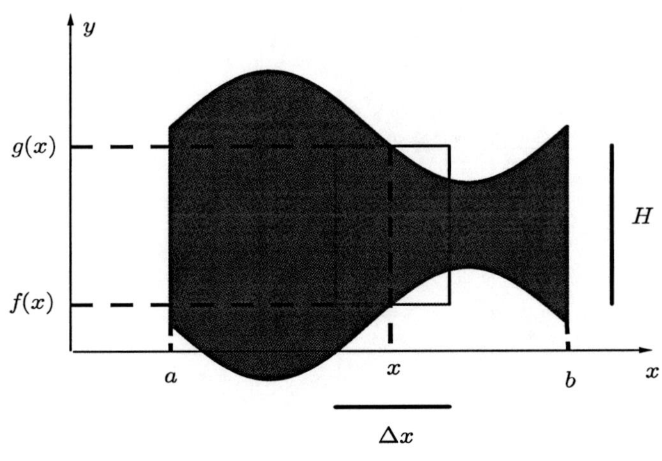

Figura 6 –

O que devemos fazer é encontrar o **elemento de área**, dado por $\Delta A = H \cdot \Delta x$, em que H é a altura dos retângulos que aparecem nas Figuras 2 e 6, e ΔA é a área do retângulo destacado na Figura 6. A altura H irá depender de cada ponto x escolhido no intervalo (a, b). A soma *contínua*, ou seja a integral definida, dos elementos de área irá nos fornecer a área total procurada.

Conforme a Figura 6, tem-se, para cada x, $H = g(x) - f(x)$. Deste modo,

$$\Delta A = (g(x) - f(x))\Delta x$$

e

$$A=\int_a^b (g(x)-f(x))dx, \tag{1.3}$$

em que A é a área da região D.

É importante compreender a ideia explanada acima, pois, além de ela se aplicar em várias situações do cálculo de áreas, iremos utilizá-la no cálculo de volumes de sólidos, área da superfície de sólidos e comprimento de arcos. A simples memorização das equações (1.1) e (1.3) **não** é a melhor escolha.

Nos exemplos que se seguem, a sigla *u.a.* significa unidades de área (metros quadrados, centímetros quadrados etc).

Exemplo 1.2. *Calcule a área da região D, limitada pelas curvas* $x=0$, $x=1$, $y=\sqrt{1-x}+1$ *e* $y=-\sqrt{1-x}+1$.

Solução: A Figura 7 apresenta um esboço da região D e esta pode ser escrita como

$$D=\{(x,y):0\leq x\leq 1 \text{ e } -\sqrt{1-x}+1\leq y\leq \sqrt{1-x}+1\}$$

O elemento de área é $\Delta A=H\cdot B$ e, nesse exemplo, tem-se

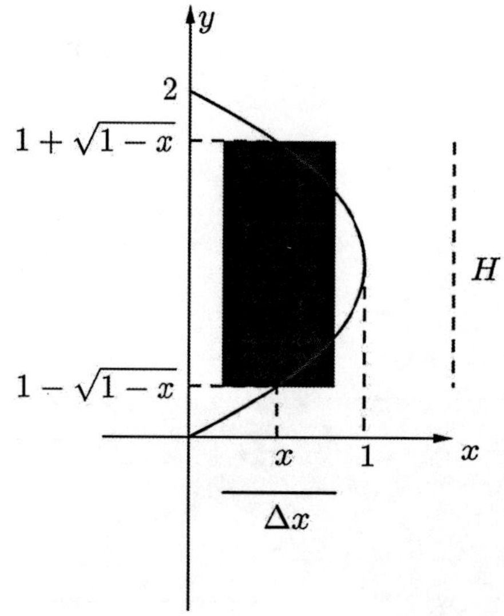

Figura 7 – Exemplo 1.2

$$H=(\sqrt{1-x}+1)-(-\sqrt{1-x}+1) \text{ e } B=\Delta x,$$

ou seja $\Delta A=2\sqrt{1-x}\Delta x$. Daí:

$$\begin{aligned} A(D) &= 2\int_0^1 \sqrt{1-x}dx=-2\int_1^0 \sqrt{u}du \\ &= 2\int_0^1 \sqrt{u}du=2\cdot\frac{2}{3}u^{\frac{3}{2}}\Big|_0^1=\frac{4}{3}u.a. \end{aligned}$$

□

Observação 1.4. Existem casos em que é mais conveniente considerarmos uma região D escrita como

$$D = \{(x,y) : c \leq y \leq d \text{ e } f(y) \leq x \leq g(y)\}.$$

A Figura 8 ilustra uma situação desse tipo.

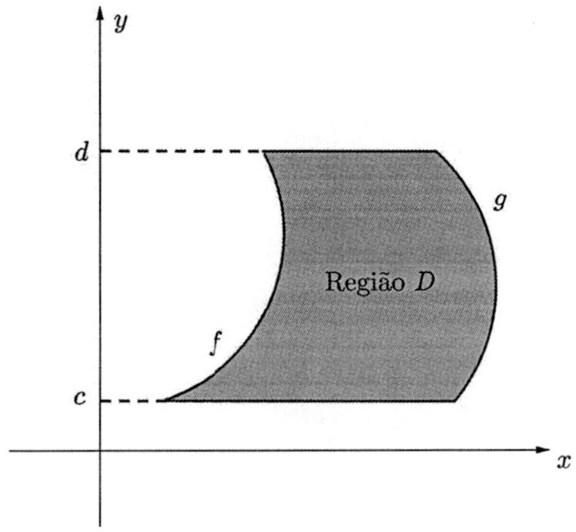

Figura 8 – Região do tipo $D = \{(x,y) : c \leq y \leq d \text{ e } f(y) \leq x \leq g(y)\}$.

Exemplo 1.3. *Encontre a área da região D, limitada pelas curvas* $x = 2y - y^2$ *e* $x = 0$.

Solução: A Figura 9 ilustra a situação deste exemplo. A região D pode ser escrita como

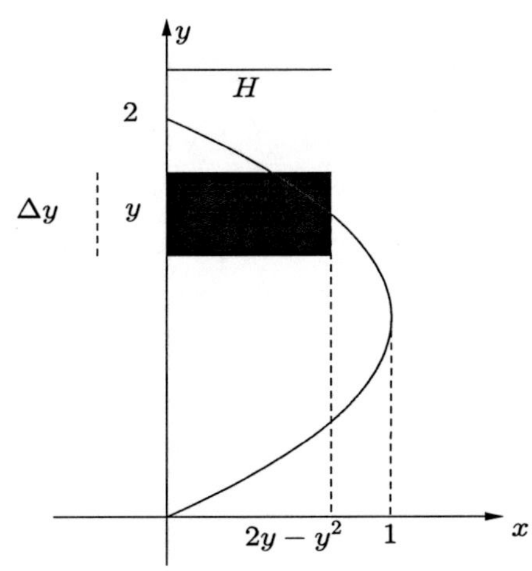

Figura 9 – Exemplo 1.3

$$D = \{(x,y) : 0 \leq y \leq 2 \text{ e } 0 \leq x \leq 2y - y^2\}.$$

E notamos que D é a mesma região apresentada no exemplo anterior (veja Figura 7). O elemento de área é, nesse caso, dado por $\Delta A = (2y - y^2)\Delta y$, daí

$$A(D) = \int_0^2 (2y - y^2)dy = \left(y^2 - \frac{y^3}{3}\right)\Big|_0^2 = \frac{4}{3}u.a.$$

□

Exemplo 1.4. *Calcule a área da região D, limitada pelas curvas $y = x, y = x^2, x = 0$ e $x = 2$.*

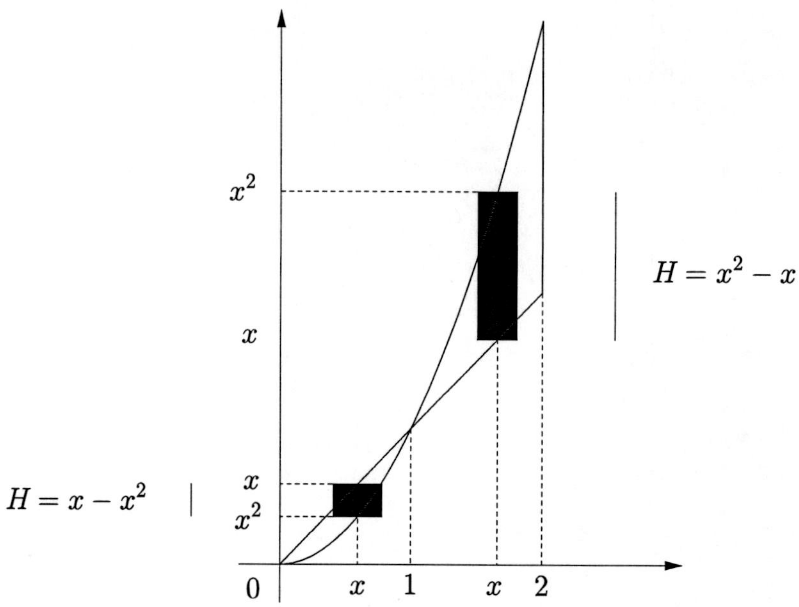

Figura 10 – Exemplo 1.4

Solução: A Figura 10 apresenta um esboço da região D. Nesse exemplo, é necessário tomar um certo cuidado. No intervalo $[0,1]$, tem-se $x^2 \leq x$ e no intervalo $[1,2]$, tem-se $x \leq x^2$. Isso significa que elemento de área, $\Delta A = H \cdot B$, irá mudar à medida que x varia no intervalo $[0,2]$ (o que muda é apenas a altura). Deste modo, temos que dividir o problema em dois: um quando x varia no intervalo $[0,1]$ e outro quando x varia no intervalo $[1,2]$ (em ambos os casos $B = \Delta x$).

- No intervalo $[0,1]$: $H = x - x^2$ e nesse caso $\Delta A_1 = (x - x^2)\Delta x$, o que implica em

$$A_1 = \int_0^1 (x - x^2)dx = \left(\frac{x^2}{2} - \frac{x^3}{3}\right)\Big|_0^1 = \frac{1}{6}u.a.;$$

- no intervalo $[1,2]$: $H = x^2 - x$ e, nesse caso, $\Delta A_2 = (x^2 - x)\Delta x$, o que implica em

$$A_2 = \int_1^2 (x^2 - x)dx = \left(\frac{x^3}{3} - \frac{x^2}{2}\right)\Big|_1^2 = \frac{5}{6}u.a.;$$

Daí $A = A_1 + A_2 = \dfrac{1}{6} + \dfrac{5}{6} = 1u.a.$ □

EXERCÍCIOS DE AQUECIMENTO

Encontre a área da região limitada pelas curvas:

1. $y = \ln x$, $y = 0$ e $x = e$;
2. $y = x + 6$, $y = x^2$, $x = 0$ e $x = 2$;
3. $y = \cos x + 1$, $y = x-$, $x = 0$ e $x = \pi$;
4. $y = x^2 - 9$ e $y = 2$.

Respostas:

1. $y = 1u.a.$
2. $\frac{34}{3}u.a.$
3. $\pi + \frac{\pi^2}{2}u.a.$
4. $\frac{130}{3}u.a.$

1.2 Volumes

Considere um sólido T no espaço e um plano β perpendicular ao eixo x que intercepta T (a Figura 11 ilustra essa situação). A interseção do sólido T com o plano é uma região plana denominada **seção (ou fatia) transversal** de T. Denote por $A(x)$ a área de cada seção transversal obtida do plano β que passa pelo ponto x (veja a Figura 11). A função $A(x)$ irá nos ajudar a obter o volume do sólido T. Para chegar nesse objetivo, divida o sólido T em n fatias de largura $\Delta x = \frac{b-a}{n}$ (essa escolha é apenas para facilitar a leitura). No eixo x, teremos intervalos da forma $[x_{i-1}, x_i]$ e em cada intervalo desse tipo tomamos $\alpha_i \in (x_{i-1}, x_i)$ (assim como feito no problema de área).

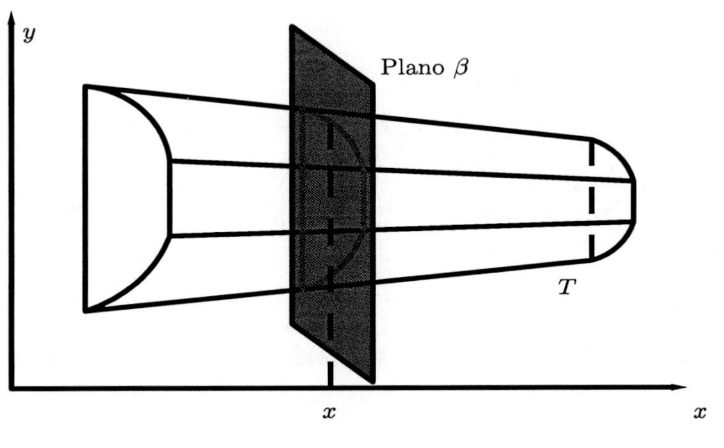

Figura 11 – Plano β intersepta o sólido T.

Construída a fatia que passa pelo ponto α_i, construa um prisma cuja base tem área $A(\alpha_i)$ e altura $x_i - x_{i-1} = \Delta x$. O volume do sólido de espessura Δx apresentado na Figura 12 é $A(\alpha_i)\Delta x$ e o volume total é aproximado por

$$V \approx \sum_{i=1}^{n} A(\alpha_i)\Delta x.$$

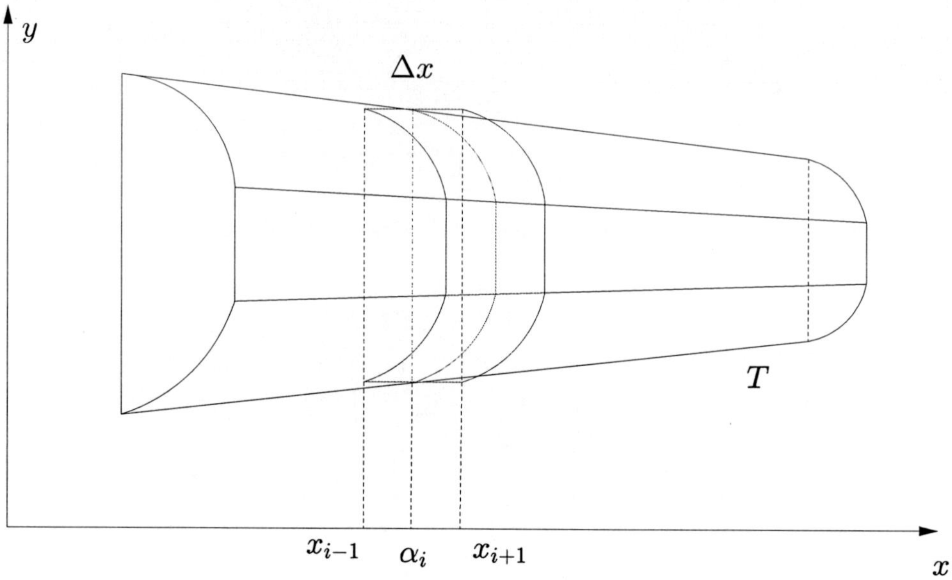

Figura 12 – Volume do sólido de espessura Δx: $A(\alpha_i)\Delta x$

Intuitivamente teremos

$$V = \lim_{n\to\infty} \sum_{i=1}^{n} A(\alpha_i)\Delta x.$$

Definição 1.2 (Definição de Volume). Seja T um sólido que está entre $x = a$ e $x = b$. Se a área da seção transversal de T por um plano perpendicular ao eixo x — passando por x — é $A(x)$, em que A é uma função contínua, então o volume de T é

$$V = \lim_{n\to\infty} \sum_{i=1}^{n} A(\alpha_i)\Delta x = \int_a^b A(x)dx.$$

Nosso principal foco será nos sólidos de revolução, porém faremos um exemplo que difere desse caso.

Observação 1.5 (Elemento de Volume). Assim como acontece no caso da área, definimos, com a notação acima, o elemento de volume de um sólido T como sendo $\Delta V = A(x)\Delta x$. Deste modo, tem-se $V = \displaystyle\int_a^b A(x)dx$, em que V é o volume do sólido T.

Exemplo 1.5. Utilize integrais para mostrar que o volume de uma pirâmide de base quadrada, cujo lado mede L e altura h, é $\dfrac{L^2h}{3}$.

Solução: A Figura 13 ilustra uma pirâmide de modo que sua altura está ao longo do eixo x. Por semelhança de triângulos, temos:

$$\frac{k}{L} = \frac{h-x}{h},$$

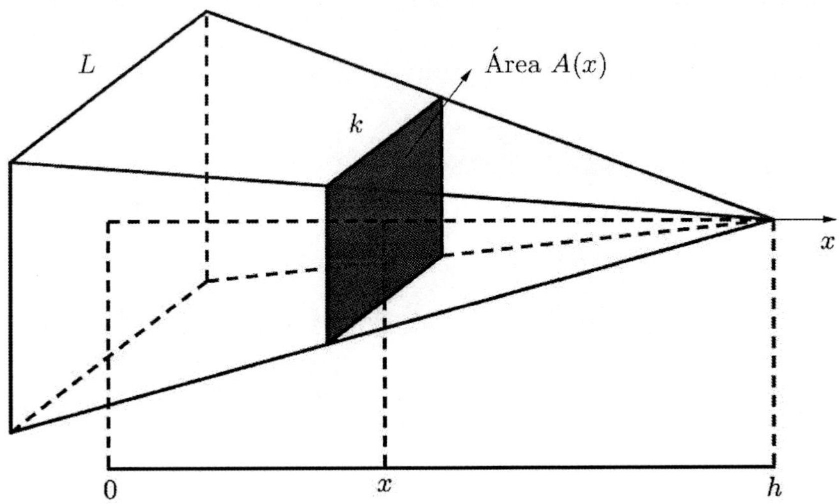

Figura 13 – Pirâmide

e uma simples manipulação algébrica nos fornece $k = \frac{L}{h}(h-x)$. Deste modo, para cada x, a área da seção transversal correspondente é dada por

$$A(x) = \frac{L^2}{h^2}(h-x)^2.$$

Daí

$$V = \int_0^h \frac{L^2}{h^2}(h-x)^2 dx = -\frac{L^2}{h^2}\frac{(h-x)^3}{2}\Big|_0^h = \frac{L^2 h}{3}.$$

1.2.1 Sólidos de Revolução: Método do Disco

Considere uma função $f : [a,b] \to \mathbb{R}$ e suponhamos inicialmente $f(x) \geq 0$. Considere a região D dada por $D = \{(x,y) : a \leq x \leq b \text{ e } 0 \leq y \leq f(x)\}$ (veja Figura 14).

Se rotacionarmos o gráfico de f em torno do eixo x obtemos a Figura 15.

Como encontrar o volume do sólido obtido? Aqui, as fatias são círculos de raio $f(x)$ e temos que a área da seção transversal é dada por $A(x) = \pi f(x)^2$ e, portanto,

$$V = \pi \int_a^b f(x)^2 dx.$$

A melhor maneira de visualizar isso é imaginar um retângulo de base Δx e altura $f(x)$ (veja Figura 16) que, quando rotacionado em torno do eixo x, fornece um cilindro muito fino de altura Δx (daí o nome **método do disco**, pois esse cilindro é quase um disco) e raio $r = f(x)$. O **elemento de volume** é dado por

$$\Delta V = \text{area da base} \times \text{altura} = \pi r^2 h = \pi f(x)^2 \Delta x.$$

Nos exemplos que se seguem, a sigla $u.v.$ significa unidades de volume (centímetros cúbicos, metros cúbicos etc).

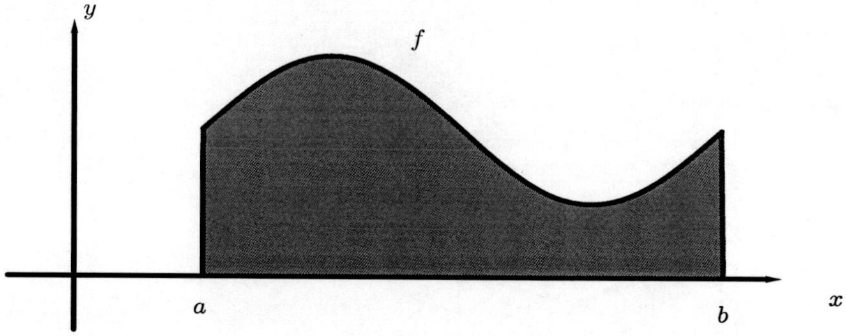

Figura 14 – Região $D = \{(x, y) : a \leq x \leq b \text{ e } 0 \leq y \leq f(x)\}$

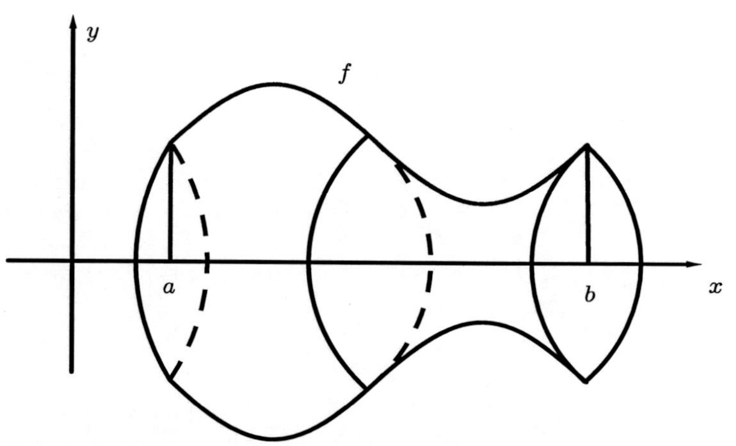

Figura 15 – Região D rotacionada em torno do eixo x

Exemplo 1.6. *Utilize integrais para mostrar que o volume de uma esfera de raio a é dado por* $\frac{4}{3}\pi a^3$.

Solução: Uma esfera de raio a pode ser entendida como um sólido de revolução. Basta rotacionarmos a metade "positiva" de um círculo de equação $x^2 + y^2 = a^2$ ao redor do eixo x. Nesse caso $y = \sqrt{a^2 - x^2}$ e o volume é dado por

$$V(x) = \pi \int_{-a}^{a} \left(\sqrt{a^2 - x^2}\right)^2 dx = 2\pi \int_0^a (a^2 - x^2) dx = 2\pi \left(a^2 x - \frac{x^3}{3}\right)\Big|_0^a = \frac{4}{3}\pi a^3.$$

□

Exemplo 1.7. *Encontre o volume do sólido obtido quando rotacionamos a região D, delimitada por* $x = 2y - y^2$ *e* $x = 0$, *em torno do eixo y.*

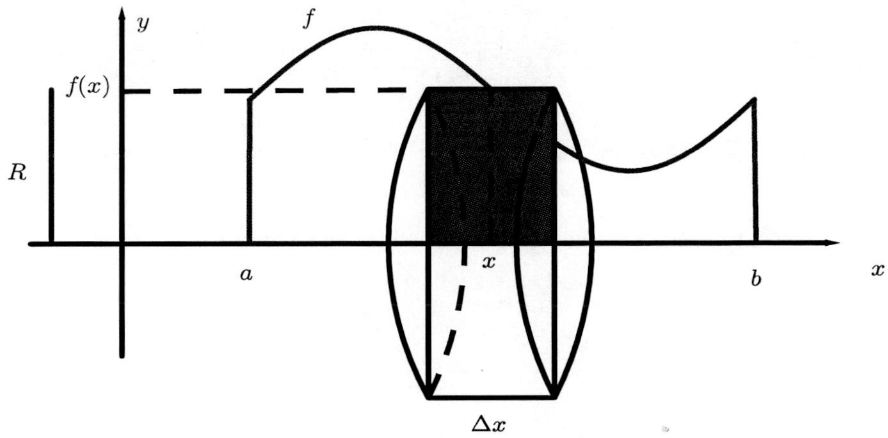

Figura 16 – Elemento de Volume $\Delta V = \pi f(x)^2 \Delta x$

Solução: Nesse exemplo, a região em questão pode ser escrita por

$$D = \{(x, y) : 0 \leq x \leq 2y - y^2, 0 \leq y \leq 2\} \text{ (veja figura 17)}$$

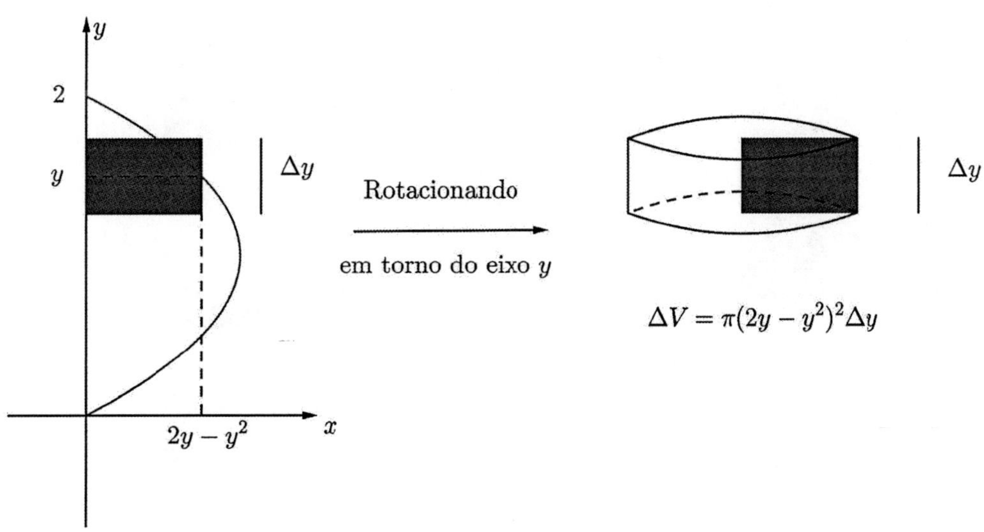

Figura 17 – Exemplo 1.7

Como $\Delta V = \pi r^2 H$, em que $r = (2y - y^2)$ e $H = \Delta$, tem-se $\Delta V = \pi(2y - y^2)^2 \Delta y$. Daí

$$V = \pi \int_0^2 (2y - y^2)^2 dy = \pi \int_0^2 4y^2 - 4y^3 + y^4 dy = \left(\frac{4y^3}{3} - y^4 + \frac{y^5}{5} \right) \Big|_0^2 = \frac{16}{15} u.v.$$

□

Até o momento, fomos capazes de calcular o volume de sólidos obtidos da rotação de regiões

$$D = \{(x, y) : a \leq x \leq b, 0 \leq y \leq f(x)\}$$

em torno de um dos eixos coordenados. Como proceder com uma região da forma

$$D = \{(x, y) : a \leq x \leq b, f(x) \leq y \leq g(x)\}?$$

Basicamente a ideia é a mesma. Devemos encontrar a área, $A(x)$, da seção transversal para cada x fixado e o elemento de volume $A(x)\Delta x$. Na situação proposta, a seção transversal é uma coroa circular de raios $f(x)$ e $g(x)$ respectivamente (essa coroa é obtida ao rotacionarmos a parte hachurada da Figura 6 em torno do eixo x). Nesse caso, o elemento de volume é dado por

$$\Delta V = (\pi g(x)^2 - \pi f(x)^2)\Delta x = \pi(g(x)^2 - f(x)^2)\Delta x.$$

Exemplo 1.8. *Encontre o volume do sólido obtido quando rotacionamos a região D, delimitada por* $x = 2y - y^2$ *e* $x = 0$, *em torno do eixo x.*

Solução: Note que

$$D = \{(x, y) : 0 \leq x \leq 1 \text{ e } -\sqrt{1-x} + 1 \leq y \leq \sqrt{1-x} + 1\}.$$

A Figura 18 representa o retângulo de altura H e base Δx e sua rotação em torno do eixo x. O elemento de volume

Figura 18 – Exemplo 1.8

é um anel (ou arruela) e seu volume é dado pela diferença do volume do cilindro maior e o menor apresentado na figura:

$$\pi(R^2 - r^2)H,$$

em que $R = \sqrt{1-x} + 1$, $r = -\sqrt{1-x} + 1$ e $H = \Delta x$, isto é

$$\Delta V = \pi((\sqrt{1-x} + 1)^2 - (-\sqrt{1-x} + 1)^2)\Delta x.$$

Tem-se, portanto,

$$\begin{aligned} V &= \int_0^1 \pi((\sqrt{1-x}+1)^2 - (-\sqrt{1-x}+1)^2))dx \\ &= \pi \int_0^1 (1+2\sqrt{1-x}+1-x-1+2\sqrt{1-x}-(1-x))dx \\ &= 4\pi \int_0^1 \sqrt{1-x}dx = -4\pi(1-x)^{\frac{3}{2}}\Big|_0^1 dx = \frac{8}{3}\pi u.v. \end{aligned}$$

□

EXERCÍCIOS DE AQUECIMENTO

1. Seja D a região limitada pelas curvas $y = 0, y = x^2 - 1$, $x = 0$ e $x = 1$.

   a) Faça um esboço da regiãoD;

   b) Obtenha o volume do sólido de revolução obtido pela rotação da região D em torno do eixo x;

   c) Obtenha o volume do sólido de revolução obtido pela rotação da região D em torno do eixo y;

2. Seja D a região limitada pelas curvas $y = x^3, y = x^2$, $x = 0$ e $x = 1$. Obtenha o volume do sólido de revolução obtido quando D for rotacionada em torno do eixo x;

3. Seja D a região limitada pelas curvas $y = \sqrt{x}$ e $y = x^2$. Obtenha o volume do sólido de revolução obtido quando D for rotacionada em torno do eixo y;

Respostas:

1.

   b) $\frac{8}{15}\pi$; c) $\frac{3}{2}\pi$.

2. $\frac{2\pi}{35}\pi$;

3. $\frac{3\pi}{10}\pi$.

1.2.2 Sólidos de Revolução: Método das Cascas Cilíndricas

Considere a região, D, limitada pelas curvas: $x = a$, $x = b$, $y = 0$ e $y = f(x) \geq 0$ conforme a Figura 19. Na seção anterior obtivemos o volume do sólido de revolução obtido após a rotação de D em torno do eixo x (veja Figura 15). Ao rotacionarmos D em torno do eixo y obtemos um outro sólido de revolução que desejamos calcular o volume e cabe a questão: como calcular o volume desse (novo) sólido obtido? A estratégia utilizada na seção anterior não é apropriada aqui, pois não é possível escrever x em função de y (algo do tipo $x = g(y)$). A ideia, porém, continuará sendo a mesma da descrita na seção anterior. O que irá diferir aqui é que não utilizaremos mais um disco (ou outro fatiamento) como o elemento de volume, mas uma casca de cilindro.

Considere um retângulo vertical de altura $f(x)$ e largura Δx que, quando rotacionado em torno do eixo y fornece um sólido denominado **casca cilíndrica** (veja Figura 19). É de se esperar que ao somarmos o volume de todas as

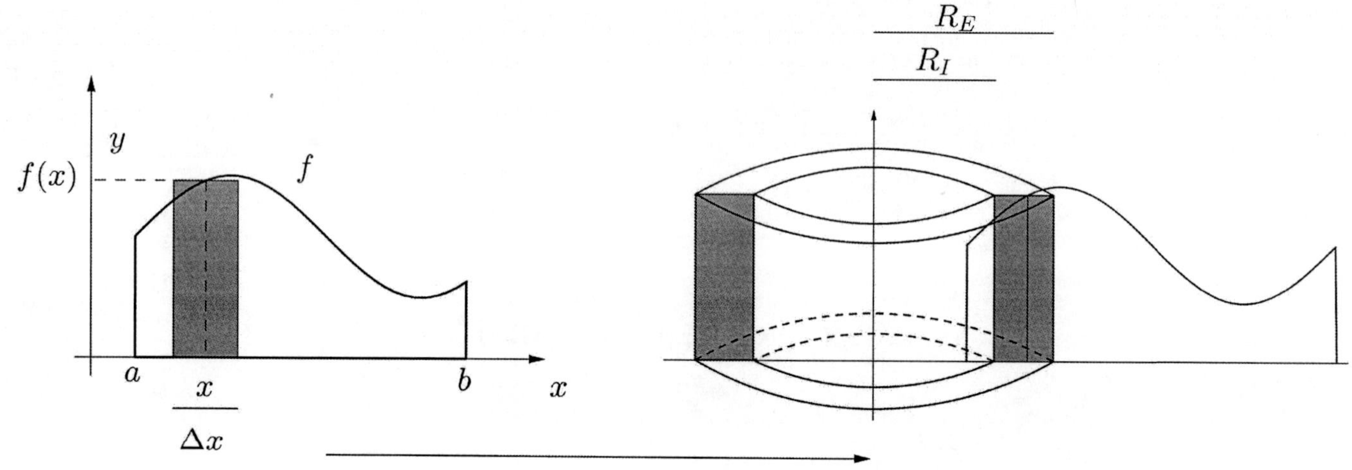

Figura 19 – Método das Cascas Cilíndricas

cascas cilíndricas possíveis de serem construídas, quando x varia de a até b, teremos o volume aproximado do sólido de revolução. Para obter o elemento de volume, teremos que calcular o volume dessa casca de cilindro.

A casca de cilindro possui dois raios, o interno e o externo, que denotaremos por R_I e R_E (veja Figura 19). Denotando $E = R_E - R_I$ (E é a espessura da casca de cilindro), tem-se que a área da casca de cilindro é

$$\Delta V = \pi(R_E^2 - R_I^2)H = \pi(R_E + R_I)(R_E - R_I)H = \pi(R_E + R_I)EH.$$

Se denotarmos $R = \dfrac{R_E + R_I}{2}$ (o raio médio), podemos escrever o elemento de volume como

$$\Delta V = 2\pi RHE$$

e ao somarmos (lembre-se que, para nós, "somar" significa integrar) todos os elementos possíveis, teremos o volume total. Na situação descrita na Figura 19, teremos $R = x$, $H = f(x)$ e $E = \Delta x$, de modo que $\Delta V = 2\pi x f(x)\Delta x$ e $V = \int_a^b 2\pi x f(x)\Delta x$.

Observação 1.6 (Forma esquemática)**.** Intuitivamente pensamos na espessura (no caso da Figura 19, Δx) muito pequena, quase que desprezível. Se passarmos uma tesoura, no lado direito da Figura 19, paralelamente ao eixo y e "esticarmos" a casca cilíndrica, obteremos aproximadamente uma "caixa retangular"conforme a Figura 20. Assim, o elemento de volume é dado por

$$\Delta V = \text{área da base} \times \text{altura} = 2\pi RHE$$

e o volume procurado, para a situação descrita na Figura 19, é a *soma contínua* desses elementos de volume, isto é

$$V = 2\pi \int_a^b x f(x)dx.$$

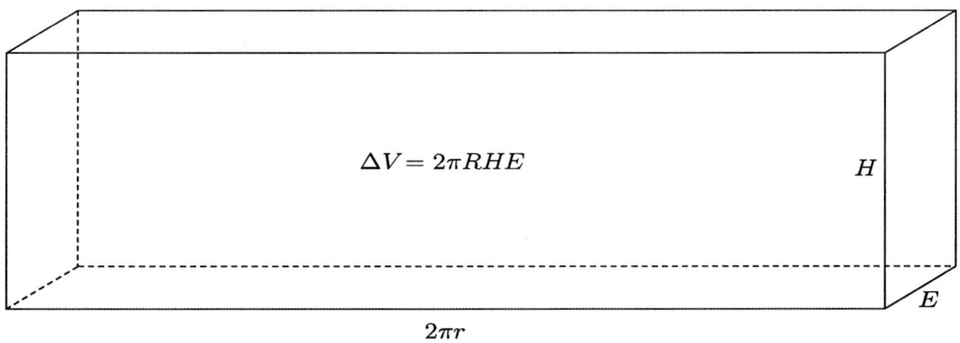

Figura 20 – Elemento de Volume

Exemplo 1.9. Seja D a região do plano xy limitada por $x = 0, x = \pi$, $y = 0$ e $y = \text{sen}x$. Encontre o volume do sólido obtido ao rotacionarmos essa região em torno do eixo y.

Solução: Pelo Método das Cascas Cilíndricas, o elemento de volume é dado por

$$\Delta V = 2\pi RHE,$$

no caso que estamos analisando teremos

$$R = x,\ H = \text{sen}x,\ \text{e } E = \Delta x.$$

Daí

$$V = 2\pi \int_0^{\pi} x\text{sen}x dx = 2\pi\,(-x\cos x + \text{sen}x)\Big|_0^{\pi} = 2\pi\,(-(-\pi)) = 2\pi^2 u.v.$$

O cálculo da integral acima é feito via integração por partes, basta tomar $u = x$ e $dv = \text{sen}x dx$. □

Exemplo 1.10. Utilize o Método das Cascas Cilíndricas para calcular o volume do sólido de revolução dado no Exemplo 1.7.

Solução: Primeiramente observamos que o sólido é o mesmo, a única coisa que faremos é mudar o elemento de volume para uma casca cilíndrica e não mais um disco como fizemos no Exemplo 1.7. Aqui, desenhamos um retângulo paralelo ao eixo de rotação — no caso, o eixo x — conforme Figura 21. Quando rotacionarmos o retângulo da figura em torno do eixo x obteremos uma casca cilíndrica, que se recortada paralelamente ao eixo x obteremos uma caixa retangular similar a apresentada na Figura 20. Na casca cilíndrica o elemento de volume é dado por

$$\Delta V = 2\pi RHE.$$

No caso que estamos analisando, tem-se

$$R = y,\ H = x,\ \text{e } E = \Delta y.$$

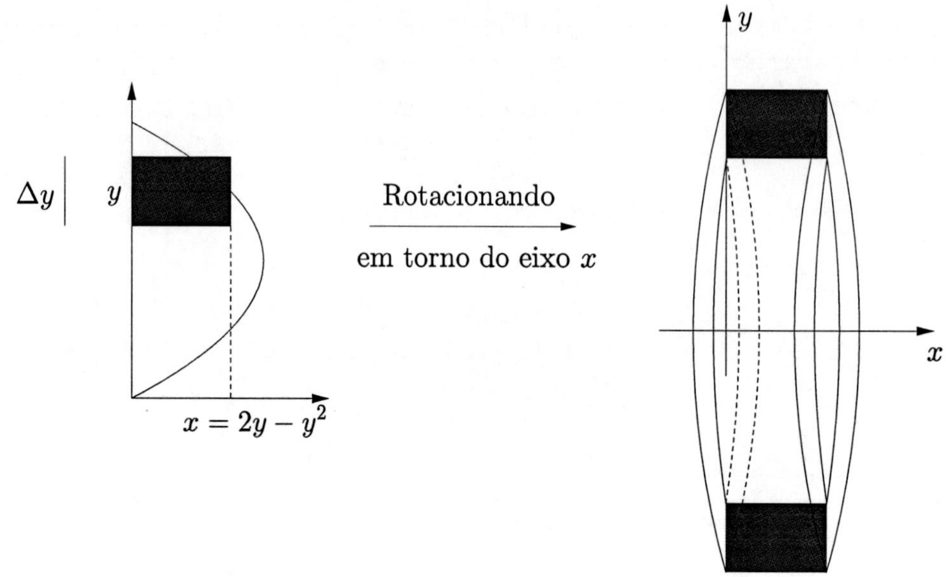

Figura 21 – Exemplo 1.10

Assim, o volume é dado por

$$
\begin{aligned}
V &= \int_0^2 2\pi y x dy = 2\pi \int_0^2 y(2y-y^2)dy = 2\pi\left(y^2 - \frac{y^3}{3}\right)\Big|_0^2 \\
&= 2\pi\left(2^2 - \frac{2^3}{3}\right) = 2\pi\left(4 - \frac{8}{3}\right) = \frac{8}{3}\pi u.v.
\end{aligned}
$$

□

EXERCÍCIOS DE AQUECIMENTO

1. Seja D a região limitada por $y = \cos x, y = 0, x = 0$ e $x = \frac{\pi}{2}$. Use o Método das Cascas Cilíndricas para encontrar o volume do sólido de revolução obtido pela rotação de D em torno do eixo y.

2. Seja D a região limitada pelas curvas $y = 0, y = x^2 - 1$, $x = 0$ e $x = 1$. Utilize o Método das Cascas Cilíndricas para obter o volume do sólido de revolução obtido pela rotação da região D em torno do eixo y;

Respostas:

1. $2\pi\left(\frac{\pi}{2} - 1\right)$;

2. $\frac{\pi}{2}$.

1.3 Comprimento de Arco

Seja $f : [a,b] \to \mathbb{R}$ uma função contínua e suave (ou seja, que possui derivada em todos os pontos). Considere o arco (ou trecho) do gráfico de f quando x varia de a até b. Como obter a medida do comprimento, s, desse arco?

Assim como fizemos no caso do cálculo de áreas, faremos aproximações por objetos geométricos conhecidos. No caso de áreas utilizamos retângulos, no de sólidos de revolução utilizamos cilindros. Certamente o caso mais simples para que possamos calcular o comprimento de arco é quando f é uma função afim, pois nesse caso seu gráfico será um segmento de reta (veja Figura 22).

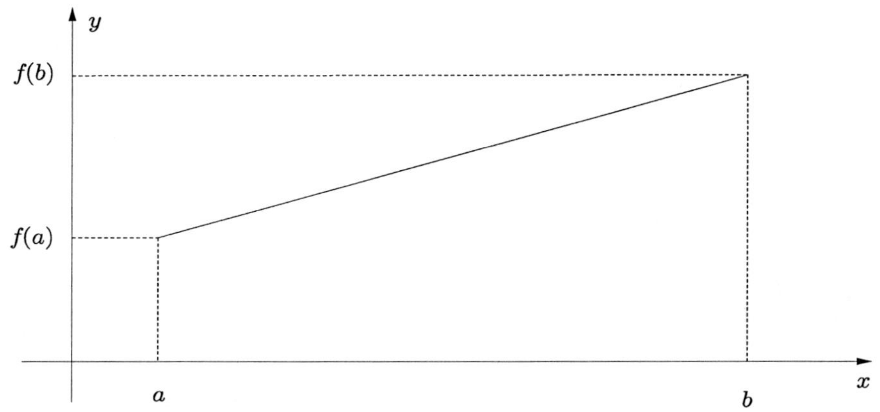

Figura 22 –

Pelo Teorema de Pitágoras

$$s = \sqrt{(f(b) - f(a))^2 + (b-a)^2},$$

e o problema está resolvido nesse caso. Observe ainda que, denotando $\Delta y = f(b) - f(a)$ e $\Delta x = b - a$ podemos reescrever o comprimento de arco por

$$s = \sqrt{\Delta y^2 + \Delta x^2} = \sqrt{1 + \left(\frac{\Delta y}{\Delta x}\right)^2}\,\Delta x \tag{1.4}$$

O caso geral é feito utilizando-se uma situação limite que envolva segmentos de reta. Divida o intervalo $[a,b]$ em n subintervalos da forma $[x_{i-1}, x_i]$, em que $i = 0, 1, \cdots, n$, com $x_0 = a$ e $x_n = b$. Conectando os pontos $(x_{i-1}, f(x_{i-1}))$ e $(x_i, f(x_i))$ obtemos segmentos como na Figura 23. Utilizando (1.5) conseguimos calcular o comprimento de cada um desses segmentos. É natural esperarmos que a soma dos comprimentos dos segmentos, que ligam $(x_{i-1}, f(x_{i-1}))$ a $(x_i, f(x_i))$, aproxime o comprimento de arco, s, procurado. Se denotarmos $\Delta y_i = f(x_i) - f(x_{i-1})$ e $\Delta x_i = x_i - x_{i-1}$ teremos, conforme a equação (1.5),

$$s \approx \sum_{i=1}^{n} \sqrt{1 + \left(\frac{\Delta y_i}{\Delta x_i}\right)^2}\,\Delta x_i \text{ (veja Figura 23).} \tag{1.5}$$

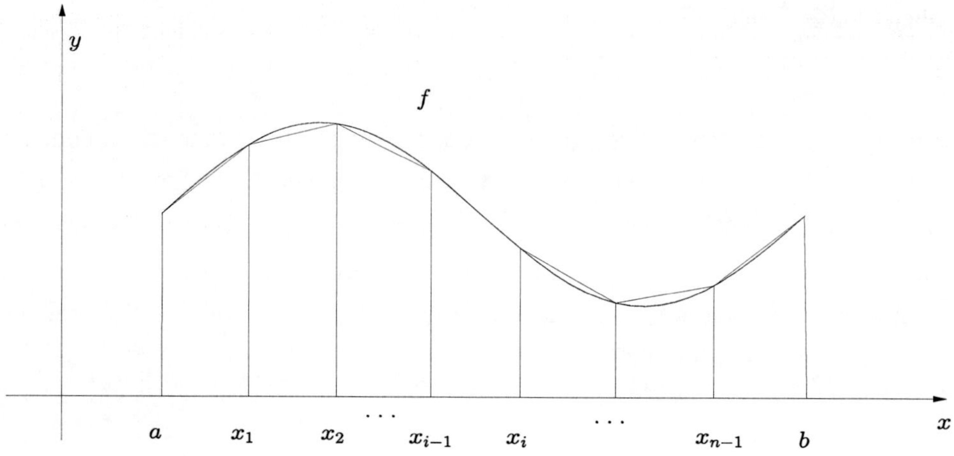

Figura 23 –

Intuitivamente, notamos que quanto mais subintervalos tivermos, melhor será a aproximação para o comprimento de arco. No sentido de escrevermos a soma de Riemann para o comprimento de arco, vamos utilizar o Teorema do Valor Médio. Por esse Teorema existe $\alpha_i \in (x_{i-1}, x_i)$ tal que

$$f'(\alpha_i) = \frac{f(x_i) - f(x_{i-1})}{x_i - x_{i-1}} = \frac{\Delta y_i}{\Delta x_i}$$

e (1.5) pode ser reescrito como

$$\sum_{i=1}^{n} \sqrt{1 + \left(f'(\alpha_i)\right)^2}\, \Delta x_i.$$

Assim, s pode ser obtido como

$$s = \lim_{n\to\infty, \max \Delta x_i \to 0} \sum_{i=1}^{n} \sqrt{1 + \left(f'(\alpha_i)\right)^2}\, \Delta x_i = \int_a^b \sqrt{1 + f'(x)^2}\, dx.$$

Definição 1.3. Se $y = f(x)$ for uma função suave no intervalo $[a, b]$, então o comprimento do arco, s, da curva obtida pelo gráfico de f sobre $[a, b]$ é definido por

$$s = \int_a^b \sqrt{1 + f'(x)^2}\, dx.$$

Observação 1.7. A principal dificuldade na integral que aparece na Definição 1.3 é a raiz quadrada no integrando. Não é novidade para o leitor que, em geral, esse tipo de integral é mais trabalhosa. Basta lembrar-se das integrais por substituição trigonométrica. Normalmente, o objetivo é retirar a raiz que aparece. Além disso, existem integrais que são efetivamente impossíveis de se resolver analiticamente, como por exemplo

$$\int_0^1 \sqrt{1 + x^3}\, dx.$$

Nesses casos, deve-se utilizar algum método numérico como a regra dos Trapézios ou de Simpson. Estes são, porém, tópicos que estão fora dos objetivos deste texto.

Observação 1.8 (Forma esquemática). Certamente a construção da expressão que nos fornece o comprimento do arco não é tão simples. Há, entretanto, uma maneira esquemática de lembrar da expressão dada na Definição 1.3. A ideia é pensar em um arco muito pequeno de comprimento ds (veja Figura 24) de modo a obtermos um triângulo retângulo ***muito pequeno*** cujos catetos medem dx e dy. Pelo Teorema de Pitágoras, tem-se

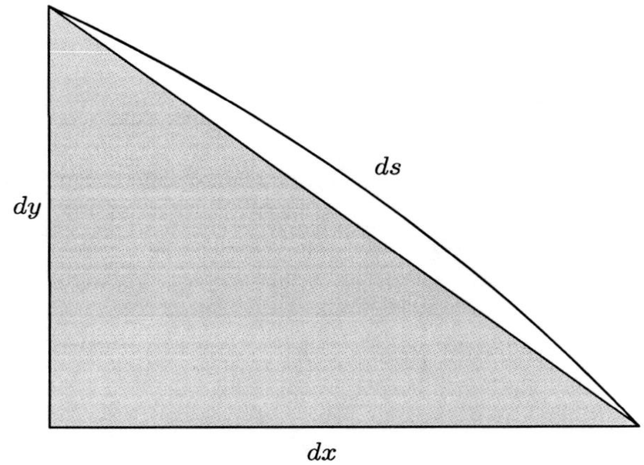

Figura 24 – Descrição esquemática do elemento comprimento de arco.

$$ds = \sqrt{dx^2 + dy^2} = \sqrt{1 + \left(\frac{dy}{dx}\right)^2}\,dx.$$

Este é o comprimento de um arco muito pequeno. Somando o comprimento de todos esses segmentos, obtém-se o comprimento total do arco. Quem realiza esse processo de soma é a integral definida que começa e termina nos extremos do intervalo $[a, b]$:

$$s = \int_a^b \sqrt{1 + \left(\frac{dy}{dx}\right)^2}\,dx.$$

Nos exemplos a seguir, a sigla $u.c.$ significa unidades de comprimento (metros, centímetros etc).

Exemplo 1.11. *Calcule o comprimento de arco da curva* $y^2 = 4x^3$ *entre os pontos* $(0,0)$ *e* $(2, 4\sqrt{2})$.

Solução: Uma vez que $x > 0$ no intervalo $(0,2)$, podemos escrever $y = 2x^{\frac{3}{2}}$. Daí $\frac{dy}{dx} = 3x^{\frac{1}{2}}$ e deste modo,

$$s = \int_0^2 \sqrt{1 + \left(\frac{dy}{dx}\right)^2}\,dx = \int_0^2 \sqrt{1+9x}\,dx = \frac{1}{9}\cdot\frac{2}{3}(1+9x)^{\frac{3}{2}}\Big|_0^2 = \frac{2}{27}(19\sqrt{19}-1)\,u.c.$$

□

Exemplo 1.12. *Calcule o comprimento de arco da curva* $y = \frac{1}{4}x^4 + \frac{1}{8x^2}$ *quando* $1 \leq x \leq 2$.

Solução: Como $\frac{dy}{dx} = x^3 - \frac{1}{4x^3}$, tem-se $\left(\frac{dy}{dx}\right)^2 = x^6 + \frac{1}{16x^6} - \frac{1}{2}$ e, portanto,

$$1 + \left(\frac{dy}{dx}\right)^2 = x^6 + \frac{1}{16x^6} + \frac{1}{2}.$$

Devemos, então, calcular a integral

$$\int_1^2 \sqrt{x^6 + \frac{1}{16x^6} + \frac{1}{2}}dx.$$

Nesse caso, observamos que

$$x^6 + \frac{1}{16x^6} + \frac{1}{2} = \left(x^3 + \frac{1}{4x^3}\right)^2,$$

daí, tem-se

$$\begin{aligned} s &= \int_1^2 \sqrt{x^6 + \frac{1}{16x^6} + \frac{1}{2}}dx = \int_1^2 x^3 + \frac{1}{4x^3}dx \\ &= \left(\frac{x^4}{4} - \frac{1}{8x^2}\right)\Big|_1^2 = \frac{2^4}{4} - \frac{1}{8\cdot 2^2} - \frac{1}{4} + \frac{1}{8} = \frac{131}{32}u.c. \end{aligned}$$

□

EXERCÍCIOS DE AQUECIMENTO

1. Calcule o comprimento de arco de equação curva $y = \frac{x^4}{4} + \frac{1}{8x^2}$, $1 \leq x \leq \sqrt{2}$.

Resposta: $\frac{13}{16}u.c.$

1.4 Área de uma Superfície de Revolução

O objeto geométrico básico que nos permitirá obter a área lateral de uma superfície de revolução S é um tronco de cone. Para tornar o texto mais completo, iremos deduzir a fórmula que fornece a área lateral de um tronco de cone.

Considere um cone circular reto cujo raio da base é r e g sua geratriz (veja Figura 25 (a)).

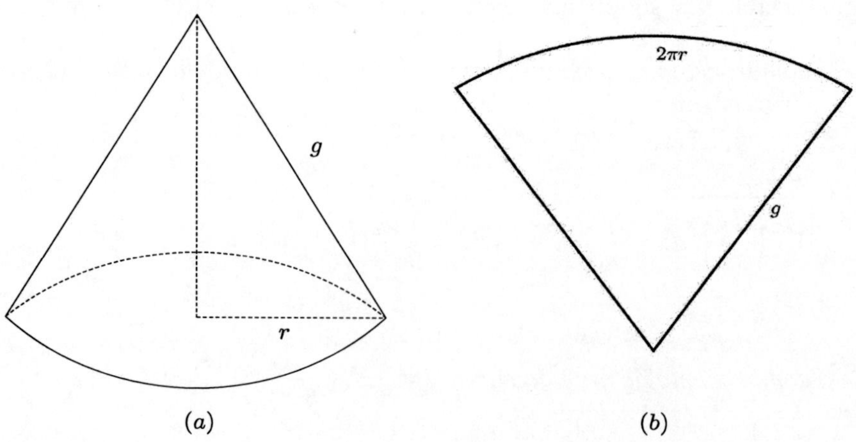

Figura 25 – Cone circular e sua planificação

Se recortarmos o cone ao longo de sua geratriz e planificarmos, obtemos um setor circular cuja área será $\pi r g$ (veja Figura 25 (b)). A verificação dessa expressão é simples (basta usar uma regra de três) e é deixada a cargo do leitor. Considere agora um tronco de cone (veja Figura 26) e sejam g_1, g_2 as geratrizes dos cones maior e menor

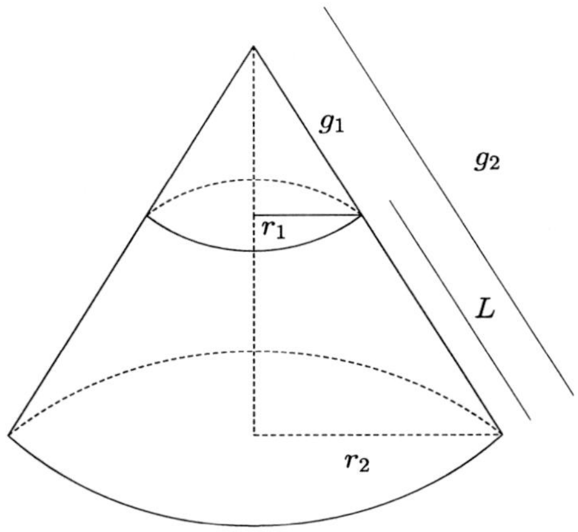

Figura 26 –

respectivamente; r_1, r_2 os raios correspondentes e L a medida da geratriz do tronco de cone. A área lateral desse tronco de cone é obtida pela diferença entre as áreas laterais dos dois cones que aparecem na Figura 26:

$$S = \pi r_2 g_2 - \pi r_1 g_1 = \pi r_2 g_2 - \pi r_1 (g_2 - L) = \pi(r_2 - r_2) g_2 - \pi r_1 L. \tag{1.6}$$

Por semelhança de triângulos temos

$$\frac{g_1}{g_2} = \frac{r_1}{r_2} \Rightarrow \frac{g_2 - L}{g_1} = \frac{r_1}{r_2},$$

o que nos fornece

$$g_2(r_2 - r_1) = r_2 L.$$

Substituindo essa expressão em (1.6), tem-se

$$S = \pi L r_2 + \pi r_1 L = \pi(r_1 + r_2)L.$$

Denotando $r = \dfrac{r_1 + r_2}{2}$, tem-se que a área lateral do tronco de cone é

$$S = \pi(r_1 + r_2)L = 2\pi r L. \tag{1.7}$$

Na equação acima r é dito raio médio.

A Equação (1.7) nos permitirá obter a área de uma superfície de revolução. Para isto, considere uma função contínua $f : [a, b] \to \mathbb{R}$ e derivável em (a, b). Ao rotacionarmos o gráfico de f em torno do eixo x, obtém-se uma superfície S. A ideia para obter a área de S é muito similar as já apresentadas nesse texto: divida o intervalo $[a, b]$ em n subintervalos da forma $[x_{i-1}, x_i]$, em que $i = 0, 1, \cdots, n$, com $x_0 = a$ e $x_n = b$. Para simplificar a exposição, suponha que cada intervalo $[x_{i-1}, x_i]$ tenha o mesmo comprimento $\Delta x = x_i - x_{i-1} = \dfrac{b-a}{n}$ e seja $\Delta y_i = f(x_i) - f(x_{i-1})$. Conectando os pontos $(x_{i-1}, f(x_{i-1}))$ e $(x_i, f(x_i))$, obtemos segmentos como na Figura 23.

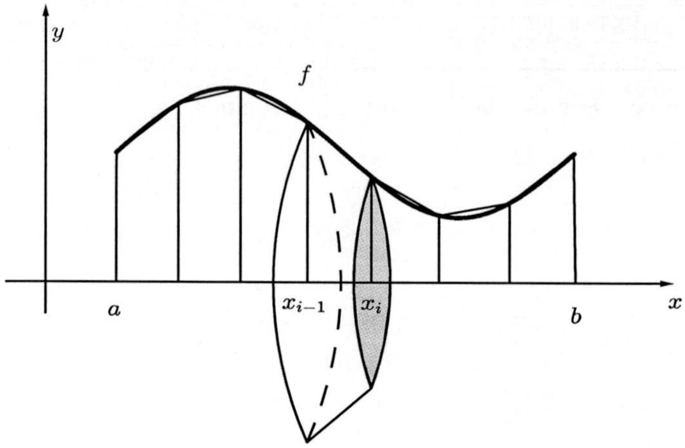

Figura 27 – Tronco de cone como elemento de área lateral

Se tomarmos um dos segmentos da Figura 23 e rotacionarmos em torno do eixo x, obtemos um tronco de cone (veja Figura 27).

Assim como feito para o cálculo do comprimento de arco, seja $\alpha_i \in (x_{i-1}, x_i)$ tal que $f'(\alpha_i) = \dfrac{f(x_i) - f(x_{i-1})}{x_i - x_{i-1}} = \dfrac{\Delta y_i}{\Delta x}$ e, denotando por L_i o comprimento do segmento obtido conectando os pontos $(x_{i-1}, f(x_{i-1}))$ e $(x_i, f(x_i))$, temos

$$L_i = \sqrt{1 + \left(f'(\alpha_i)\right)^2}\,\Delta x.$$

Neste caso, por (1.7), a área lateral de cada tronco de cone é dado por

$$\begin{aligned}\Delta A_i &= \pi(f(x_{i-1}) + f(x_i))L_i \\ &= \pi(f(x_{i-1}) + f(x_i))\sqrt{1 + f'(\alpha_i)^2}\Delta x_i.\end{aligned}$$

A expressão acima ainda é um pouco desagradável, pois envolve termos em i e $i-1$. Para contornar esse pequeno inconveniente, tome $\alpha_i^* \in (x_{i-1}, x_i)$ tal que

$$f(\alpha_i^*) = \frac{f(x_{i-1}) + f(x_i)}{2}.$$

Vale observar que essa escolha é possível por causa do Teorema do Valor Intermediário. Desse modo, tomando o limite quando o número de pontos vai para infinito, temos que a área da superfície de revolução é dada por

$$A = \int_a^b 2\pi f(x)\sqrt{1 + f'(x)^2}\,dx. \tag{1.8}$$

Observação 1.9. Se considerarmos uma curva $x = g(y)$ com $c \le y \le d$, teremos a área dada por

$$A = \int_c^d 2\pi g(y)\sqrt{1 + g'(y)^2}\,dy.$$

Exemplo 1.13. Calcule a área da superfície gerada pela rotação do arco de curva dado em torno do eixo indicado.

1. $y = 2x^3$, $0 \le x \le 2$. Eixo: $y = 0$.

2. $x = \sqrt{y}$, $1 \le y \le 4$. Eixo $x = 0$.

Solução: O elemento de área é dado por $\Delta S = 2\pi r L$ (conforme Equação (1.7)).

1. Nesse item, temos $r = f(x) = 2x^3$ e $L = \sqrt{1 + f'(x)}\Delta x$. Como $y = 2x^3$, tem-se $\dfrac{dy}{dx} = 6x^2$. Daí

$$\begin{aligned} S &= \int_0^2 2\pi f(x)\sqrt{1+\left(\frac{dy}{dx}\right)^2}dx = 4\pi\int_0^2 x^3\sqrt{1+\left(6x^2\right)^2}dx \\ &= 4\pi\int_0^2 x^3\sqrt{1+36x^4}dx = \frac{\pi}{54}577\sqrt{577} - 1\, u.a. \end{aligned}$$

Na integral, fizemos a substituição $u = 1 + 36x^4$.

2. Nesse item, tem-se $r = g(y) = \sqrt{y}$ e $L = \sqrt{1 + g'(y)}\Delta y$. Como $x = \sqrt{y}$, tem-se $\dfrac{dx}{dy} = \dfrac{1}{2\sqrt{y}}$. Daí

$$\begin{aligned} S &= \int_1^4 2\pi g(y)\sqrt{1+\left(\frac{dx}{dy}\right)^2}dy = 2\pi\int_1^4 \sqrt{y}\sqrt{1+\left(\frac{1}{2\sqrt{y}}\right)^2}dy \\ &= 2\pi\int_1^4 \sqrt{y}\sqrt{1+\frac{1}{4y}}dx = \pi\int_1^4 \sqrt{4y+1}dy = \frac{\pi}{6}\left(17\sqrt{17} - 5\sqrt{5}\right)\, u.a. \end{aligned}$$

Na integral, fizemos a substituição $u = 4y + 1$.

EXERCÍCIOS DE AQUECIMENTO

1. Calcule a área da superfície obtida ao rotacionarmos a curva $y = \sqrt{4 - x^2}$, $0 \le x \le 1$ em torno do eixo $y = 0$.
Resposta: $4\pi\, u.a.$

1.5 Integrais Impróprias

1.5.1 Intervalos Ilimitados

Sabemos que se $f : [a,b] \to \mathbb{R}$ for uma função contínua, com $f(x) \ge 0$, então a integral $\int_a^b f(x)dx$ fornece a área da região limitada por $x = a$, $x = b$, $y = 0$ e $y = f(x)$. O que aconteceria se fizéssemos b tender a infinito? Intuitivamente seria como se estivéssemos calculando a área de uma região "infinita".

Observe a Figura 28. À medida que b aumenta, a área sob o gráfico aumenta cada vez mais. Poderíamos dizer que a área sob o gráfico de f tende para infinito. Já a Figura 29 nos traz uma situação ligeiramente diferente. À medida que b aumenta, a área continua aumentando, mas num ritmo cada vez mais lento, ou seja, o que é acrescido à área sob o gráfico de f, diminui de magnitude à medida que b aumenta. Surge a questão:

Esse fenômeno nos garante que a área sob o gráfico de f é finita ou infinita?

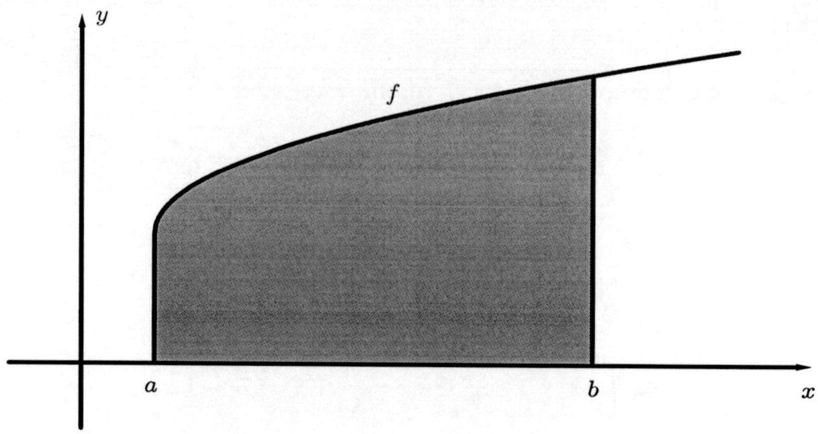

Figura 28 –

Talvez nossa intuição diga: uma vez que quando b cresce, a área sob o gráfico aumenta, então a área deve tender para infinito. Veremos que essa forma intuitiva de pensar é equivocada, e que não conseguimos responder a pergunta colocada, sem analisar a função f com mais cuidado.

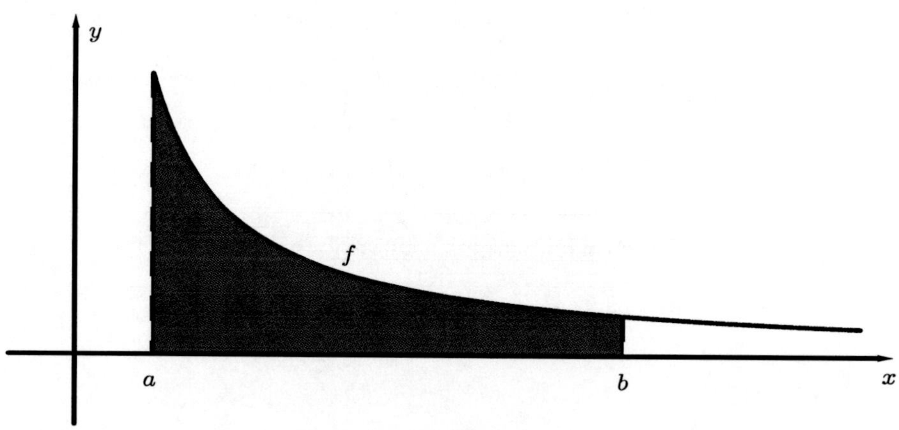

Figura 29 –

Definição 1.4 (Integral Imprópria)**.** Seja $f : [a,\infty) \to \mathbb{R}$ uma função contínua. Define-se a **integral imprópria** $\int_a^\infty f(x)dx$ como

$$\int_a^\infty f(x)dx = \lim_{M\to\infty}\int_a^M f(x)dx.$$

Caso o limite acima exista (ou seja, dê um número real) e seja igual a L, dizemos que a integral imprópria **converge** para L; caso contrário, diz-se que a integral imprópria é **divergente**.

De maneira análoga, define-se

$$\int_{-\infty}^{a} f(x)dx = \lim_{L\to-\infty}\int_{L}^{a} f(x)dx$$

e tratamos questões de convergência como na Definição 1.4.

Vejamos alguns exemplos:

Exemplo 1.14. Analise a convergência das integrais impróprias

1. $\int_0^{\infty} e^x dx.$
   Solução: O gráfico da função $f(x) = e^x$ é o de uma função crescente e nossa intuição nos diz que a integral é divergente. De fato isso ocorre:

$$\int_0^{\infty} e^x dx = \lim_{M\to\infty}\int_0^M e^x dx = \lim_{M\to\infty} e^x\Big|_0^M = \lim_{M\to\infty}(e^M - 1) = \infty.$$

2. $\int_0^{\infty} e^{-x} dx.$
   Solução: Nesse caso a função é decrescente e, como já comentamos, embora a área continue aumentando quando analisamos a integral $\int_0^M e^{-x}dx$, nossa intuição de pensar que a área vai tender para infinito quando $M\to\infty$ pode falhar. De fato essa integral imprópria converge:

$$\int_0^{\infty} e^{-x} dx = \lim_{M\to\infty}\int_0^M e^{-x} dx = \lim_{M\to\infty}(-e^{-x})\Big|_0^M = -\lim_{M\to\infty}(e^{-M} - 1) = 1.$$

Talvez você seja levado a pensar que o fato de e^{-x} ser uma função decrescente, garanta a convegência da integral. Veremos que o fato de f ser decrescente **não** garante convergência, como no próximo exemplo.

3. $\int_1^{\infty} \frac{1}{x}dx.$
   Solução: Embora a função $f(x) = \frac{1}{x}$ seja decrescente no intervalo $(1,\infty)$, a integral imprópria é divergente:

$$\int_1^{\infty} \frac{1}{x}dx = \lim_{M\to\infty}\int_1^{\infty} \frac{1}{x}dx = \lim_{M\to\infty} \ln x\Big|_1^M = \lim_{M\to\infty}(\ln M) = \infty.$$

4. $\int_{-\infty}^{0} xe^x dx.$
   Solução: Primeiramente, calculamos a integral $\int_L^0 xe^x dx$ utilizando integração por partes. Fazendo $u = x$ e $dv = e^x dx$ temos

$$\int_L^0 xe^x dx = xe^x\Big|_L^0 - \int_L^0 e^x dx = -Le^L - 1 + e^L.$$

   Como $\lim_{L\to-\infty} e^L = 0$, temos pela regra de L'Hôpital:

$$\lim_{L\to-\infty} Le^L = \lim_{L\to-\infty}\frac{L}{e^{-L}} = \lim_{L\to-\infty}\frac{1}{-e^{-L}} = 0.$$

   Logo

$$\int_L^0 xe^x dx = \lim_{L\to-\infty}(-Le^L - 1 + e^L) = -1.$$

Exemplo 1.15. *Dado $p \in \mathbb{R}$, analise a convergência da integral* $\int_1^{\infty} \frac{1}{x^p} dx$.

Solução: Se $p = 1$, tem-se $\int_1^{\infty} \frac{1}{x} dx$ que é uma integral divergente como vimos no Exemplo 1.14 desta seção. Se $p \neq 1$, tem-se

$$\int_1^{+\infty} \frac{dx}{x^p} = \lim_{M\to\infty} \int_1^{M} \frac{dx}{x^p} = \lim_{M\to\infty} \frac{x^{-p+1}}{-p+1}\Big|_1^M$$

$$= \lim_{M\to\infty} \left(\frac{M^{-p+1}}{-p+1} - \frac{1}{-p+1} \right) = \lim_{M\to\infty} \left(\frac{M^{-p+1}}{-p+1} \right) - \frac{1}{-p+1}.$$

Como

$$\lim_{M\to\infty} \left(\frac{M^{-p+1}}{-p+1} \right) = \begin{cases} \infty, & \text{se} \quad 0 < p < 1 \\ 0 & \text{se} \quad p > 1, \end{cases}$$

tem-se que a integral converge apenas quando $p > 1$ e seu valor é dado por

$$\int_1^{+\infty} \frac{dx}{x^p} = \frac{1}{1-p}.$$

Assim sendo, a integral converge apenas para $p > 1$ e diverge se $p \leq 1$.

Também definimos integrais impróprias da forma

$$\int_{-\infty}^{\infty} f(x) dx.$$

Definição 1.5. Seja $f : (-\infty, \infty) \to \mathbb{R}$ uma função contínua. Define-se a **integral imprópria** $\int_{-\infty}^{\infty} f(x) dx$, por

$$\int_{-\infty}^{\infty} f(x) dx = \int_{-\infty}^{a} f(x) dx + \int_{a}^{\infty} f(x) dx,$$

em que $a \in (-\infty, \infty)$ é escolhido de forma arbitrária. Diz-se que integral $\int_{-\infty}^{\infty} f(x) dx$ converge se as integrais do lado direito da igualdade acima forem **ambas** convergentes. Do contrário, ou seja, se pelo menos uma das integrais divergir, dizemos que a integral imprópria é divergente.

Exemplo 1.16. *Analise a convergência da integral imprópria* $\int_{-\infty}^{\infty} \frac{1}{1+x^2} dx$.

Solução: De acordo com a Definição 1.5, podemos escrever

$$\int_{-\infty}^{\infty} \frac{1}{1+x^2} dx = \int_{-\infty}^{0} \frac{1}{1+x^2} dx + \int_{0}^{\infty} \frac{1}{1+x^2} dx.$$

Como $\int \frac{1}{1+x^2} dx = \text{arctg} x + C$, em que $C \in \mathbb{R}$, então

$$\int_{-\infty}^{0} \frac{1}{1+x^2} dx = \lim_{M\to-\infty} \int_{M}^{0} \frac{1}{1+x^2} dx = \lim_{M\to-\infty} (\text{arctg}0 - \text{arctg}M) = \frac{\pi}{2}.$$

De modo análogo, temos $\int_0^{\infty} \frac{1}{1+x^2} .dx = \frac{\pi}{2}$.

Exemplo 1.17. *Analise a convergência da integral imprópria* $\int_{-\infty}^{\infty} x^3 dx$.

Solução: Pela Definição 1.5, podemos escrever

$$\int_{-\infty}^{\infty} x^3\,dx = \int_{-\infty}^{0} x^3\,dx + \int_{0}^{\infty} x^3\,dx.$$

Uma vez que

$$\int_{0}^{\infty} x^3\,dx = \lim_{M\to\infty}\int_{0}^{M} x^3\,dx = \lim_{M\to\infty}\frac{M^4}{4} = \infty,$$

de modo que tal integral é divergente. Segue-se da Definição 1.5 que a integral $\int_{-\infty}^{\infty} x^3\,dx$ é divergente.

EXERCÍCIOS DE AQUECIMENTO

Analise a convergência das integrais

1. $\displaystyle\int_{0}^{\infty} \frac{x}{1+x^2}\,dx$;
2. $\displaystyle\int_{-\infty}^{0} xe^x\,dx$;
3. $\displaystyle\int_{-\infty}^{\infty} xe^x\,dx$.

Respostas:

1. Converge;
2. Converge;
3. Diverge.

1.5.2 Integrandos com Descontinuidades Infinitas

As integrais impróprias abordadas na seção anterior eram aquelas avaliadas em intervalos ilimitados. Na presente seção iremos abordar o caso em que f é uma função ilimitada definida num intervalo limitado.

Definição 1.6. Dizemos que $x = c \in [a,b]$ é um ponto de descontinuidade infinita de uma função f se uma das possibilidades abaixo ocorrer

$$\lim_{x\to c^+} f(x) = \infty \text{ ou } -\infty$$

ou

$$\lim_{x\to c^-} f(x) = \infty \text{ ou } -\infty,$$

isto é, há uma "explosão" em $x = c$ (ou ainda, que $x = c$ é uma assíntota vertical de f).

A Figura 30 ilustra exemplos de funções com descontinuidades infinitas no ponto $x = c$.

Observação 1.10. Na Definição 1.6, pode-se considerar, também, o caso em que f não está definida em c como ilustra a primeira imagem da Figura 30.

Um exemplo simples de função que possui descontinuidade infinita é $f(x) = \frac{1}{x}$ (note que $x = 0$ é um ponto de descontinuidade infinita de f, pois $\lim_{x\to 0^+}\frac{1}{x} = \infty$).

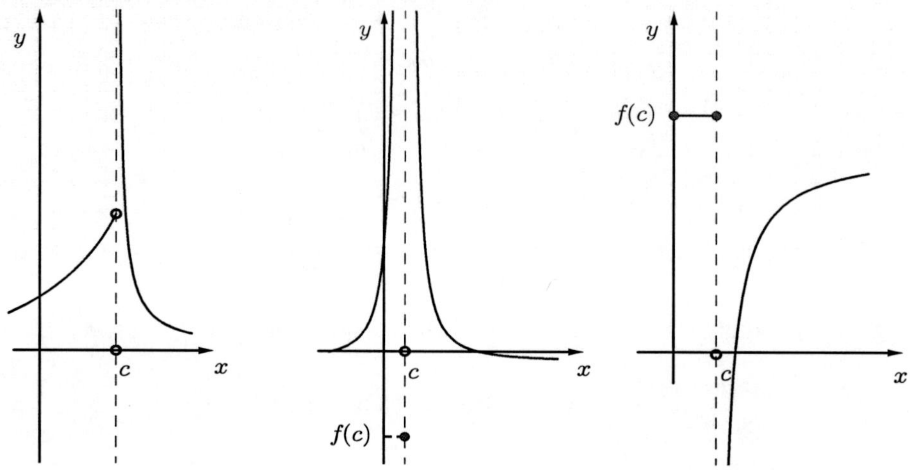

Figura 30 – Tipos de descontinuidades infinitas

Definição 1.7. Seja f uma função real, contínua e definida num intervalo de extremidades $a < b$. Suponha que f possua uma descontinuidade infinita em $x = a$. Define-se a integral imprópria $\int_a^b f(x)dx$ como

$$\int_a^b f(x)dx = \lim_{\epsilon \to a^+} \int_\epsilon^b f(x)dx.$$

Caso este limite exista, dizemos que a integral é convergente, caso contrário, dizemos que é divergente.

Exemplo 1.18. A integral $\int_0^1 \frac{dx}{x}$ é divergente. De fato:

$$\int_0^1 \frac{dx}{x} = \lim_{\epsilon\to 0} \int_\epsilon^1 \frac{dx}{x} = \lim_{\epsilon\to 0} \ln x \Big|_\epsilon^1 = \lim_{\epsilon\to 0}(\ln 1 - \ln\epsilon) = -(-\infty) = \infty.$$

Já a integral $\int_0^1 \frac{dx}{\sqrt{x}}$ é convergente, pois

$$\int_0^1 \frac{dx}{\sqrt{x}} = \lim_{\epsilon\to 0} \int_\epsilon^1 \frac{dx}{\sqrt{x}} = \lim_{\epsilon\to 0} 2x^{\frac{1}{2}} \Big|_\epsilon^1 = 2\lim_{\epsilon\to 0}(1 - \epsilon^{\frac{1}{2}}) = 2.$$

□

Exemplo 1.19. Analise a convergência de $\int_0^1 \ln x dx$

Solução: Observe que $f(x) = \ln x$ possui uma descontinuidade infinita em $x = 0$ que é um ponto do intervalo de integração. Por integração por partes, tem-se Resolvendo a integral $\int \ln x dx$ por partes, obtém-se

$$\int \ln x dx = x\ln x - x + C.$$

Daí

$$\int_0^1 \ln x dx = \lim_{\epsilon\to 0^+} \int_\epsilon^1 \ln x dx = \lim_{\epsilon\to 0^+} (x\ln x - x)\Big|_\epsilon^1 = -1 - \lim_{\epsilon\to 0^+} (\epsilon\ln\epsilon - \epsilon) = -1 - \lim_{\epsilon\to 0^+} (\epsilon\ln\epsilon).$$

Uma vez que

$$\epsilon \ln\epsilon = \frac{\ln\epsilon}{\frac{1}{\epsilon}},$$

podemos aplicar a Regra de L'Hôpital e obter

$$\lim_{\epsilon\to 0^+}(\epsilon\ln\epsilon) = \lim_{\epsilon\to 0^+}\frac{\ln\epsilon}{\frac{1}{\epsilon}} = \lim_{\epsilon\to 0^+}\frac{\frac{1}{\epsilon}}{-\frac{1}{\epsilon^2}} = 0.$$

Conclui-se, portanto, que a integral em questão é convergente e $\int_0^1 \ln x dx = -1$. □

Caso f seja contínua no intervalo $[a,b)$ e possua descontinuidade infinita em b definimos

$$\int_a^b f(x)dx = \lim_{\epsilon\to b} f(x)dx.$$

Definição 1.8. No caso de f possuir uma descontinuidade infinita em $x = c \in (a,b)$, definimos

$$\int_a^b f(x)dx = \int_a^c f(x)dx + \int_a^c f(x)dx.$$

A integral é dita convergente se as duas integrais do lado direito são convergentes, caso contrário dizemos que é divergente.

Exemplo 1.20. Verifique que a integral $\int_{-2}^{-1}\frac{1}{x^2-1}dx$ é imprópria e analise sua convergência.
Solução: A função no integrando é contínua no intervalo $[-2,-1)$ e possui uma descontinuidade infinita em $x = -1$. Para o cálculo da integral, utilizamos o método de frações parciais:

$$\frac{1}{x^2-1} = \frac{A}{x-1} + \frac{B}{x+1}, \text{ para todo } x \neq -1 \text{ e } x \neq 1,$$

obtemos $A = \frac{1}{2}$ e $B = -\frac{1}{2}$. Assim,

$$\int \frac{1}{x^2-1}dx = \int \frac{1}{2(x-1)} - \frac{1}{2(x+1)}dx = \frac{1}{2}(\ln|x-1| - \ln|x+1|) + C,$$

ou seja

$$\int \frac{1}{x^2-1}dx = \frac{1}{2}\ln\left|\frac{x-1}{x+1}\right| + C.$$

Daí:

$$\begin{aligned}\int_{-2}^{-1}\frac{1}{x^2-1}dx &= \lim_{\epsilon\to -1}\frac{1}{2}\ln\left|\frac{x-1}{x+1}\right|\Bigg|_{-2}^{\epsilon}\\ &= \frac{1}{2}\lim_{\epsilon\to -1}\left(\ln\left|\frac{\epsilon-1}{\epsilon+1}\right| - \ln\left|\frac{-2-1}{-2+1}\right|\right)\\ &= \infty.\end{aligned}$$

Concluímos assim que a integral é, portanto, divergente.

Exercício 1.1. Analise a convergência de $\int_0^3 \frac{1}{x-1}dx$.

Solução: Embora $\int \frac{1}{x-1}dx = \ln|x-1| + C$, não podemos aplicar o Teorema Fundamental do Cálculo diretamente na integral, pois $x = 1$ é uma assíntota vertical de $f(x) = \frac{1}{x-1}$ e $1 \in [0,3]$. Procedemos conforme a Definição 1.8:

$$\int_0^3 \frac{1}{x-1}dx = \int_0^1 \frac{1}{x-1}dx + \int_1^3 \frac{1}{x-1}dx;$$

se uma das integrais do lado direito for divergente, então a integral também será. Uma vez que

$$\int_0^1 \frac{1}{x-1}dx = \lim_{\epsilon\to 1} \ln|x-1|\Big|_0^{\epsilon} = \lim_{\epsilon\to 1}(\ln|\epsilon-1| - \ln|-1|) = -\infty,$$

segue-se que a integral $\int_0^3 \frac{1}{x-1}dx$ é divergente.

EXERCÍCIOS DE AQUECIMENTO

1. Analise a convergência das integrais

a) $\int_0^1 \frac{1}{\sqrt{x^3}}dx$.

b) $\int_{-1}^1 \frac{1}{x}dx$.

Respostas: ambas são divergentes.

1.6 Teste da Comparação para Integrais Impróprias

Como já comentado nesse texto, nem toda integral possui primitiva ou são muito difíceis de calcular, mas mesmo em alguns desses casos, pode-se analisar a convergência da integral imprópria. Para isso, faremos uso do chamado **Teste de Comparação para Integrais Impróprias**.

Imagine que tenhamos duas funções $f, g : [a,\infty) \to \mathbb{R}$ tais que $0 \le f(x) \le g(x)$. A Figura 31 ilustra essa situação. Digamos que a integral $\int_a^{\infty} f(x)dx$ seja divergente (nesse caso a "área" abaixo do gráfico de f e acima do eixo x seria infinita). É razoável esperar que a integral $\int_a^{\infty} g(x)dx$ também seja divergente, pois ela irá possuir um valor maior que $\int_a^{\infty} f(x)dx$ (lembre-se que $0 \le f(x) \le g(x)$. Por outro lado, se a integral $\int_a^{\infty} g(x)dx$ for convergente, ela acaba forçando que a integral $\int_a^{\infty} f(x)dx$ seja convergente (afinal, se fosse divergente, forçaria a integral de g a ser também). Esse raciocínio é exatamente o **Teste de Comparação para Integrais Impróprias** que está enunciado a seguir. A ideia é transferir o problema de analisar convergência de uma integral cujo cálculo seja difícil, ou impossível, por outra mais simples.

Teorema 1.2. [Teste da Comparação] Suponha que f e g sejam funções contínuas e $0 \le f(x) \le g(x)$ se $x \ge a$. Então:

(i) se $\int_a^{+\infty} f(x)dx$ diverge, então $\int_a^{+\infty} g(x)dx$ diverge;

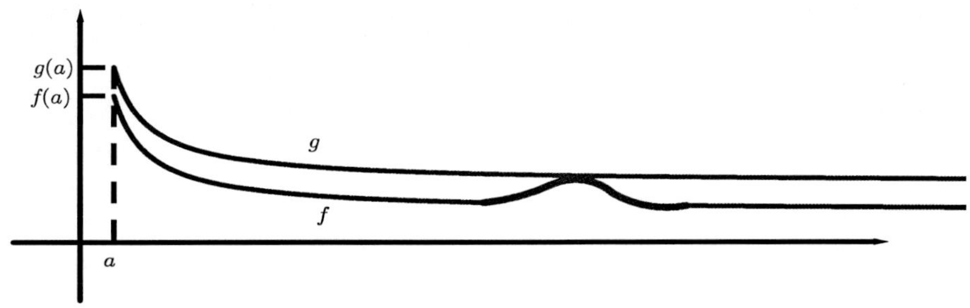

Figura 31 – $0 \leq f(x) \leq g(x)$ para todo $x \geq a$.

(ii) se $\int_a^{+\infty} g(x)dx$ converge, então $\int_a^{+\infty} f(x)dx$ converge e $\int_a^{+\infty} f(x) \leq \int_a^{+\infty} g(x)dx$.

Exemplo 1.21. Mostre que $\int_0^{\infty} e^{-x^2} dx$ é convergente.

Solução: Note que calcular a integral diretamente não é possível, pois e^{-x^2} não possui primitiva conhecida. Nossa estratégia para analisar a convergência da integral acima será aplicar o Teste da Comparação. Nesse sentido, devemos procurar uma função, cuja análise de convergência seja mais simples, que esteja abaixo ou acima de e^{-x^2} (a utitilidade dessa função para análise da convergência vai depender das hipóteses do Teorema 1.2).

Observe: se $x > 1$, então $x^2 > x$ e $-x^2 < -x$. Como a função e^t é crescente, temos que $e^{-x^2} < e^{-x}$. Como podemos escrever

$$\int_0^{\infty} e^{-x^2} dx = \int_0^1 e^{-x^2} dx + \int_1^{\infty} e^{-x^2} dx,$$

basta analisarmos a convergência de $\int_1^{\infty} e^{-x^2} dx$, pois $\int_0^1 e^{-x^2} dx$ não é uma integral imprópria.

Como $e^{-x^2} < e^{-x}$ em $[1, \infty)$ e $\int_1^{\infty} e^{-x} dx$ é convergente (veja Exemplo 1.14), segue-se, do Teste da Comparação (ii), que $\int_1^{\infty} e^{-x^2} dx$ é convergente e, portanto, a integral $\int_0^{\infty} e^{-x^2} dx$ é convergente.

Exemplo 1.22. Analise a convergência da integral $\int_1^{\infty} \frac{1 + \ln^2 x}{x} dx$.

Solução: Como $\frac{1 + \ln^2 x}{x} > \frac{1}{x}$ e $\int_1^{\infty} \frac{1}{x} dx$ é divergente (é uma integral do tipo $\int_1^{\infty} \frac{1}{x^p} dx$ com $p = 1$ — veja Exemplo 1.15), segue-se, do Teste da Comparação (i), que $\int_1^{\infty} \frac{1 + \ln^2 x}{x} dx$ é divergente.

EXERCÍCIOS DE AQUECIMENTO

Analise a convergência das integrais impróprias

1. $\displaystyle\int_2^{+\infty} \frac{\sqrt{x^3+1}}{x}dx$

2. $\displaystyle\int_2^{+\infty} \frac{x}{x^5+1}dx$

Respostas:

1. Diverge;

2. Converge.

1.7 Exercícios

Peço ao leitor que não esqueça de

- resolver os exercícios de aquecimento apresentados no final de cada seção;
- fazer uma revisão do conteúdo apresentado neste capítulo.

EXERCÍCIOS GERAIS

1. Este é um exercício de revisão de algumas integrais e caso o leitor já se sinta seguro em relação as técnicas de integração, pode ir direto para o Exercício 2.

   Na presente seção apresentamos alguns exercícios de revisão no que tange ao cálculo de integrais indefinidas.

   Determine as Integrais:

   a) $\displaystyle\int \frac{3r\,dr}{\sqrt{1-r^2}}$;

   b) $\displaystyle\int \frac{z+1}{\sqrt[3]{z^2+2z+2}}dz$;

   c) $\displaystyle\int \frac{x^2}{x^2+1}dx$;

   d) $\displaystyle\int \frac{\operatorname{sen} x}{\cos^2 x}dx$;

   e) $\displaystyle\int \sqrt{\frac{9}{1-x^2}}dx$;

   f) $\displaystyle\int \cos t \operatorname{tg} t\,dt$;

   g) $\displaystyle\int \frac{\ln x}{x\ln x^2}dx$;

   h) $\displaystyle\int \operatorname{tg}^2 x \csc^2 x\,dx$;

   i) $\displaystyle\int \frac{x\,dx}{\sqrt{1+x^2+\sqrt{(1+x^2)^3}}}$;

   j) $\displaystyle\int \frac{1}{x\ln x}dx$;

   k) $\displaystyle\int (e^{2t}+2)^{\frac{1}{3}}e^{2t}dt$;

   l) $\displaystyle\int xe^{4x}dx$;

   m) $\displaystyle\int x\ln x\,dx$;

   n) $\displaystyle\int \frac{5x-10}{x^2-3x-4}dx$;

   o) $\displaystyle\int \frac{\sqrt{x+3}}{x-1}dx$;

   p) $\displaystyle\int x\operatorname{sen} x\cos x\,dx$;

   q) $\displaystyle\int \sec x\,dx$;

   r) $\displaystyle\int \csc x\,dx$;

   s) $\displaystyle\int \cos^2 x\,dx$;

   t) $\displaystyle\int \cos^3 x\,dx$;

   u) $\displaystyle\int \sec^3 x\,dx$;

   v) $\displaystyle\int \frac{x^2}{\sqrt{9-x^2}}dx$;

   w) $\displaystyle\int \frac{\sqrt{1-3x^2}}{x}dx$.

Sugestões:

No item i), coloque o termo $1+x^2$ em evidência no denominador e extraia-o da raiz.

No item o), considere $u=\sqrt{x+3}$, manipule a expressão até obter $\dfrac{1}{u^2-4}=\dfrac{1}{4}\left(\dfrac{1}{u+2}-\dfrac{1}{u-2}\right)$.

No item t) multiplique e divida por $\sec x+\operatorname{tg} x$.

2. Faça um esboço da região limitada pelas curvas e calcule sua área:

   a) $x=0,\ x=2,\ y=0,\ y=x^2$;

   b) $x=0,\ x=2,\ y=x^2,\ y=4$;

   c) $x=1,\ x=e,\ y=0,\ y=\ln x$;

   d) $y=x^2+1, y=x, x=-1$ e $x=2$;

   e) $x=-y, x=2-y^2$;

   f) $y=\cos(2x), y=0, x=\dfrac{\pi}{4}, x=\dfrac{\pi}{2}$;

   g) $y=e^x, y=e^{2x}, x=0, x=\ln 2$;

   h) $y=\operatorname{sen} x, y=\cos x, x=0$ e $x=\pi$;

   i) $y=x,\ y=\sqrt{x}$.

3. Determine a área da região hachurada na Figura 32.

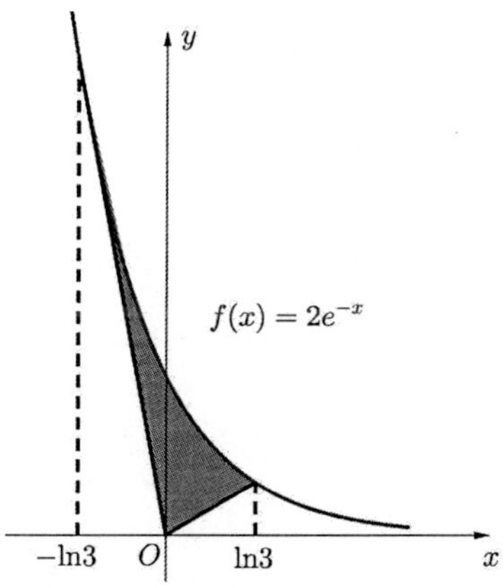

Figura 32 – Figura da questão 3.

4. Utilize integrais para mostrar que a medida da área de uma região englobada por um círculo de raio $r=a$ é πa^2.

5. Mostre (utilizando integrais) que a medida da área englobada pela elipse

$$\frac{x^2}{a^2}+\frac{y^2}{b^2}=1$$

é dada por πab.

6. Calcule o volume dos sólidos de revolução gerados pela rotação das regiões indicadas, ao redor dos eixos dados:

   a) $y=2x^2+1, y=0, x=0, x=1$. Eixo $y=0$;

b) $y = x^3, y = x^2$. Eixo $x = 0$;

c) $y = \cos x, y = -2, x = 0, x = 2\pi$. Eixo $y = -2$;

d) $y^2 = 25x, y = 5x$. Eixo $y = 0$;

e) $y = \sqrt{x}, y = x^2$. Eixo $y = -1$;

f) $y = x^3, y = -1, x = 0, x = 1$. Eixo $x = 2$.

7. Considere a região, D, limitada pelas curvas $x = a, x = b$, $y = L$ e $y = f(x)$ em que $f(x) \geq L$ para todo x pertencente ao intervalo $[a, b]$.

a) Obtenha a expressão da integral que fornece o volume do sólido de revolução obtido ao rotacionarmos D em torno da reta $y = L$;

b) Obtenha o volume do sólido de revolução obtido ao rotacionarmos a região

$$D = \{(x, y) : 0 \leq x \leq 2\pi, -1 \leq y \leq \text{sen} x\}$$

em torno da reta $y = -1$.

8. Seja D a região limitada pelas curvas $y = 0, y = x^2 - 1$, $x = 0$ e $x = 2$.

a) Faça um esboço da regiãoD;

b) Obtenha o volume do sólido de revolução obtido pela rotação da região D em torno do eixo x;

c) Obtenha o volume do sólido de revolução obtido pela rotação da região D em torno do eixo y;

9. Um sólido tem uma altura de 2m, e uma seção transversal, tomada x metros acima da base do sólido, é uma região anular de raio interno x^2 e raio externo $2x$. Ache o volume deste sólido.

10. Um tonel de $2m$ de altura é construído de modo que sua superfície lateral seja um segmento de esfera de raio $2m$ (veja Figura 33).

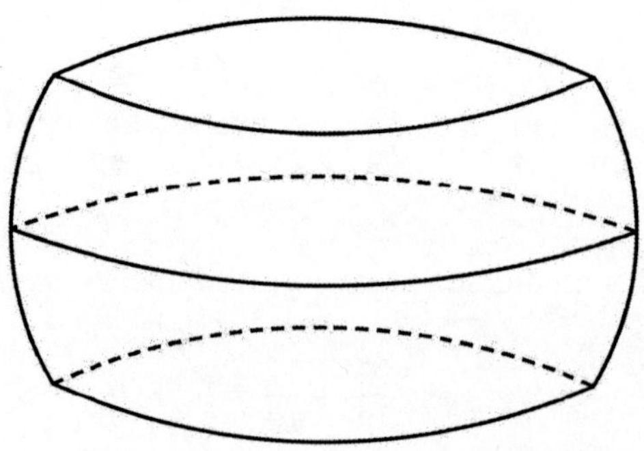

Figura 33 –

a) Utilize integrais para encontrar, em metros cúbicos, o volume do tonel;

b) Utilize integrais para determinar, em metros quadrados, a área da superfície lateral desse tonel (a integral será utilizada na parte esférica, nos tampos circulares você pode utilizar a fórmula da área de um círculo).

11. Calcule o comprimento do arco do gráfico da função dada:

a) $f(x) = 5 + \ln(\text{sen}x)$, $\frac{\pi}{4} \le x \le \frac{\pi}{2}$;

b) $f(x) = \frac{1}{\sqrt{3}}(x-1)\sqrt{x}\ 1 \le x \le 2$;

c) $f(x) = \frac{x^5}{10} + \frac{1}{6x^3}$, $1 \le x \le 2$

d) $f(x) = \ln(\sec x)$ de $x = 0$ até $x = \frac{\pi}{4}$;

e) $y = \frac{1}{3}(2 + x^2)^{3/2}$, $0 \le x \le 3$;

f) $y = \cosh x = \frac{1}{2}(e^x + e^{-x})$ de $x = 0$ até $x = 2$;

g) $(y-1)^2 = (x-2)^3$ de $P = (2,1)$ a $Q = (6,9)$;

h) $y = \ln x$, $\sqrt{3} \le x \le \sqrt{15}$.

12. Considere a curva $y = x^{\frac{2}{3}}$.

a) Faça um esboço da curva quando x varia de -1 até 1;

b) A fórmula $L = \int_a^b \sqrt{1 + \left(\frac{dy}{dx}\right)^2}\,dx$ pode ser usada para encontrar o comprimento de arco da curva esboçada no item anterior?

c) Encontre o comprimento de arco da curva esboçada no item (a).

13. Considere a função $f(x) = \int_1^x \sqrt{t^4 - 1}\,dt$. Determine o comprimento do arco do gráfico de f quando $1 \le x \le 3$.

14. Sejam $x = x(t)$ e $y = y(t)$ funções contínuas, com derivadas contínuas e $x'(t) \neq 0$ para todo $t \in [t_0, t_1]$ e C, uma curva paramétrica dada pelas equações

$$x = x(t) \text{ e } y = y(t). \tag{1.9}$$

É possível mostrar que o comprimento de arco de C quando t varia de t_0 até t_1 é dado por

$$s = \int_{t_0}^{t_1} \sqrt{x'(t)^2 + y'(t)^2}\,dt. \tag{1.10}$$

a) As equações paramétricas de um círculo de raio a são

$$x(t) = a\cos t \text{ e } y(t) = b\text{sen}t,\ 0 \le t \le 2\pi.$$

Utilize estas equações e a expressão (1.10) para mostrar que o comprimento de um círculo de raio a é $2\pi r$;

b) A Figura 34 ilustra a curva C de equação

$$x^{2/3} + y^{2/3} = 2^{2/3}.$$

Determine o comprimento da curva C.

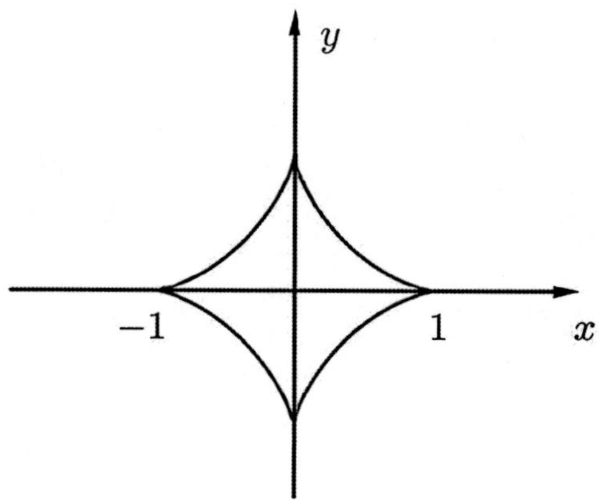

Figura 34 – Figura do Exercício 14 b)

Sugestão: Considere a parametrização $x = 2\cos^3 t$ e $y = 2\text{sen}^3 t$ para a curva.

15. Calcule a área da superfície gerada pela rotação do arco de curva dado, em torno do eixo indicado.

    a) $y = \dfrac{1}{3}x^3,\ 0 \le x \le \sqrt[4]{3}$. Eixo $y = 0$;

    b) $x = \sqrt{y},\ 1 \le y \le 4$. Eixo $x = 0$;

    c) $y = \sqrt{25 - x^2},\ -1 \le x \le 2$. Eixo $y = 0$.

16. Utilize integrais para obter o volume do cone circular reto com raio r e altura h.

17. Seja S o sólido obtido pela rotação da região limitada por $y = x(x-1)^2$, $y = 0$, $x = 1$ e $x = 0$ (veja Figura 35) ao redor do eixo y. Encontre o volume de S.

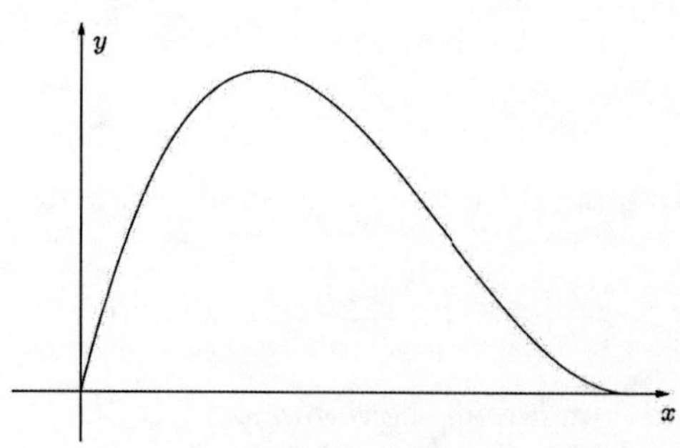

Figura 35 – Figura do Exercício 17

18. Calcule a área da superfície obtida pela revolução do arco da parábola $y^2 = 8x$ com $1 \leq x \leq 12$ ao redor do eixo dos x.

19. Nos itens a seguir, encontre a área da superfície gerada quando a curva dada é girada em torno do eixo indicado.

    a) $y = 3x$, $0 \leq x \leq 1$, eixo x;

    b) $x = 5y + 1$, $0 \leq y \leq 3$, eixo y;

    c) $y = \sqrt{4 - x^2}$, $-1 \leq x \leq 2$, eixo x;

    d) $x = \sqrt{9 - y^2}$, $-2 \leq y \leq 2$, eixo y.

20. Utilize integrais para encontrar a fórmula da área da superfície de uma esfera de raio a.

21. Utilize o método das cascas cilíndricas para mostrar que o volume de bola de raio a é $\frac{4}{3}a^3$.

22. Considere a região limitada por $y = \operatorname{sen} x$, $y = 1, x = 0$ e $x = \frac{\pi}{2}$.

    a) Calcule o volume do sólido obtido ao girarmos a região acima em torno do eixo y;

    b) Use o item anterior para determinar $\int_0^1 \operatorname{arcsen}^2 x dx$.

23. Considere a região limitada por $y = \operatorname{sen} x, y = 0, x = 0$ e $x = \pi$.

    a) Obtenha a expressão da integral que nos fornece o volume do sólido obtido ao rotacionarmos esta região em torno da reta $x = 2\pi$;

    b) Calcule a integral do item anterior.

24. Considere a região limitada por $y = x^3$ e $y = x^2$ e faça-a girar em torno do eixo $y = -1$. Calcule o volume do sólido obtido.

25. Considere a região limitada por $y = \cos x, y = 0, x = 0$ e $x = \frac{\pi}{2}$. Gire-a em torno do eixo $y = -1$. Calcule o volume do sólido obtido.

26. Mostre que o comprimento de uma circunferência de raio r é dado por $2\pi r$.

27. Verifique se as integrais abaixo são convergentes ou divergentes. Em caso afirmativo calcule-as.

    a) $\int_0^1 \frac{1}{x^3} dx$;

    b) $\int_0^1 \frac{1}{x^{\frac{2}{3}}} dx$;

    c) $\int_e^\infty \frac{1}{x \ln^3 x} dx$;

    d) $\int_{-\infty}^\infty x e^{-x^2} dx$;

    e) $\int_1^\infty \frac{dx}{x\sqrt{x^2 - 1}}$;

    f) $\int_1^\infty \frac{\ln x}{x^n} dx$, em que $n \in \mathbb{N}$.

28. Leia o enunciado do Teorema Fundamental do Cálculo e avalie, justificando seu raciocínio, se é correto realizar o seguinte cálculo

$$\int_{-2}^{2} \frac{1}{x^2-1}dx = \frac{1}{2}\ln\left|\frac{x-1}{x+1}\right|\Bigg|_{-2}^{2} = \frac{1}{2}\left(\ln\left|\frac{2-1}{2+1}\right| - \ln\left|\frac{-2-1}{-2+1}\right|\right) = -\frac{1}{2}\ln 3.$$

29. Um estudante desejava analisar a convergência da integral imprópria $\int_{-\infty}^{\infty} x dx$. Ele raciocinou da seguinte forma:

Como $\int_{-L}^{L} x dx = 0$ para qualquer $L \in \mathbb{R}$, então a integral converge para zero.

De acordo com a Definição 1.5, o raciocínio do estudante está correto?

30. Analise a convergência de $\int_{0}^{\infty} \cos x dx$.
Sugestão: Lembre-se que o limite, quando existe, é único.

31. Para que valores de $p \in \mathbb{R}$, a integral $\int_{0}^{1} \frac{1}{x^p}dx$ é convergente?

32. Calcule, se possível, $\int_{0}^{+\infty} \frac{1}{x^2-9}dx$.

33. Considere a região à direita de $x = 1$, limitada pelo eixo x e pela curva $\frac{1}{x}$ (esta região é conhecida como a **corneta de Gabriel**). Mostre que este sólido possui volume finito, mas que a sua superfície possui uma área infinita!

34. (ENADE 2011 - ADAPTADA) Considere a função $f : \mathbb{R} \to \mathbb{R}$ definida por $y = f(x) = x^4 - 5x^2 + 4$. Qual é a área da região limitada pelo gráfico da função $y = f(x)$, o eixo x e as retas $x = 0$ e $x = 2$?

35. (ENADE 2014 - ADAPTADA) No contexto de investimento e formação de capital, se $M(t)$ representa o montante do capital de uma empresa existente em cada instante t e $I(t)$ representa a taxa de investimento líquido por um período de tempo, então

$$M = \int_{a}^{b} I(t)dt$$

fornece o montante acumulado no período $a \leq t \leq b$. Considere que a função $I(t) = t\ln t$, definida para $t \geq 1$, represente a taxa de investimento líquido, em milhares de reais, de uma empresa de cosméticos.

Utilizando $\ln 3 \approx 1,1$, qual o valor do montante acumulado no período $1 \leq t \leq 3$?

36. (ENADE 2017 - ADAPTADA) Considerando que um estudante esteja testando um software para calcular o valor da integral $\int_{-2}^{1}\left(\frac{1}{x^2} - 5\right)$, avalie as asserções a seguir e a relação entre elas.

I O resultado $\int_{-2}^{1}\left(\frac{1}{x^2} - 5\right)dx = -\frac{33}{2}$ está correto.

PORQUE

II A primitiva da função $f(x) = \frac{1}{x^2} - 5$ é a função $F(x) = -\frac{1}{x} - 5x$ e, pelo Teorema Fundamental do Cálculo, conclui-se que

$$\int_{-2}^{1} \left(\frac{1}{x^2} - 5\right) dx = \left(-\frac{1}{x} - 5x\right)\Big|_{-2}^{1} = \left(-\frac{1}{1} - 5\cdot 1\right) - \left(-\frac{1}{-2} - 5(-2)\right) = -\frac{33}{2}.$$

A respeito dessas asserções, assinale a alternativa correta:

(a) I e II são proposições verdadeiras, e a II é uma justificativa correta de I;

(b) I e II são proposições verdadeiras, mas a II não é uma justificativa correta de I;

(c) I é uma proposição verdadeira, e a II é uma proposição falsa;

(d) I é uma proposição falsa, e a II é uma proposição verdadeira;

(e) I e II são proposições falsas.

37. A Figura abaixo ilustra uma região limitada pelo gráfico de uma função $y = f(x)$, com $a \leq x \leq b$, pela reta $y = mx + c$ (que está completamente abaixo do gráfico de f) e pelos segmentos de reta perpendiculares à reta que passam pelos pontos A e B (pertencentes ao gráfico de f).

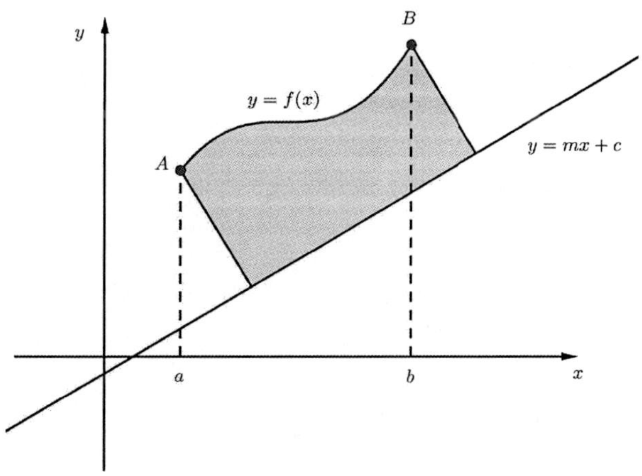

É possível mostrar (veja exercícios teóricos) que a área, S, da região ilustrada na figura é dada por

$$S = \frac{1}{1+m^2} \int_a^b (f(x) - mx - c)(1 + mf'(x))dx. \tag{1.11}$$

Utilize a fórmula (1.11) para determinar a área da região da figura quando

a) $f(x) = x^2, y = x - 2, A = (0,0)$ e $B = (2,4)$;

b) $f(x) = \cos(x) + 1, y = 2x - 8, A = (-\pi, 0)$ e $B = (0,2)$.

Sugestão: Utilize o Geogebra ou outro software equivalente para esboçar os gráficos.

38. A **Transformada de Laplace** desempenha um importante papel em Equações Diferenciais e é definida da seguinte forma: Dada uma função contínua $f(t)$, com $t \geq 0$, sua transformada de Laplace é uma função L definida para ser uma função $F(s)$, isto é $L(f(t)) = F(s)$, através da integral imprópria

$$L(f(t)) = F(s) = \int_0^{\infty} f(t)e^{-st}dt.$$

O domínio de F é conjunto dos números reais s tais que a integral é convergente. Use a definição acima para mostrar que

a) $L(1) = \dfrac{1}{s}$;

b) $L(t) = \dfrac{1}{s^2}$;

c) $L(t^2) = \dfrac{2}{s^3}$;

d) $L(t^3) = \dfrac{3!}{s^4}$;

e) $L(e^t) = \dfrac{1}{s-a}$;

f) $L(\operatorname{sen} t) = \dfrac{1}{s^2+1}$.

39. Quando a elipse de equação $\dfrac{x^2}{a^2} + \dfrac{y^2}{b^2} = 1$ é rotacionada em torno do eixo x, obtém-se uma superfície chamada de **elipsoide de revolução** (formato similar ao de uma bola de futebol americano). Determine

a) o volume da região do espaço englobada pelo elipsoide;

b) a área de sua superfície, quando $a > b$;

c) a área de sua superfície, quando $a = b$;

d) a área de sua superfície, quando $a < b$;

EXERCÍCIOS TEÓRICOS

40. Seja $f : [0,1] \to \mathbb{R}$ uma função contínua e positiva. Mostre que

$$\int_0^1 \frac{f(x)}{f(x)+f(1-x)}dx = \frac{1}{2}.$$

41. Suponha que $F'(x) = f(x)$. Mostre que a análise da convergência e o valor da integral $\displaystyle\int_{-\infty}^{\infty} f(x)dx$ independe da escolha de a (veja Definição 1.5).

42. Seja $f : \mathbb{R} \to \mathbb{R}$ uma função contínua. Mostre que a análise da convergência e o valor da integral $\displaystyle\int_{-\infty}^{\infty} f(x)dx$ independe da escolha de a (veja Definição 1.5) (a diferença desse exercício para o anterior é a não hipótese de existência da primitiva F).

43. Sejam $f, g : [a,\infty) \to \mathbb{R}$ duas funções positivas tais que $\displaystyle\lim_{x\to\infty} \frac{g(x)}{f(x)} = L > 0$. Mostre que $\displaystyle\int_a^{\infty} f(x)dx$ e $\displaystyle\int_a^{\infty} g(x)dx$ são ambas convergentes ou ambas divergentes.

44. (ENADE 2014 - ADAPTADA) O Teorema Fundamental do Cálculo é uma poderosa ferramenta para a Matemática, pois é amplamente utilizado em suas diversas subáreas. Ao longo da história, diversas versões desse teorema foram demonstradas. Fazendo uso livremente dessas versões, considerando duas funções $f, g : [a,b] \to \mathbb{R}$ contínuas no intervalo fechado e limitado $[a,b]$ e definindo $F, G : [a,b] \to \mathbb{R}$ por

$$F(x) = a + \int_a^c f(t)dt \text{ e } G(x) = b + \int_a^x g(t)dt,$$

para todo $x \in [a,b]$, avalie as seguintes asserções e a relação proposta entre elas.

(I) Para todo $x \in [a,b]$, tem-se que

$$F(x)G(x) - F(a)G(a) = \int_a^x [f(t)G(t) + F(t)g(t)]dt$$

(II) Se $\Psi : [a,b] \to \mathbb{R}$ possui derivada integrável, então

$$\Psi(b) - \Psi(a) = \int_a^b \frac{d}{dt}\Psi(t)dt.$$

Qual das alternativas abaixo é verdadeira?

a) As asserções I e II são proposições verdadeiras, e a II é uma justificativa correta de I;

b) As asserções I e II são proposições verdadeiras, mas a II não é uma justificativa correta de I;

c) A asserção I é uma proposição verdadeira, e a II é uma proposição falsa;

d) A asserção I é uma proposição falta, e a II é uma proposição verdadeira;

e) As asserções I e II são proposições falsas.

45. Suponha que f e g sejam funções contínuas e $0 \le f(x) \le g(x)$ se $x \ge a$.

(i) Se $\int_a^{+\infty} f(x)dx$ for convergente, podemos afirmar que $\int_a^{+\infty} g(x)dx$ é convergente?

(ii) Se $\int_a^{+\infty} g(x)dx$ for divergente, podemos afirmar que $\int_a^{+\infty} f(x)dx$ é divergente?

46. Em algumas situações, efetuar o cálculo da integral que nos fornece o comprimento de arco é tarefa árdua ou mesmo impossível de ser feita analiticamente, nos restando apenas o uso de métodos numéricos. Podemos, entretanto, realizar estimativas para este valor para alguns casos, conforme explorado neste exercício.

a) Seja $y = f(x)$ uma curva suave em $[a,b]$. Prove que se houver números não negativos K e M, tais que $K \le f'(x) \le M$ para todo x em $[a,b]$, então o comprimento de arco L de $y = f(x)$ em $[a,b]$ satifaz a desigualdade

$$(b-a)\sqrt{1+K^2} \le L \le (b-a)\sqrt{1+M^2}$$

b) Use o resultado do item anterior para mostrar que o comprimento de arco L de $y = \operatorname{sen} x$, no intervalo $0 \le x \le \frac{\pi}{4}$, satisfaz $\frac{\pi}{4}\sqrt{\frac{3}{2}} \le L \le \frac{\pi}{4}\sqrt{2}$.

47. Seja $y = f(x)$ uma curva suave em $[a,b]$ e suponha que $f(x) \geq 0$ para $a \leq x \leq b$. Seja A a área sob a curva $y = f(x)$ entre $x = a$ e $x = b$ e S a área da superfície obtida quando esta seção da curva é rotacionada em torno do eixo x.

a) Prove que $2\pi A \leq S$;

b) Você poderia dar exemplos de funções f para as quais tem-se $2\pi A = S$?

48. Neste exercício você irá provar a fórmula dada no Exercício 37.

A Figura 36 ilustra dois sistemas ortognais de coordenadas no plano cartesiano: xy e uv. Um ponto P pode ser descrito em coordenadas xy e uv. Naturalmente é possível estabelecer uma relação entre as coordenadas. O ângulo α é aquele formado pelos eixos x e u (você pode imaginar que o sistema uv foi obtido através de uma rotação de ângulo α do sistema xy), já θ é o ângulo que o eixo x faz com o segmento OP.

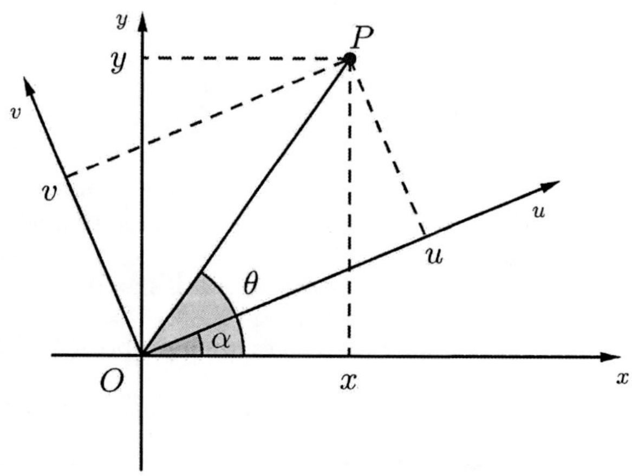

Figura 36 –

a) Denotando $r = OP$, verifique que valem as igualdades

$$x = r\cos\theta \text{ e } y = r\text{sen}\theta.$$

b) Mostre que

$$\begin{aligned} u &= r\cos(\theta-\alpha) = r\cos\theta\cos\alpha + r\text{sen}\theta\text{sen}\alpha = x\cos\alpha + y\text{sen}\alpha; \\ v &= r\text{sen}(\theta-\alpha) = r\text{sen}\theta\cos\alpha - r\cos\theta\text{sen}\alpha = y\cos\alpha - x\text{sen}\alpha. \end{aligned}$$

c) Verifique

$$\begin{aligned} x &= u\cos\alpha - v\text{sen}\alpha; \\ y &= u\text{sen}\alpha + v\cos\alpha; \end{aligned}$$

d) A Figura 37 abaixo ilustra uma região limitada pelo gráfico de uma função $y = f(x)$, com $a \leq x \leq b$, pelo eixo u e os segmentos de reta perpendiculares ao eixo u que passam pelos pontos A e B (pertencentes

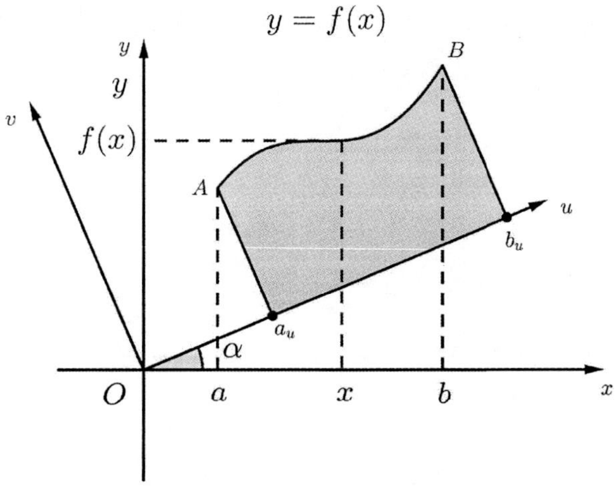

Figura 37 –

ao gráfico de f). Observe que, pela figura, o gráfico de f pode ser visto como o gráfico de uma função $v = F(u)$ (em que F é uma função que relaciona u com v) e, neste caso, a área da região em questão é dada por

$$S = \int_{a_u}^{b_u} F(u)du.$$

i. Verifique que $du = (\cos\alpha + f'(x)\text{sen}\alpha)dx$ (veja o item b);

ii. Supondo que a equação do eixo u seja $y = mx$ (note que a reta passa pela origem), verifique que $F(u) = \cos\alpha(f(x) - mx)$ (observe a Figura 38 abaixo)

e) Use os itens anteriores para mostrar que a área da região é

$$S = \frac{1}{1+m^2}\int_a^b (f(x) - mx)(1 + mf'(x))dx.$$

f) Mostre que a fórmula dada em (1.11) é verdadeira.
Sugestão: basta aplicar a fórmula obtida no item anterior em $f(x) - c$.

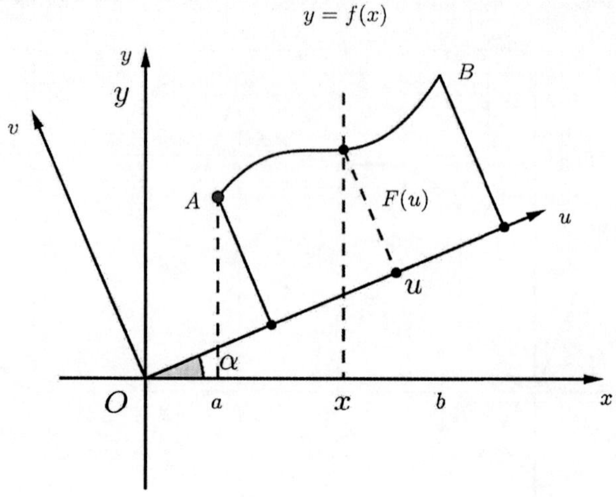

Figura 38 –

Capítulo 2

Sequências Numéricas

Entre as bactérias, a forma mais comum de reprodução é a assexuada binária, também conhecida por cissiparidade ou bipartição. Ocorre a duplicação do DNA da bactéria e, posteriormente, uma divisão em duas células. Caso exista um ambiente adequado, as bactérias reproduzem-se muito rapidamente. Suponha que exista uma cultura com M bactérias e que, a cada unidade de tempo, cada bactéria se reproduza (ou seja, se duplica). Nesse caso, teríamos a tabela:

tempo	população
0	M
1	$2M$
2	$4M$
3	$8M$
4	$16M$
5	$32M$

A Figura 39 representa o gráfico da situação descrita acima. Observe que, caso não haja influência externa e a situação se mantenha, após n unidades de tempo a população será de $2^n M$.

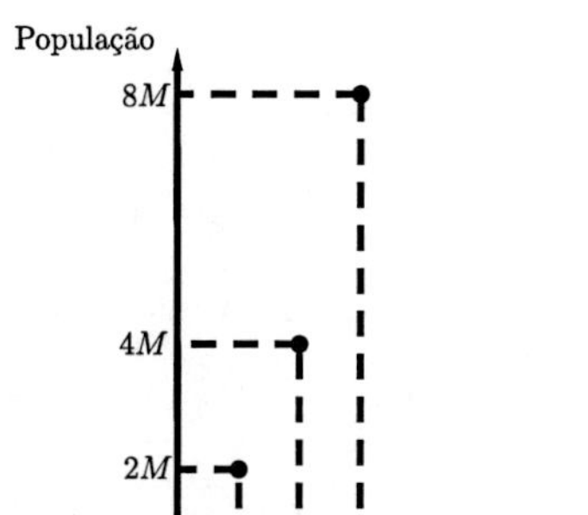

Figura 39 – Gráfico da população em relação ao tempo em segundos

A expressão $2^n M$ é a lei de formação de uma função cujo domínio é o conjunto dos números naturais. Funções desse tipo são conhecidas como sequências e, nesse capítulo, faremos um estudo geral delas.

2.1 Sequências Numéricas

Uma sequência numérica é um tipo especial de função real, como vemos na

Definição 2.1. Uma sequência numérica é uma função real, cujo domínio é o conjunto dos Naturais, $\mathbb{N}$, isto é,

$$\begin{aligned} a \ : \ & \mathbb{N} \to \mathbb{R} \\ & n \to a(n). \end{aligned} \tag{2.1}$$

É comum na literatura denotar $a(n)$ simplesmente por a_n. Desse modo, tem-se

$$a(1) = a_1, \quad a(2) = a_2, \quad a(3) = a_3, \ldots a(n) = a_n, \ldots.$$

Os valores $a_1, a_2, a_3, \ldots, a_n, \ldots$, são chamados **termos da sequência**, sendo a_n é conhecido como o termo geral (da sequência). Existem várias maneiras de representar uma sequência numérica, por exemplo

$$\{a_n\}, \{a_1, a_2, \ldots, a_n \ldots\}, \{a_n\}_{n=1}^{\infty} \text{ ou } (a_n).$$

Iremos utilizar as notações apresentadas acima quando nos referirmos a uma sequência qualquer.

Exemplo 2.1. São exemplos de termos gerais de sequências $\{a_n\}$:

1. $a_n = c$, em que $c \in \mathbb{R}$ é uma constante. Esse é um exemplo de sequência dita constante (herdando a terminologia da função constante). Podemos escrever
$$\{a_n\} = \{c, c, c, ...\}.$$

2. $a_n = \dfrac{1}{n}$, isto é
$$\{a_n\} = \left\{1, \frac{1}{2}, \frac{1}{3}, \frac{1}{4}, \ldots\right\}.$$

3. $a_n = (-1)^n$. Este é o exemplo de uma sequência que chamamos de **alternada**, pois os valores do termo geral oscilam (alternam) entre valores, um negativo, outro positivo (ou vice-versa) e nesta ordem:
$$\{a_n\} = \{-1, 1, -1, 1, -1, 1...\}.$$

4. $a_n = \dfrac{n^2+1}{2n+3}$ e, portanto,
$$\{a_n\} = \left\{\frac{2}{5}, \frac{5}{7}, \frac{10}{9}, \ldots\right\}$$

5. **A Sequência de Fibonacci**: Define-se a sequência de Fibonacci $\{F_n\}$ da seguinte maneira: toma-se $F_1 = 1$, $F_2 = 1$ e para $n \geq 3$, F_n é dada por

$$F_n = F_{n-1} + F_{n-2}.$$

Alguns termos dessa sequência estão listados abaixo

$$\{F_n\} = \{1, 1, 2, 3, 5, 8, 13, 21, 34, 55, \ldots\}.$$

Observe que na Sequência de Fibonacci, os dois primeiros termos são dados e os restantes definidos a partir dos anteriores. Este é um exemplo de uma **sequência de recursão** - sequências tais que seus termos são definidos a partir dos anteriores.

2.2 Limite de uma Sequência

Antes de apresentar o conceito formal de limite de uma sequência, vamos tentar compreender o conceito de maneira mais intuitiva: diz-se que a_n converge para L e escrevemos:

$$\lim_{n\to\infty} a_n = L,$$

se for possível colocar a_n suficientemente próximo de L à medida em que n assume valores suficientemente grandes.

Exemplo 2.2. Considere $a_n = \dfrac{1}{n}$ e observe a tabela:

1	10	20	30	40	50	60	70	80	90	100	1000
1	$\frac{1}{10}$	$\frac{1}{20}$	$\frac{1}{30}$	$\frac{1}{40}$	$\frac{1}{50}$	$\frac{1}{60}$	$\frac{1}{70}$	$\frac{1}{80}$	$\frac{1}{90}$	$\frac{1}{100}$	$\frac{1}{1000}$

A Figura 40 apresenta a ilustração gráfica do comportamento da sequência $a_n = \dfrac{1}{n}$.

É intuitivo que à medida em que n fica grande, a_n tende a se aproximar de zero. Nesse caso, escrevemos

$$\lim_{n\to\infty} \frac{1}{n} = 0.$$

A definição formal de limite pode ser desagradável numa primeira leitura, mas é bom compreendê-la geometricamente. Caso o leitor ache um pouco maçante — ou não seja de seu interesse — esta definição, poderá ir direto para o Teorema 2.1 (num curso introdutório de cálculo, não chega a ser um grande problema a não compreensão da definição formal de limite). Destaco, porém, que é relevante a clareza de que todos os teoremas, e propriedades a respeito de limites, são decorrentes da definição formal.

Definição 2.2. Diz-se que uma sequência $\{a_n\}$ tem limite L e, escreve-se,

$$\lim_{n\to\infty} a_n = L,$$

se para todo $\epsilon > 0$, existir um número natural N tal que

$$\text{para todo } n > N \text{ tem-se } |a_n - L| < \epsilon.$$

Neste caso, diz-se que a sequência a_n é convergente.

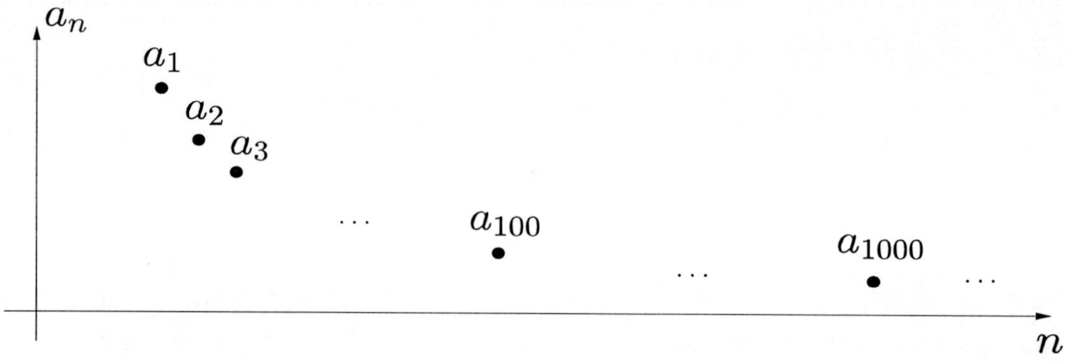

Figura 40 – Gráfico da sequência $a_n = \frac{1}{n}$.

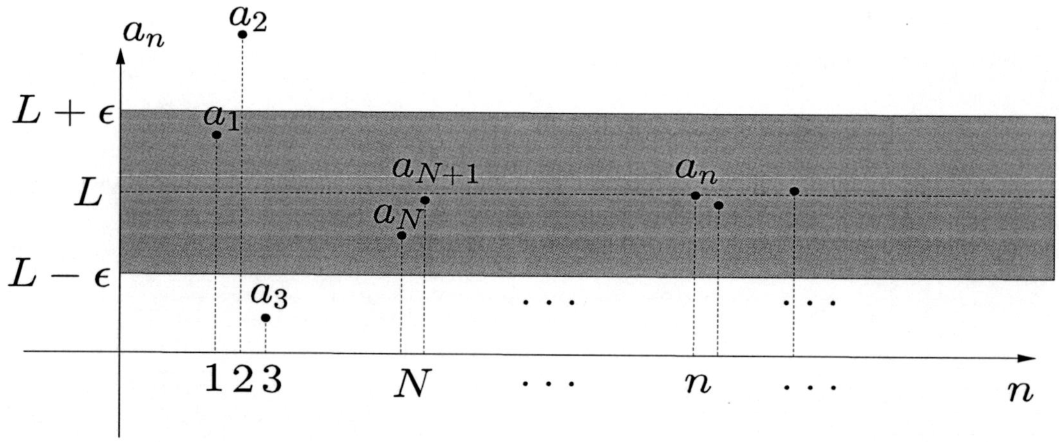

Figura 41 – Ilustração da definição de limite de uma sequência.

Observação 2.1. Escrever $|a_n - L| < \epsilon$ equivale a $L-\epsilon < a_n < L+\epsilon$. Baseado na Definição 2.2, se $\lim\limits_{n\to\infty} a_n = L$, então quando $n > N$, tem-se $L-\epsilon < a_n < L+\epsilon$, isto é $a_n \in (L-\epsilon, L+\epsilon)$. Quando $n < N$, pode ocorrer $a_n \in (L-\epsilon, L+\epsilon)$ ou $a_n \notin (L-\epsilon, L+\epsilon)$. O que a definição de limite nos diz é que, caso o limite da sequência seja L, então a partir de algum momento (no caso, N) a_n sempre pertencerá ao intervalo $(L-\epsilon, L+\epsilon)$.

Não é nosso intuito explorar nesse texto de maneira demasiada a definição de limite de sequência. Faremos dois exemplos no sentido de colaborar na compreensão dessa importante definição.

Exemplo 2.3. Para mostrar que $\lim\limits_{n\to\infty} \frac{1}{n} = 0$, devemos provar que para todo $\epsilon > 0$, existe $N \in \mathbb{N}$ tal que, se $n > N$ então

$$\left|\frac{1}{n} - 0\right| = \frac{1}{n} < \epsilon.$$

A expressão acima é equivalente a escrever $n > \frac{1}{\epsilon}$. Observe que se escolhermos $N \in \mathbb{N}$ tal que $N > \frac{1}{\epsilon}$ (N pode ser tomado como sendo o primeiro número natural maior que $\frac{1}{\epsilon}$), teremos que $n > N$ irá implicar em $\frac{1}{n} < \epsilon$, o que prova a igualdade $\lim \frac{1}{n} = 0$.

Exemplo 2.4. Mostre que a sequência $\left\{\frac{n}{3n-1}\right\}$ converge para $L = \frac{1}{3}$.

Solução: Precisamos mostrar que para todo $\epsilon > 0$ existe um número natural $N > 0$ tal que, se n for inteiro e $n > N$, então

$$\left|\frac{n}{3n-1} - \frac{1}{3}\right| < \epsilon.$$

Desta forma, tirando o MMC e reduzindo os termos semelhantes da expressão acima, podemos escrever

$$\left|\frac{1}{9n-3}\right| < \epsilon.$$

Assim sendo, o N procurado deverá então ser determinado de modo que

$$\frac{1}{9n-3} < \epsilon \text{ sempre que } n > N.$$

Isolando n na expressão acima, tem-se

$$n > \frac{1+3\epsilon}{9\epsilon}.$$

Portanto, Para que esta asserção seja verdadeira, escolhemos $N > \frac{1+3\epsilon}{9\epsilon}$, o que implica em

$$\text{se} \quad n > \frac{1+3\epsilon}{9\epsilon}, \text{ então } \left|\frac{n}{3n-1} - \frac{1}{3}\right| < \epsilon,$$

o que prova a igualdade

$$\lim_{n\to\infty}\left(\frac{n}{3n-1}\right) = \frac{1}{3},$$

ou seja, a sequência $\left\{\frac{n}{3n-1}\right\}$ converge para $\frac{1}{3}$.

Observação 2.2. Calcular limites pela definição é, em geral, uma tarefa difícil. Na prática, vamos utilizar algumas propriedades que nos auxiliarão em tais cálculos. □

Teorema 2.1. [Propridades dos Limites] Suponha que $\{a_n\}$ e $\{b_n\}$ sejam duas sequências convergentes, digamos $\lim_{x\to\infty} a_n = A$ e $\lim_{x\to\infty} b_n = B$. Então:

(i) $\lim_{n\to\infty} ca_n = c\lim_{n\to\infty} a_n = cA, \qquad c \in R;$

(ii) $\lim_{n\to\infty}(a_n + b_n) = \lim_{n\to\infty} a_n + \lim_{n\to\infty} b_n = A + B;$

(iii) $\lim_{n\to\infty} a_n b_n = \lim_{n\to\infty} a_n \lim_{n\to\infty} b_n = AB;$

$$(iv)\ \lim_{n\to\infty}\frac{a_n}{b_n}=\frac{\lim\limits_{n\to\infty}a_n}{\lim\limits_{n\to\infty}b_n}=\frac{A}{B},\ \text{se } B\neq 0.$$

Na prática, o cálculo do limite de sequências se comporta exatamente como o limite de funções reais de uma variável, quando a variável real tende para infinito.

Exemplo 2.5. Analise a convergência da sequência cujo termo geral é

1. $a_n=\sqrt{n+1}-\sqrt{n}$
   Solução: Observamos inicialmente que o limite do termo geral da sequência acima produz uma indeterminação do tipo $\infty-\infty$. Para eliminar esta indeterminação, faremos uso do **conjugado** do termo geral. Desse modo:

$$\begin{aligned}\lim_{n\to\infty}(\sqrt{n+1}-\sqrt{n}) &= \lim_{n\to\infty}\left(\frac{(\sqrt{n+1}-\sqrt{n})(\sqrt{n+1}+\sqrt{n})}{\sqrt{n+1}+\sqrt{n}}\right)\\ &= \lim_{n\to\infty}\left(\frac{1}{\sqrt{n+1}+\sqrt{n}}\right)=0.\end{aligned}$$

   Logo

$$\lim_{n\to\infty}(\sqrt{n+1}-\sqrt{n})=0;$$

   e, portanto, a sequência $\{\sqrt{n+1}-\sqrt{n}\}$ converge para zero.

2. $a_n=\left(\dfrac{n+2}{n+1}\right)^n$
   Solução: Para calcular

$$\lim_{n\to\infty}\left(\frac{n+2}{n+1}\right)^n,$$

   façamos a mudança de variável: $u=n+1$, daí $u+1=n+2$ e $u-1=n$. Logo

$$\left(\frac{n+2}{n+1}\right)^n=\left(\frac{u+1}{u}\right)^{u-1}=\frac{\left(1+\frac{1}{u}\right)^u}{1+\frac{1}{u}}.$$

   Levando em conta que se $n\to\infty$, então $u\to\infty$, temos:

$$\lim_{x\to\infty}\left(\frac{n+2}{n+1}\right)^n=\lim_{u\to\infty}\frac{\left(1+\frac{1}{u}\right)^u}{1+\frac{1}{u}}=\frac{e}{1}=e.$$

   Portanto, a sequência $\left\{\left(\dfrac{n+2}{n+1}\right)^n\right\}$ converge para e.

3. $a_n=(-1)^n$
   Solução: A sequência acima é divergente, pois seus valores oscilam entre -1 e 1.

O resultado a seguir relaciona o limite de uma função real f, com o da sequência $a_n=f(n)$.

Teorema 2.2. Se $\lim\limits_{x\to\infty}f(x)=L$, então $\lim\limits_{n\to\infty}f(n)=L$, para todo $n\in N$

Exemplo 2.6. *Analise a convergência de* $\{a_n\} = \left\{\dfrac{3-2n^2}{n^2-1}\right\}$.

Solução: É fácil perceber que quando $n \to \infty$ temos uma indeterminação do tipo $\dfrac{\infty}{\infty}$. A variável n é natural e, portanto, não podemos aplicar a regra de L'hôpital diretamente. Entretanto, conforme Teorema 2.2, podemos associar a sequência acima a uma função $f(x)$ cujo domínio esteja no conjunto dos números reais (e podemos derivar). Escrevemos

$$f(x) = \frac{3-2x^2}{x^2-1}$$

e calculamos $\lim_{x\to\infty}\left(\dfrac{3-2x^2}{x^2-1}\right)$. Aplicando a regra de L'Hôpital, tem-se

$$\lim_{x\to\infty}\left(\frac{3-2x^2}{x^2-1}\right) = \lim_{x\to\infty}\left(\frac{-4x}{2x}\right) = \left(\frac{-4}{2}\right) = -2.$$

Logo

$$\lim_{x\to\infty}\left(\frac{3-2x^2}{x^2-1}\right) = -2.$$

Assim, pelo Teorema 2.2, a sequência $\{a_n\} = \left\{\dfrac{3-2n^2}{n^2-1}\right\}$ converge para -2. □

Teorema 2.3. [do Confronto ou "do Sanduíche"] Sejam $\{a_n\}$, $\{b_n\}$ e $\{c_n\}$ três sequências numéricas. Suponha que exista $N \in \mathbb{N}$ tal que $a_n \le b_n \le c_n$ para todo $n \ge N$. Se $\lim_{n\to\infty} a_n = \lim_{n\to\infty} c_n = L$, então

$$\lim_{n\to\infty} b_n = L.$$

Prova. Como $\lim_{n\to\infty} a_n = \lim_{n\to\infty} c_n = L$, então para todo $\epsilon > 0$, existe $N > 0$ tal que $n > N$ implica em $L-\epsilon < a_n < L+\epsilon$ e $L-\epsilon < c_n < L+\epsilon$. Uma vez que $a_n \le b_n \le c_n$, tem-se, para $n > N$:

$$L-\epsilon < a_n \le b_n \le c_n < L+\epsilon,$$

o que mostra que $|b_n - L| < \epsilon$, sempre que $n > N$, ou seja $\lim_{n\to\infty} b_n = L$. □

A Figura 42 ilustra o que ocorre no Teorema do Confronto: como as sequências a_n e c_n convergem para L, elas "espremem"a sequência b_n em L, pois $a_n \le b_n \le c_n$.

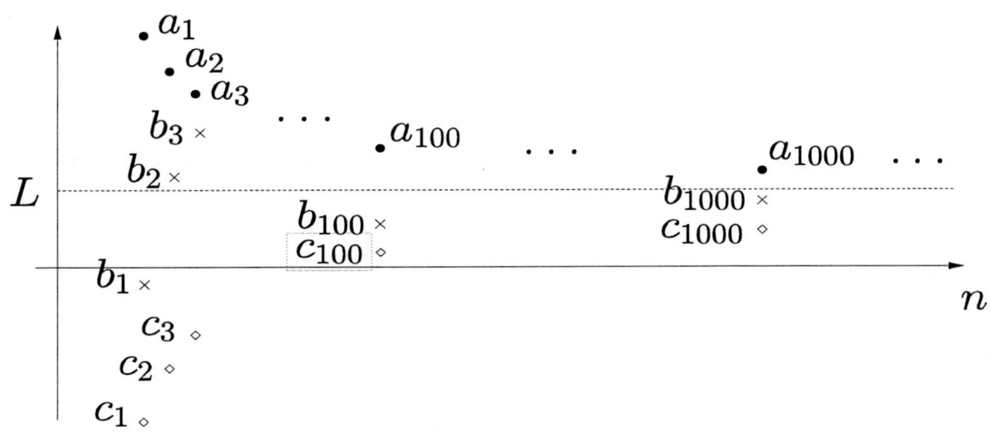

Figura 42 – Ilustração do Teorema do Confronto.

Exemplo 2.7. Analise a convergência de $a_n = \frac{1}{n^2}\operatorname{sen}\sqrt[3]{n^2+1}$

Solução:: Observe que o termo $\operatorname{sen}\sqrt[3]{x^2+1}$ é uma função limitada, pois está sempre entre -1 e 1. Podemos, portanto, escrever a desigualdade:

$$\frac{-1}{n^2} \leq \frac{1}{n^2}\operatorname{sen}\sqrt[3]{n^2+1} \leq \frac{1}{n^2}.$$

Por outro lado,

$$\lim_{n\to\infty} \frac{1}{n^2} = 0.$$

Segue-se do Teorema do confronto (ou do "sanduíche"), que o limite da função intermediária, representada pela expressão do termo geral da sequência estudada, também tende para zero. Em outras palavras,

$$\lim_{n\to\infty} \frac{1}{n^2}\operatorname{sen}\sqrt[3]{n^2+1} = 0.$$

□

Exemplo 2.8. Sejam $A > 0$ e $a_1 \in \mathbb{R}$; defina a sequência $\{a_n\}$ mediante a recorrência como se segue

$$a_{n+1} = \frac{1}{2}\left(a_n + \frac{A}{a_n}\right),\ n \geq 2.$$

Suponha que exista $L = \lim_{x\to\infty} a_n$. Mostre que $L = \sqrt{A}$.

Solução: Se $\lim_{x\to\infty} a_n = L$, temos que $\lim_{x\to\infty} a_{n+1} = L$. Passando o limite na expressão de recorrência tem-se:

$$L = \frac{1}{2}\left(L + \frac{A}{L}\right).$$

Resolvendo a equação acima, obtém-se $L = \pm\sqrt{A}$. Uma vez que os termos da sequência são sempre positivos, concluímos que $L = \sqrt{A}$. □

EXERCÍCIOS DE AQUECIMENTO

Encontre a área da região limitada pelas curvas:

1. Encontre o termo geral da sequência:

   a) $\{1, 4, 7, 10, \cdots\}$;

   b) $\{-2, 2, -2, 2, -2, 2, \cdots\}$;

   c) $\left\{1, \frac{1}{3}, \frac{1}{9}, \frac{1}{27}, \cdots\right\}$;

   d) $\left\{1, -\frac{1}{3}, \frac{1}{9}, -\frac{1}{27}, \cdots\right\}$.

2. Analise a convergência da sequência calculando $\lim_{n\to\infty} a_n$:

   a) $\{\sqrt{n^3-1} - \sqrt{n^3+1}\}$;

   b) $\left\{\left(\frac{n+4}{n+2}\right)^n\right\}$;

3. Utilize a definição de limite de sequência para provar:

a) $\lim_{n\to\infty} \frac{n-1}{n+1} = 1$; b) $\lim_{n\to\infty} \frac{2n-1}{n+1} = 2$.

Respostas:

1. a) $1+3n,\ n \geq 0$; b) $(-1)^n 2,\ n \geq 0$; c) $\frac{1}{3^n},\ n \geq 0$; d) $\frac{(-1)^n}{3^n},\ n \geq 0$.

2. a) 0; b) e^2.

3. a) Basta tomar $N > \frac{2}{\epsilon} - 1$; b) Basta tomar $N > \frac{3}{\epsilon} - 1$.

2.3 Sequências Monótonas e Limitadas

Nem todas as sequências podem ser estudadas com as informações apresentadas nas seções anteriores. Considere, por exemplo, a sequência

$$\left\{\frac{3^n}{n!}\right\}.$$

O que dizer a respeito de sua convergência? A indeterminação que temos, quando fazemos $n \to \infty$, é do tipo $\frac{\infty}{\infty}$. Associar n à variável real x e utilizar a regra de L'Hôpital não é, entretanto, tarefa fácil. Isto se deve ao fatorial no denominador. Ao longo dessa seção veremos uma maneira de como contornar esse problema.

Definição 2.3. Uma sequência $\{a_n\}$ é dita

- **crescente**, se $a_1 \leq a_2 \leq a_3 \leq \ldots \leq a_n \leq \cdots$
- **decrescente**, se $a_1 \geq a_2 \geq a_3 \geq \ldots \geq a_n \geq \cdots$
- **monótona**, se for crescente ou decrescente.

Observação 2.3. Se ocorrer desigualdade estrita (isto é "<"ou ">"), a sequência $\{a_n\}$ é dita **estritamente crescente** ou **estritamente decrescente**. □

Observação 2.4. Alguns livros denotam como **não decrescente** as sequências $\{a_n\}$ tais que $a_1 \leq a_2 \leq a_3 \leq \ldots \leq a_n \leq \cdots$ e como **crescente** o caso em que ocorre a desigualdade estrita $<$ e como **não crescente** e **decrescente** quando ocorrer a desigualdade invertida. Optamos por não usar esta nomenclatura neste livro. □

Observação 2.5. É suficiente escrever que $\{a_n\}$ é crescente se

$$a_n \leq a_{n+1} \text{ para todo } n \in \mathbb{N}.$$

Analogamente, podemos escrever desigualdades desse tipo para os casos em que a sequência é decrescente ou estritamente crescente/decrescente. □

Para analisar a monotonicidade de sequências, temos três caminhos possíveis para seguir. O primeiro é analisar

$$a_{n+1} - a_n.$$

Se obtivermos um sinal definido para a diferença acima, poderemos classificar a monotonicidade de $\{a_n\}$.

Um outro caminho é analisar, quando $a_n \neq 0$ para todo n, o quociente

$$\frac{a_{n+1}}{a_n}.$$

Caso essa razão se mantenha maior ou menor que 1 para todo n, podemos classificar a monotonicidade de a_n.

A última estratégia é associar a sequência $\{a_n\}$ à uma função real $f(x)$, de modo que $f(n) = a_n$, e analisar a monotonidade de f. Um caso particularmente útil é aquele em que f possui derivada (lembre-se que o sinal da derivada de f num intervalo nos fornece informações acerca de seu crescimento e decrescimento).

Exemplo 2.9. *Verifique se a sequência* $\{a_n\} = \{n^2 - 5n\}$ *é monótona e, nesse caso, classifique-a.*

Solução: Vamos estudar a diferença $a_{n+1} - a_n$:

$$\begin{aligned} a_{n+1} - a_n &= (n+1)^2 - 5(n+1) - \left(n^2 - 5n\right) \\ &= n^2 + 2n + 1 - 5n - 5 - n^2 + 5n = 2n - 4. \end{aligned}$$

Deste modo, $a_{n+1} - a_n \geq 0$ se, e só se, $2n - 4 \geq 0$ e isso acontece para $n \geq 2$. Deste modo, a sequência é monótona crescente se $n \geq 2$, e é estritamente crescente se $n \geq 3$.

Exemplo 2.10. *Verifique se a sequência* $\{a_n\} = \left\{\dfrac{n^n}{n!}\right\}$ *é monótona.*

Solução: Como $a_n \neq 0$ para todo n, vamos estudar o quociente $\dfrac{a_{n+1}}{a_n}$. Vejamos

$$\frac{a_{n+1}}{a_n} = \frac{(n+1)^{n+1} n!}{(n+1)!\, n^n} = \left(\frac{n+1}{n}\right)^n.$$

Como $\dfrac{n+1}{n} > 1$ para $n \geq 1$, segue-se que $\dfrac{a_{n+1}}{a_n} < 1$ e, portanto, $\{a_n\}$ é monótona (estritamente) crescente.

Exemplo 2.11. Analise a monotonicidade de $\{a_n\} = \left\{\dfrac{3}{2n+1}\right\}$.

Solução: Associamos a sequência à função $f(x) = \dfrac{3}{2x+1}$. Vejamos que f é monótona:

$$f'(x) = \frac{-3(2)}{(2x+1)^2} = \frac{-6}{(2x+1)^2} < 0,\ \forall x \in \mathbb{R}.$$

Assim, f é decrescente, o que garante que $\{f(n)\} = \{a_n\}$ é monótona decrescente.

Exemplo 2.12. Analise a monotonicidade de $\{\ln(n)\}$.

Solução: Este é um caso em que analisar $a_{n+1} - a_n$ (em que $a_n = \ln(n)$) ou $\dfrac{a_{n+1}}{a_n}$ não é o melhor caminho, pois, por exemplo,

$$\frac{a_{n+1}}{a_n} = \frac{\ln(n+1)}{n+1} \cdot \frac{n}{\ln(n)} = \frac{\ln(n+1)}{\ln(n)} \cdot \frac{n}{n+1}$$

e, uma vez que $\dfrac{\ln(n+1)}{\ln(n)} > 1$ e $\dfrac{n}{n+1} < 1$, não conseguimos dizer diretamente se $\dfrac{a_{n+1}}{a_n}$ é maior ou menor que 1. Nesse caso, consideramos a função real $f(x) = \dfrac{\ln x}{x}$ e estudamos sua derivada:

$$f'(x) = \frac{1 - \ln x}{x^2}.$$

Note que se $x > e$, então $f'(x) < 0$. Logo f é decrescente e, portanto, $\{a_n\}$ é decrescente.

Apresentamos na definição a seguir, o conceito de sequência limitada que, aliado ao de monotonicidade, permitirá obter uma resposta à pergunta que fizemos no início dessa seção: como analisar a convergência de $\left\{\dfrac{3^n}{n!}\right\}$?

Definição 2.4. Uma sequência numérica, $\{a_n\}$, é dita **limitada** se existir um número, $M > 0$, tal que

$$|a_n| \leq M \text{ para todo } n \in \mathbb{N}.$$

Uma definição alternativa (e equivalente) para sequência limitada é que existam constantes $M, m \in \mathbb{R}$ tais que

$$m \leq a_n \leq M,$$

ou seja, uma sequência é limitada quando possui um limitante inferior e outro superior.

Exemplo 2.13. Analise a limitação:

1. $\left\{\dfrac{1}{n}\right\} = \left\{1, \dfrac{1}{2}, \dfrac{1}{3}, \dfrac{1}{4}, \dots\right\}$.

   Solução: Aqui, $a_n = \dfrac{1}{n}$. É fácil perceber que

   $$0 < \frac{1}{n} \leq 1 \text{ para todo } n,$$

   ou seja $\left\{\dfrac{1}{n}\right\}$ é limitada.

2. $\{(-1)^n\} = \{-1, 1, -1, 1, ...\}$.

   Solução: $a_n = (-1)^n$, $n \geq 1$. Uma vez que $|(-1)^n| = 1$ temos que a sequência é limitada (inferiormente por -1 e superiormente por 1).

   Observação: Note que $\{a_n\} = \{(-1)^n\}$ é uma sequência não monótona.

3. $\{n\} = \{1, 2, 3, 4...\}$

   Solução: Essa sequência é limitada inferiormente por zero, porém ela não tem um limitante superior. De fato: para todo $M > 0$ sempre existe $n \in \mathbb{N}$ tal que $n > M$, o que garante que a sequência não é limitada.

Permita-me fazer alguns comentários acerca dos dois tipos especiais de sequências definidas anteriormente: as monótonas e as limitadas. Naturalmente, se uma sequência for limitada, nada pode-se afirmar a respeito de sua convergência. Um exemplo disso é a sequência

$$\{a_n\} = \{(-1)^n\}$$

que oscila entre -1 e 1, e, portanto, não converge (mas é limitada). Se uma sequência for apenas monótona, também não temos como garantir que seja convergente. Por exemplo, a sequência

$$\{a_n\} = \{n\}$$

é crescente, porém divergente, pois $\lim\limits_{n\to\infty} n = \infty$.

Um fato importante, porém, é que se uma sequência for ao mesmo tempo monótona e limitada, temos a garantia de sua convergência. Para melhor compreender esse resultado, imagine que $\{a_n\}$ seja crescente e limitada superiormente por M. Os valores de a_n aumentam, mas não passam de M. Intuitivamente, a_n vai se chocar em M (ou em outro limitante superior que será seu limite). A demonstração desse fato requer conhecimentos de Análise matemática e pode ser vista em (LIMA, 2002a).

Teorema 2.4. *Toda sequência monótona e limitada é convergente.*

Exemplo 2.14. Mostre que a sequência $\left\{\dfrac{3^n}{n!}\right\}_{n=1}^{\infty}$ é convergente e encontre, se possível, seu limite.

A ideia é utilizar o teorema acima. Mostra-se inicialmente que $\{a_n\} = \left\{\dfrac{3^n}{n!}\right\}$ é monótona:

$$\frac{a_{n+1}}{a_n} = \frac{\dfrac{3^{n+1}}{(n+1)!}}{\dfrac{3^n}{n!}} = \frac{3}{n+1} \leq 1 \text{ para todo } n \geq 2.$$

Logo, $a_{n+1} \leq a_n$ para todo $n \geq 2$. A verificação de que $\{a_n\}$ é limitada é simples nesse caso, pois sendo monótona decrescente (para $n \geq 2$), tem-se $a_n \leq a_2 = \dfrac{9}{2}$ para todo $n \geq 2$. Por outro lado, uma vez que $a_n = \dfrac{3^n}{n!} \geq 0$ e $a_1 = 3$, tem-se

$$0 < \frac{3^n}{n!} \leq \frac{9}{2} \text{ para todo } n \in \mathbb{N}.$$

Portanto, a sequência $\left\{\dfrac{3^n}{n!}\right\}$ é limitada.

O Teorema 2.4 garante a convergência da sequência $\{a_n\}$. Para determinar seu limite, seja $L = \lim a_n$. Daí:

$$a_{n+1} = \frac{3^{n+1}}{(n+1)!} = \frac{3^n}{n!} \cdot \frac{3}{n+1} = a_n \cdot \frac{3}{n+1}.$$

Passando o limite na expressão acima teremos

$$L = L \cdot 0 = 0,$$

logo $\lim\limits_{n\to\infty} \dfrac{3^n}{n!} = L = 0.$ □

Apresentamos a seguir um resultado estabelecendo que toda sequência convergente é limitada. A demonstração é uma leitura opcional.

Teorema 2.5. Toda sequência convergente é limitada.

Prova. Seja $a \in \mathbb{R}$ o limite da sequência convergente $\{a_n\}$ assim, escrevemos

$$a = \lim a_n.$$

Fixado $\varepsilon > 0$ podemos encontrar $n_0 \in \mathbb{N}$ tal que

$$n > n_0 \Rightarrow |a_n - a| < \varepsilon.$$

Por outro lado, pela desigualdade triangular, tem-se que

$$|a_n| - |a| \leqslant ||a_n| - |a|| \leqslant |a_n - a| < \varepsilon,$$

donde, $|a_n| < |a| + \varepsilon_0$ para todo $n > n_0$. Considere agora o conjunto finito

$$\Omega := \{|a_1|, |a_2|, \ldots, |a_{n_0}|, \varepsilon + |a|\}$$

e defina

$$M := \max \Omega,$$

desse modo, temos que $|a_n| \leqslant M$ para todo $n \in \mathbb{N}$. Logo, a sequência (a_n) é limitada. □

Uma ferramenta útil para verificar se uma sequência é monótona e/ou limitada é o chamado princípio da indução finita.

Teorema 2.6 (Princípio da Indução Finita:). *Seja $P(n)$ uma propriedade descrita em termos de números naturais n. Suponhas que as afirmações abaixo sejam satisfeitas:*

(i) $P(1)$ é verdadeira;

(ii) Se $P(n)$ for verdadeira então $P(n+1)$ também é verdadeira;

então $P(n)$ é verdadeira para todo $n \in \mathbb{N}$.

Observação 2.6. São exemplos de propriedades do tipo $P(n)$:

1. Se n for par, então n^2 também é par;
2. $1 + 2 + 3 + \cdots + n = \dfrac{n(n+1)}{2}$.

As propriedades $P(n)$ apresentadas acima são verdadeiras para todo número natural n.

Exemplo 2.15. Considere a sequência $\{a_n\}$ dada por

$$\begin{array}{rcl} a_1 & = & \sqrt{2} \\ a_2 & = & \sqrt{2+\sqrt{2}} \\ a_3 & = & \sqrt{2+\sqrt{2+\sqrt{2}}} \\ a_4 & = & \sqrt{2+\sqrt{2+\sqrt{2+\sqrt{2}}}} \\ a_5 & = & \sqrt{2+\sqrt{2+\sqrt{2+\sqrt{2+\sqrt{2}}}}} \\ \ldots & & \end{array}$$

Mostre que:

1. $\{a_n\}$ é limitada;

2. $\{a_n\}$ é monótona crescente. Conclua que $\{a_n\}$ é convergente e encontre $\lim a_n$.

Solução:

1. Vamos utilizar indução finita para mostrar que $\{a_n\}$ é limitada. Afirmamos que $a_n \leq 2$ para todo n. De fato, para $n = 1$ tem-se

$$a_1 = \sqrt{2} \leq 2.$$

Suponha agora $a_n \leq 2$. Seguindo o Princípio da Indução Finita basta mostrarmos que $a_{n+1} \leq 2$. Observe inicialmente que a_n pode ser escrito de maneira recursiva:

$$a_n = \sqrt{2 + a_{n-1}}.$$

logo $a_{n+1}^2 = 2 + a_n \leq 2 + 2 = 4$ o que implica que $a_{n+1} \leq 2$. Segue-se, do Princípio da Indução Finita, que $a_n \leq 2$ para todo n. Como $a_n > 0$ para todo n tem-se $\{a_n\}$ limitada.

2. Pelo item 1, temos $\dfrac{1}{a_n} \geq \dfrac{1}{2}$ para todo n. Deste modo, podemos escrever:

$$\frac{a_{n+1}}{a_n} = \frac{\sqrt{2 + a_n}}{a_n} = \sqrt{\frac{2}{a_n^2} + \frac{1}{a_n}} \geq \sqrt{\frac{2}{4} + \frac{1}{2}} = \sqrt{\frac{1}{2} + \frac{1}{2}} = 1;$$

o que nos permite concluir que $\{a_n\}$ é crescente. Uma vez que $\{a_n\}$ é limitada, segue-se que é convergente (veja Teorema 2.4). Para encontrar o limite de a_n, escreva $\lim a_n = L$. Como $a_n = \sqrt{2 + a_{n-1}}$ tem-se:

$$L = \sqrt{2 + L},$$

o que fornece $L = 2$ (faça os cálculos). Assim, $\lim a_n = 2$.

□

EXERCÍCIOS DE AQUECIMENTO

1. Analise a monotonicidade das sequências:

a) $\{2n + 1\}$.

b) $\dfrac{n!}{n+1}$;

c) $\left\{\dfrac{\operatorname{sen} n}{n}\right\}$;

d) $\left\{\dfrac{n-1}{n^2-1}\right\}$.

2. Verifique se a sequência é limitada ou não:

a) $\{2n + 1\}$.

b) $\left\{\dfrac{n-1}{n^2-1}\right\}$;

c) $\left\{\dfrac{\operatorname{sen} n}{n}\right\}$;

d) $\{n^2 - 4n + 1\}$;

Respostas:

1. Analise a monotonicidade das sequências:

   a) crescente;
   b) crescente;
   c) não é monótona;
   d) decrescente.

2. Verifique se a sequência é limitada ou não:

   a) ilimitada;
   b) ilimitada;
   c) limitada;
   d) limitada.

2.4 Exercícios:

EXERCÍCIOS GERAIS

1. Encontre o termo geral das sequências:

   a) $\left\{1, -\frac{1}{2}, \frac{1}{4}, -\frac{1}{8}, ...\right\}$;
   b) $\left\{\frac{1}{2}, \frac{3}{4}, \frac{5}{6}, \frac{7}{8}, ...\right\}$;
   c) $\{2, -2, 2, -2, ...\}$;
   d) $\left\{1, 1, \frac{1}{2}, \frac{1}{6}, \frac{1}{24}, \frac{1}{120}, ...\right\}$;
   e) $\left\{1, -\frac{1}{2}, \frac{1}{4!}, -\frac{1}{6!}, \frac{1}{8!}, ...\right\}$.

2. Encontre um fórmula para o termo geral da sequência e diga com que valor n começa.

   a) $\{-r, r^3, -r^5, r^7, ...\}$;
   b) $\{1, -r^2, r^4, -r^6, ...\}$.

3. Utilize a definição de limite de sequência para provar:

   a) $\lim\limits_{n\to\infty} \frac{1}{\sqrt{n}} = 0$;
   b) $\lim\limits_{n\to\infty} \frac{n^2}{n^2-1} = 0$;
   c) $\lim\limits_{n\to\infty} (\sqrt{n-1} - \sqrt{n+1}) = 0$;
   d) $\lim\limits_{n\to\infty} \frac{2n^2}{5n^2+1} = \frac{2}{5}$.

4. Utilize os teoremas dessa seção para calcular, caso exista, $\lim\limits_{n\to+\infty} a_n$, sendo a_n igual a

   a) $\sqrt{n+1} - \sqrt{n}$;
   b) $\left(1 + \frac{1}{3n}\right)^n$;
   c) $n\text{sen}\left(\frac{1}{n}\right)$;
   d) $\frac{1}{n}\cos n$;
   e) $\cos n\pi$;
   f) $\sum\limits_{k=1}^{n} \left(\frac{1}{k} - \frac{1}{k+1}\right)$;
   g) $\int_1^n e^{-x} dx$;
   h) $n\{e^{\text{sen}(\frac{1}{n})} - 1\}$;
   i) $\left(\frac{n+2}{n+1}\right)^n$;
   j) $\frac{\ln^2 n}{n}$;
   k) $\sqrt{n^2+3n}$;
   l) $\left(\frac{n+3}{n+1}\right)^n$;

m) $\displaystyle\int_1^n \frac{dx}{x^p}$, p um número real.

5. A partir de $n = 0$, escreva alguns termos de $\{a_n\}$, definida por

$$a_n = \begin{cases} 2, & \text{se} \quad n \text{ for par} \\ n, & \text{se} \quad n \text{ for ímpar} \end{cases}$$

e determine se essa sequência é ou não convergente.

6. Algumas sequências são dadas recursivamente (ou por uma "fórmula de recorrência"), isto é, uma expressão que especifica como gerar cada termo da sequência a partir dos termos que o precedem. Como exemplo, considere a sequência $\{y_n\}_0^{+\infty}$ definida por $a_0 = 1$ e $a_{n+1} = \dfrac{1}{2}\left(a_n + \dfrac{2}{a_n}\right)$, $n = 0, 1, 2, \ldots$.

a) Supondo que a sequência a_n acima seja convergente, digamos $\lim\limits_{n\to\infty} a_n = L$, mostre que $L = \sqrt{2}$;

b) Defina a_n recurssivamente por $a_0 = 1$, $a_{n+1} = \dfrac{1}{2}\left(a_n + \dfrac{p}{a_n}\right)$. Supondo que essa sequência converge, mostre que seu limite é $\sqrt{p}$

7. Uma das sequências mais conhecidas é a de Fibonacci, em homenagem a Leonardo de Pisa - 1170 a 1250 — cujo pseudônimo era "Fibonacci". A sequência de Fibonacci é definida recursivamente por:

$$F_0 = 1, F_1 = 1 \text{ e } F_{n+2} = F_{n+1} + F_n.$$

Não é difícil convencer-se de que essa sequência é divergente.

a) Verifique que $\dfrac{F_{n+2}}{F_{n+1}} = 1 + \dfrac{F_n}{F_{n+1}}$;

b) Dê um argumento razoável para mostrar que se a sequência $\left\{\dfrac{F_{n+1}}{F_n}\right\}$ convergir para algum limite L então $\left\{\dfrac{F_{n+2}}{F_{n+1}}\right\}$ também deve convergir para L;

Sugestão: escreva $b_n = \dfrac{F_{n+1}}{F_n}$.

c) Supondo que a sequência $\dfrac{F_{n+1}}{F_n}$ convirja, mostre que seu limite é $\dfrac{1+\sqrt{5}}{2}$.

8. Na rede social Facebook circulam algumas "charadas". Uma delas é encontrada na Figura 43.

Compartilhe se entendeu

$$1 + 4 = 5$$
$$2 + 5 = 12$$
$$3 + 6 = 21$$
$$8 + 11 = ?$$

Figura 43 – Charada do Facebook.

Naturalmente, na figura, o símbolo " + " não representa a adição usual conhecida ($2+5=7$ e não 12, por exemplo).

a) Em sua opinião, qual é a resposta da charada?

b) Escreva uma fórmula de recorrência que representa os termos que aparecem do lado direito das igualdades que aparecem na figura (isto é, se $\{a_n\}$ é a sequência em questão, então $a_1 = 5, a_2 = 12, a_3 = 21\cdots$).

9. Classifique, se possível, quanto à monotonicidade.

a) $\left\{\frac{n}{2n+1}\right\}$;

b) $\left\{1-\frac{1}{n}\right\}$;

c) $1+q+q^2+\ldots+q^n$, $0<q<1$;

d) $\{ne^{-2n}\}$;

e) $\{\text{arctg}n\}$.

f) $\left\{\frac{n!}{3^n}\right\}$;

g) $\{n^5e^{-n}\}$;

h) $\left\{\frac{\text{sen}\,\pi n}{n}\right\}$;

i) $\left\{\frac{(-1)^{n+2}}{\ln 35}\right\}$;

j) $\left\{\frac{2n}{5n-3}\right\}$;

k) $\{\ln n^{10}\}$;

l) $\left\{\frac{1}{n+\text{sen}(n^2)}\right\}$;

m) $\{n^2+(-1)^n n\}$;

n) $\left\{\frac{5^n}{1+5^n}\right\}$.

10. Suponha $A>0$; dado a_1 arbitrário, defina a sequência $\{a_n\}$ mediante a recorrência como se segue:

$$a_{n+1} = \frac{1}{3}\left(a_n + \frac{A}{a_n}\right), n \geq 1.$$

Suponha $a_0 > 0$. Se $L = \lim_{n\to\infty} a_n$, mostre que $L = \pm\sqrt{\frac{A}{2}}$.

11. Considere a sequência $\{a_n\}$ dada por

$$\begin{aligned} a_1 &= \sqrt{2} \\ a_2 &= \sqrt{2\sqrt{2}} \\ a_3 &= \sqrt{2\sqrt{2\sqrt{2}}} \\ a_4 &= \sqrt{2\sqrt{2\sqrt{2\sqrt{2}}}} \\ a_5 &= \sqrt{2\sqrt{2\sqrt{2\sqrt{2\sqrt{2}}}}} \\ &\ldots \end{aligned}$$

Encontre uma representação recursiva para a_{n+1} e use indução finita para mostrar:

a) a_n é limitada superiormente por 2;

b) a_n é crescente;

e utilize esses fatos para calcular, caso exista, $\lim a_n$.

12. Considere a sequência $\{a_n\}$ dada por

$$\begin{aligned} a_1 &= \sqrt{3} \\ a_3 &= \sqrt{3+\sqrt{3}} \\ a_3 &= \sqrt{3+\sqrt{3+\sqrt{3}}} \\ a_4 &= \sqrt{3+\sqrt{3+\sqrt{3+\sqrt{3}}}} \\ a_5 &= \sqrt{3+\sqrt{3+\sqrt{3+\sqrt{3+\sqrt{3}}}}} \\ \ldots \end{aligned}$$

Mostre que

a) $\{a_n\}$ é limitada;

b) $\{a_n\}$ é monótona crescente e calcule, se possível, $\lim a_n$.

13. Considere a sequência dada recursivamente por $a_1 = 2$ e para $n \geq 1$,

$$a_{n+1} = \frac{1}{2}(a_n + 6).$$

Use indução finita para mostrar:

a) a_n é limitada superiormente por 6;

b) a_n é crescente.

Utilize esses fatos para calcular, caso exista, $\lim a_n$.

14. Considere a sequência dada por $a_n = n! - 3^n$.

a) Mostre que $\{a_n\}$ é monótona crescente;

b) É correto dizer que $\{a_n\}$ é limitada?
Dica: Suponha que seja e veja o que ocorre.

15. (ENADE 2011 ADAPTADA) Sabe-se que, para todo número natural $n > 1$, tem-se

$$\frac{n\sqrt[n]{e}}{e} < \sqrt[n]{n!} < \frac{n\sqrt[n]{ne}}{e}.$$

Nesse caso, se $\lim_{n\to\infty} \frac{\sqrt[n]{n!}}{n} = a$, então

a) $a=0$; b) $a=\frac{1}{e}$; c) $a=1$; d) $a=e$; e) $a=\infty$;

16. Uma sequência dupla é uma função $a:\mathbb{N}\times\mathbb{N}\to\mathbb{R}$ que associa um par $(n,m)\in\mathbb{N}\times\mathbb{N}$ a um número real a_{nm}. São exemplos de sequências duplas:

$$\begin{aligned} a_{nm} &= n+m;\\ a_{nm} &= \frac{n}{m};\\ a_{nm} &= nm. \end{aligned}$$

Considere a "operação"$\oplus$ definida por

$$\begin{aligned} 2\oplus 3 &= 10;\\ 6\oplus 5 &= 66;\\ 8\oplus 4 &= 96;\\ 7\oplus 2 &= 63. \end{aligned}$$

a) Quanto é $9\oplus 7$?

b) Escreva uma sequência dupla a_{nm} que representa os valores obtidos pela operação definida.

EXERCÍCIOS TEÓRICOS

17. Dê um exemplo para mostrar que a recíproca do Teorema 2.2 não é verdadeira, isto é, exiba uma função real $f(x)$ de modo que tenha-se $\lim\limits_{n\to\infty} f(n)=L$, mas $\lim\limits_{x\to\infty} f(x)\neq L$ (compare com o Teorema 2.2).

18. A recíproca do Teorema 2.5 é verdadeira? Isto é, toda sequência limitada é convergente?

19. Dê exemplo de uma sequência limitada e convergente, porém não monótona.

20. Determine se a sentença abaixo é verdadeira ou falsa e justifique:

"Se $\{a_n\}$ e $\{b_n\}$ são sequências divergentes, então $\{a_n+b_n\}$ é também divergente.".

21. Determine se a sentença abaixo é verdadeira ou falsa e justifique:

"Se $\lim a_n=\infty$ então $\left\{\frac{1}{a_n}\right\}$ é convergente".

22. (ENADE 2011 ADAPTADA) Seja $a>0$ e defina a sequência recursiva:

$$\begin{cases} a_1 = a\\ a_{n+1} = \dfrac{4a_n}{2+a_n^2} \end{cases}$$

a) Use indução matemática e a desigualdade $ab\leq\frac{a^2+b^2}{2}$ para mostrar que $a_n\leq\sqrt{2}$ para todo $a>0$;

b) Caso a sequência $\{a_n\}$ seja convergente, qual seria o valor de $\lim\limits_{n\to\infty} a_n$?

c) Combinando as informações obtidas nos itens anteriores, diga se é possível a sequência $\{a_n\}$ ser convergente. Ela é monótona?

23. a) Suponha que $\{a_n\}$ seja uma sequência monótona tal que $1 \leq a_n \leq 2$. A sequência deve convergir?

b) Suponha que $\{a_n\}$ seja uma sequência monótona tal que $a_n \leq 2$. A sequência deve convergir?

c) No caso de existência dos limites descritos nos dois itens anteriores, o que se pode dizer a respeito do limite?

24. (ENADE 2011 — ADAPTADA) Considere a sequência numérica definida por

$$\begin{cases} a_1 & = & a, \\ a_{n+1} & = & \dfrac{4a_n}{2+a_n^2}, \text{ para } n \geq 1. \end{cases}$$

Use o princípio da indução finita para mostrar que $a_n < \sqrt{2}$ para todo número natural $n \geq 1$ e para $0 < a < \sqrt{2}$, seguindo os passos a seguir

a) mostre que $s = \dfrac{4a}{2+a^2}$ é tal que $0 < s^2 < 2$ para todo $0 < a < \sqrt{2}$;
Sugestão: trabalhe com s^2 e observe que $4 + 4a^2 + a^4 = (2 - a^2)^2 + 8a^2$.

b) suponha que $a_n < \sqrt{2}$ e prove que $a_{n+1} < \sqrt{2}$.

Capítulo 3

Séries Numéricas

Uma série numérica nada mais é do que uma soma infinita de números. Numa primeira leitura, essa frase pode soar estranha e talvez a primeira ideia que nos vem é: se somarmos uma quantidade infinita de números reais positivos, por exemplo, obteríamos *infinito*. A intuição, porém, pode falhar. Seria possível somar uma quantidade infinita de números reais e obter um número real? Para responder a essa questão, vamos analisar duas situações.

Situação 1: Considere um segmento de reta de comprimento 2 (unidades de comprimento). Dividindo-o ao meio, teríamos dois segmentos de comprimento 1. Fixe um dos segmentos e divida o outro ao meio. Assim, teríamos três segmentos, o primeiro de comprimento 1 e os outros dois de comprimento $\frac{1}{2}$. Tome agora o terceiro segmento (de comprimento $\frac{1}{2}$) e também divida-o ao meio. Procedendo assim você terá três segmentos cuja soma dos comprimentos é

$$1+\frac{1}{2}+\frac{1}{4}=1+\frac{1}{2}+\frac{1}{2^2} \tag{3.1}$$

e um quarto segmento de comprimento $\frac{1}{4}$, que pode ser divido ao meio novamente.

Podemos dizer que a soma acima aproxima o comprimento do segmento original. Claro que essa aproximação não está boa.

Podemos repetir esse procedimento indefinidamente. No passo seguinte ao descrito anteriormente, teríamos uma soma da forma

$$1+\frac{1}{2}+\frac{1}{2^2}+\frac{1}{2^3} \tag{3.2}$$

e um segmento de comprimento $\frac{1}{2^3}$. Observe que a soma (3.2) aproxima-se melhor de 2 (que é comprimento do segmento original) do que (3.1).

Repetindo a ideia descrita acima temos aproximações cada vez melhores para o real comprimento do segmento.

passo 1: 1 e resto 1

passo 2: $1+\frac{1}{2}$ e resto $\frac{1}{2}$

passo 3: $1+\frac{1}{2}+\frac{1}{2^2}$ e resto $\frac{1}{2^2}$

passo 4: $1+\frac{1}{2}+\frac{1}{2^2}+\frac{1}{2^3}$ e resto $\frac{1}{2^3}$

...

passo n: $1+\frac{1}{2}+\frac{1}{2^2}+\frac{1}{2^3}\ldots+\frac{1}{2^n}$ e resto $\frac{1}{2^n}$

Quando $n\to\infty$ temos que o resto $\frac{1}{2^n}$ tende para zero e nossa intuição diz que

$$1+\frac{1}{2}+\frac{1}{2^2}+\frac{1}{2^3}\ldots+\frac{1}{2^n}\ldots=2.$$

A situação acima é descrita na Figura 44.

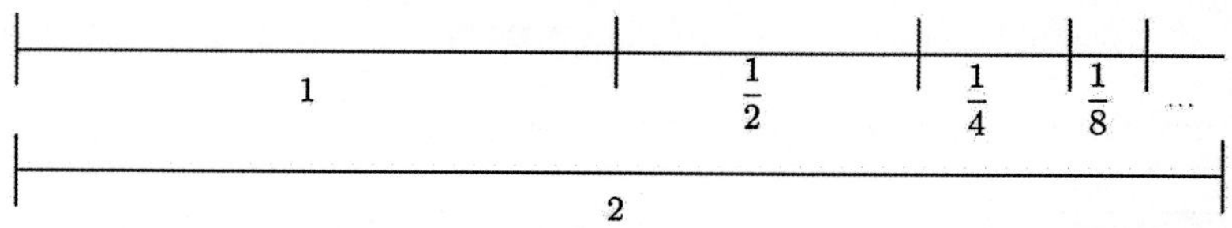

Figura 44 –

Situação 2: Considere um quadrado de lado 1 (unidade de comprimento). Naturalmente sua área é 1 (unidades de área). Façamos algumas subdivisões desse quadrado da seguinte forma (observe a Figura 45):

(i) Construa uma diagonal do quadrado de modo a obter dois triângulos retângulos (um acima do outro) de área $\frac{1}{2}$;

(ii) Tome o triângulo que está na parte superior e construa a altura que passa pelo vértice oposto à sua hipotenusa. Obteremos dois novos triângulos de área $\frac{1}{4}$;

(iii) Tome um desses triângulos de área $\frac{1}{4}$ e subdivida-o em dois outros triângulos da mesma maneira feita acima: construa a altura que passa pelo vértice oposto à sua hipotenusa. Obtemos, assim dois novos triângulos de área $\frac{1}{8}$ cada;

(iv) repita esse processo indefinidamente.

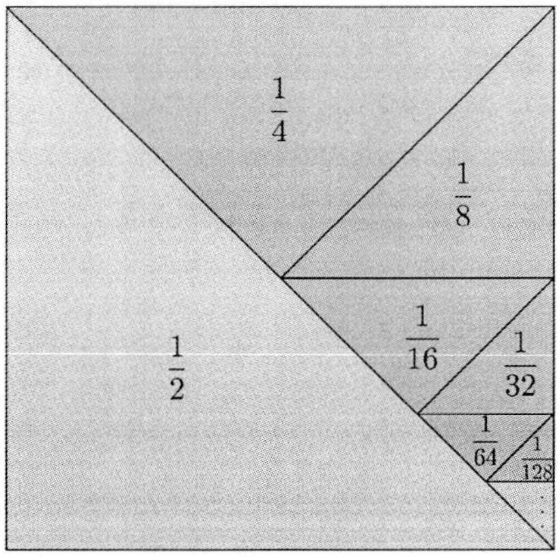

Figura 45 –

Como a área do quadrado é 1, temos, intuitivamente

$$\frac{1}{2}+\frac{1}{2^2}+\frac{1}{2^3}+\frac{1}{2^4}+\cdots=1.$$

A partir de agora vamos formalizar a ideia de soma infinita.

3.1 Séries Numéricas

Definição 3.1. *Seja a_n uma sequência numérica. Defina, a partir de a_n, uma outra sequência numérica $\{s_n\}$ dada por*

$$s_n = a_1 + a_2 + \ldots + a_n;$$

$\{s_n\}$ é dita ***sequência de somas parciais*** *de a_n. Uma série infinita é uma expressão da forma:*

$$\lim_{n\to\infty} s_n = a_1 + a_2 + a_3 + \ldots$$

e denota-se a soma apresentada acima por $\sum_{n=1}^{+\infty} a_n$.

Alguns exemplos de séries:

1. $\sum_{n=1}^{+\infty} n = 1+2+3+4+\ldots.$

2. $\sum_{n=1}^{+\infty} \frac{1}{n} = 1+\frac{1}{2}+\frac{1}{3}+\ldots$, chamada série harmônica.

3. $\sum_{n=0}^{+\infty} \frac{1}{2^n} = 1+\frac{1}{2}+\frac{1}{4}+\ldots$, esta série é um caso particular da chamada série geométrica que estudaremos em breve.

Sendo $\{s_n\}$ uma sequência, surge a questão de analisar sua convergência. No caso de s_n ser convergente, digamos para s, dizemos que a série irá convergir, ou converge, para a s; caso contrário, dizemos que a série é divergente.

Definição 3.2. *A série* $\sum_{n=1}^{+\infty} a_n$ *é dita* ***convergente****, com soma s, se o limite da sequência de suas somas parciais convergir para s, isto é,*

$$s = \lim_{n\to\infty} s_n, \text{ em que } s_n = a_1 + a_2 + \cdots + a_n.$$

Caso contrário, diz-se que a série é ***divergente****.*

Exemplo 3.1. Analise a convergência das séries:

1. $\sum_{n=1}^{+\infty} n.$

   Solução: Temos que encontrar, se possível, a expressão de sua soma parcial. Vejamos,

$$s_n = \sum_{k=1}^{n} k = 1+2+3+...+(n-2)+(n-1)+n = \frac{n(n+1)}{2}.$$

   Logo,

$$\lim_{k\to\infty} s_k = \lim_{k\to\infty} \frac{k(k+1)}{2} = +\infty.$$

   A série $\sum_{n=1}^{+\infty} n$ é, portanto, divergente.

2. $\sum_{n=2}^{k} \left(\frac{1}{\ln n} - \frac{1}{\ln(n+1)}\right).$

   Solução: Tomemos sua soma Parcial:

$$\begin{aligned}
s_n &= \sum_{n=2}^{k} \left(\frac{1}{\ln n} - \frac{1}{\ln(n+1)}\right) \\
&= \left(\frac{1}{\ln 2} - \frac{1}{\ln 3}\right) + \left(\frac{1}{\ln 3} - \frac{1}{\ln 4}\right) + \\
&\quad \left(\frac{1}{\ln(k-2)} - \frac{1}{\ln(k-1)}\right) + \left(\frac{1}{\ln(k-1)} - \frac{1}{\ln k}\right) + \cdots + \\
&\quad \left(\frac{1}{\ln k} - \frac{1}{\ln(k+1)}\right) \\
&= \left(\frac{1}{\ln 2} - \frac{1}{\ln(k+1)}\right).
\end{aligned}$$

   Portanto,

$$\lim_{n\to\infty} s_n = \lim_{n\to\infty} \left(\frac{1}{\ln 2} - \frac{1}{\ln(n+1)}\right) = \frac{1}{\ln 2}.$$

   Concluímos, então, que a série é convergente e sua soma é $\frac{1}{\ln 2}$,

   isto é

$$\sum_{n=2}^{k} \left(\frac{1}{\ln n} - \frac{1}{\ln(n+1)}\right) = \frac{1}{\ln 2}.$$

3. $\sum_{n=1}^{\infty} \frac{1}{n}$ (esta série é conhecida como **série harmônica**).
Solução: O termo s_n dessa série é dado por

$$s_n = 1 + \frac{1}{2} + \ldots + \frac{1}{n}.$$

Encontrar uma expressão de s_n não é tarefa simples (talvez impossível!). Podemos, porém, observar que

$$1 + \frac{1}{2} \geq \frac{1}{2} + \frac{1}{2} = 1,$$

$$1 + \frac{1}{2} + \frac{1}{3} + \frac{1}{4} \geq 1 + \frac{1}{4} + \frac{1}{4} = 1 + \frac{1}{2} = \frac{3}{2},$$

$$1 + \frac{1}{2} + \frac{1}{3} + \frac{1}{4} + \frac{1}{5} + \frac{1}{6} + \frac{1}{7} + \frac{1}{8} \geq \frac{3}{2} + \frac{1}{8} + \frac{1}{8} + \frac{1}{8} + \frac{1}{8} = \frac{3}{2} + \frac{4}{8} = \frac{4}{2} = 2 = \frac{3+1}{2}.$$

Note que, nas três linhas acima, ocorre um padrão:

$$1 + \frac{1}{2} + \frac{1}{3} + \ldots + \frac{1}{2^n} \geq \frac{n+1}{2} \to \infty.$$

Logo $s_{2^n} \to \infty$ o implica que $s_n \to \infty$, isto é, a série é divergente.

EXERCÍCIOS DE AQUECIMENTO

1. Encontre a forma fechada para a $n-$ésima soma parcial e determine se a série converge ou diverge, calculando o limite da $n-$ésima soma parcial. Se ela convergir, determine sua soma.

a) $\sum_{n=1}^{\infty} 4^{n-1}$;

b) $\sum_{n=1}^{\infty} \left(\frac{1}{n+3} - \frac{1}{n+4} \right)$.

c) $\sum_{n=2}^{\infty} \frac{1}{n(n+1)}$.

Sugestão: Escreva o termo geral da série como soma de duas frações.

Respostas:

a) Diverge;

b) Converge; $\frac{1}{4}$.

c) Converge; $\frac{1}{2}$

3.2 Série Geométrica

A Série Geométrica é uma série em que o termo geral é q^n, com $q \in \mathbb{R}$, isto é,

$$\sum_{n=0}^{+\infty} q^n = 1 + q + q^2 + q^3 + \ldots$$

Procuramos analisar a convergência dessa série e, se possível, uma fórmula fechada para a soma desta série (quando esta for convergente). Considere a soma parcial

$$s_k = \sum_{n=0}^{k} q^n = 1 + q + q^2 + q^3 + ... + q^k.$$

Esta soma parcial é a soma dos termos de uma progressão geométrica de $k+1$ termos, cuja razão é q. Temos alguns casos a analisar.

Suponha $q = 1$. Nesse caso,

$$s_n = \sum_{k=0}^{n} a_k = \sum_{n=0}^{n} 1 = 1 + 1 + 1 + ... + 1 = n + 1.$$

Então $\lim_{n\to\infty} s_n = \lim_{k\to\infty} (n+1) = +\infty$ e concluímos que a Série Geométrica diverge quando $q = 1$.

Caso $q = -1$, tem-se que

$$s_n = \sum_{n=0}^{n} a_k = \sum_{n=0}^{n} (-1)^k = 1 - 1 + 1 - 1 + ... + (-1)^n.$$

Daí,

$$\begin{aligned} s_0 &= 1 \\ s_1 &= 1 - 1 = 0 \\ s_2 &= 1 - 1 + 1 = 1 \\ s_3 &= 1 - 1 + 1 - 1 = 0 \\ &. \\ &. \\ &. \end{aligned}$$

o que nos mostra que (s_n) é uma sequência que alterna os valores entre 0, quando n é ímpar, e 1, quando n é par. Logo, s_n diverge e, portanto, a série geométrica diverge quando $q = -1$.

Por fim, suponha que $q \neq 1$ e $q \neq -1$, isto é $|q| \neq 1$. Neste caso, tem-se:

$$s_n = 1 + q + q^2 + q^3 + ... + q^{n-2} + q^{n-1} + q^n \tag{3.3}$$

e multiplicando a equação (3.3) por $-q$, obtém-se

$$-q\, s_n = -q - q^2 - q^3 - q^4 - ... - q^{n-1} - q^n - q^{n+1}. \tag{3.4}$$

Somando as equações (3.3) e (3.4) tem-se:

$$s_k - s_k q = 1 - q^{k+1} \Rightarrow s_k(1-q) = 1 - q^{k+1},$$

o que implica em

$$s_k = \frac{1 - q^{k+1}}{1 - q} \text{ (note que } q \neq 1).$$

Dessa forma, obtém-se,

$$\begin{aligned}\lim_{n\to\infty} s_n &= \lim_{n\to\infty}\frac{1-q^{n+1}}{1-q}\\ &= \lim_{n\to\infty}\left(\frac{1}{1-q}-\frac{q^{n+1}}{1-q}\right)\\ &= \frac{1}{1-q}-\frac{1}{1-q}\lim_{n\to\infty} q^{n+1}.\end{aligned}$$

O valor do limite que aparece acima vai depender dos valores de q. Uma vez que

$$\lim_{n\to\infty} q^{n+1} = \begin{cases} 0, & \text{se} -1 < q < 1,\\ +\infty, & \text{se } q > 1,\\ \text{não existe}, & \text{se } q < -1,\end{cases}$$

pode-se dizer, então, que[1] $\lim_{n\to\infty} s_n = \frac{1}{1-q}$, quando $-1 < q < 1$ e $\{s_n\}$ diverge caso contrário. Concluímos, assim, que a Série Geométrica converge se, e somente se, $|q| < 1$ e, nesse caso,

$$\sum_{n=0}^{+\infty} q^n = \frac{1}{1-q}. \tag{3.5}$$

Observe que se $q = \frac{1}{2}$, então

$$\sum_{n=0}^{\infty}\frac{1}{2^n} = \frac{1}{1-\frac{1}{2}} = 2,$$

como suspeitamos no início deste capítulo.

Exemplo 3.2. Utilize séries geométricas para mostrar que o decimal 0,252525... é igual a $\frac{25}{99}$.

Solução: A estratégia é escrever o decimal como uma série geométrica. Observe:

$$\begin{aligned}0,252525.... &= 0,25+0,0025+0,000025+...\\ &= \frac{25}{100}+\frac{25}{100^2}+\frac{25}{100^3}+...\\ &= \sum_{n=1}^{+\infty}\frac{25}{100^n} = 25\sum_{n=1}^{+\infty}\frac{1}{100^n}.\end{aligned}$$

Analisando $\sum_{n=0}^{+\infty}\frac{1}{100^n}$, concluimos que esta é uma série geométrica convergente, pois sua razão (em módulo), $\frac{1}{100}$, é menor que 1. Temos, assim:

$$\sum_{n=0}^{+\infty}\frac{1}{100^n} = \frac{1}{1-\frac{1}{100}} = \frac{100}{99}.$$

[1] Observe que a descrição feita engloba o caso $q = -1$ e, portanto, não precisaríamos ter analisado esse caso separadamente.

Observe que, na expressão acima, o contador da série começa em $n = 0$, já na série acima começa em $n = 1$. Nesse caso, fazemos uma pequena adaptação. Como

$$\sum_{n=0}^{+\infty} \frac{1}{100^n} = 1 + \sum_{n=1}^{+\infty} \frac{1}{100^n},$$

tem-se

$$\sum_{n=1}^{+\infty} \frac{1}{100^n} = \sum_{n=0}^{+\infty} \frac{1}{100^n} - 1 = \frac{100}{99} - 1 = \frac{1}{99}$$

Concluímos, então:

$$25\sum_{n=1}^{+\infty} \frac{1}{100^n} = 25\frac{1}{99} = \frac{25}{99},$$

isto é,

$$0,252525... = \frac{25}{99}.$$

Observação 3.1. Quando temos uma série geométrica da forma

$$\sum_{n=k}^{+\infty} q^n, \ |q| < 1,$$

podemos obter uma fórmula para a soma da série. Basta lembrarmos que a soma da progressão geométrica é

$$\sum_{n=0}^{k-1} q^n = 1 + q + q^2 + \ldots + q^{k-1} = \frac{1-q^k}{1-q}$$

e, portanto,

$$\begin{aligned}\sum_{n=k}^{+\infty} q^n &= \sum_{n=0}^{+\infty} q^n - \sum_{n=0}^{k-1} q^n \\ &= \frac{1}{1-q} - \frac{1-q^k}{1-q} \\ &= \frac{q^k}{1-q}.\end{aligned}$$

Isto é

$$\sum_{n=k}^{+\infty} q^n = \frac{q^k}{1-q}. \tag{3.6}$$

De posse da equação (3.6) poderíamos escrever diretamente

$$\sum_{n=1}^{+\infty} \frac{1}{100^n} = \frac{\frac{1}{100}}{1 - \frac{1}{100}} = \frac{1}{99}.$$

□

Exemplo 3.3. Encontre uma série que represente a função $\frac{1}{x}$ em algum intervalo.

Solução: A ideia é usar a série geométrica. Podemos escrever:

$$\frac{1}{x} = \frac{1}{1-1+x} = \frac{1}{1-(1-x)} = \sum_{n=0}^{+\infty}(1-x)^n.$$

A última igualdade, porém, é válida apenas quando $|1-x|<1$, isto é, quando $0<x<2$. Podemos, portanto, escrever

$$\frac{1}{x} = \sum_{n=0}^{+\infty}(1-x)^n, \text{ no intervalo } (0,2).$$

EXERCÍCIOS DE AQUECIMENTO

1. Utilize a teoria de séries geométricas para analisar a convergência. Caso a série seja convergente, determine sua soma.

a) $\sum_{n=0}^{\infty} 3^n$;

b) $\sum_{n=0}^{\infty} \frac{1}{4^n}$;

c) $\sum_{n=0}^{\infty} \frac{3}{4^n}$;

d) $\sum_{n=4}^{\infty} \frac{1}{2^n}$;

e) $\sum_{n=0}^{\infty} (-1)^n 2^n$;

f) $\sum_{n=2}^{\infty} \frac{1}{3^n}$.

Respostas:

a) Diverge;

b) Converge; $\frac{4}{3}$;

c) Converge; 4;

d) Converge; $\frac{1}{8}$;

e) Converge; $\frac{2}{3}$;

f) Converge; $\frac{1}{6}$.

3.3 Teste do Termo Geral

Encontrar fórmulas fechadas para soma de séries é uma tarefa árdua e muitas vezes impossível de ser feita. Há, entretanto, algumas maneiras de descobrir se uma série converge ou não, sem necessariamente termos que encontrar o termo s_n. Isso é feito através dos **testes de convergência**. Mesmo que não consigamos encontrar o valor exato da série, saber se ela converge é importante em aplicações. Se soubermos, por exemplo, que uma série converge, podemos aproximar sua soma utilizando alguns (ou vários) termos dela.

Comecemos essa seção considerando uma série convergente $\sum_{n=1}^{\infty} a_n$ tal que $\sum_{n=1}^{\infty} a_n = A$. Podemos estimar ou calcular $\lim_{x\to\infty} a_n = 0$? Vejamos:

$$s_n = a_1 + a_2 + a_3 + \ldots + a_{n-1} + a_n = s_{n-1} + a_n.$$

Deste modo, temos que $a_n = s_n - s_{n-1}$ e, uma vez que existe $\lim s_n = \lim s_{n-1} = A$, tem-se

$$\lim a_n = \lim s_n - \lim s_{n-1} = A - A = 0.$$

Podemos, portanto, enunciar o

Teorema 3.1. *Se* $\sum a_n$ *for uma série convergente, então* $\lim_{n\to\infty} a_n = 0$.

O Teorema 3.1 nos fornece um critério de divergência:

Teorema 3.2 (Teste do Termo Geral). *Se* $\lim_{n\to\infty} a_n \neq 0$, *então* $\sum a_n$ *é uma série divergente.*

Vale observar que o Teorema 3.2 é equivalente ao Teorema 3.1.

Exemplo 3.4. *Mostre que* $\sum_{n=0}^{+\infty}$ *sen(arctg n) diverge.*

Solução: Veja que neste exemplo encontrar uma expressão para s_n não é tarefa fácil. O Teste do Termo Geral nos fornece um caminho alternativo para analisar a convergência. Uma vez que

$$\lim_{n\to\infty} \operatorname{sen}(\operatorname{arctg} n) = \operatorname{sen}(\lim_{n\to\infty} \operatorname{arctg} n) = \operatorname{sen}\frac{\pi}{2} = 1,$$

temos que a série $\sum_{n=0}^{+\infty} \operatorname{sen}(\operatorname{arctg} n)$ é divergente, pois o limite de seu termo geral é diferente de 0.

Observação 3.2 (IMPORTANTE). O que o Teste do Termo Geral nos permite concluir a respeito da convergência de $\sum \frac{1}{n}$?

O limite do termo geral nesse caso é zero, afinal $\lim \frac{1}{n} = 0$. O Teorema 3.2 nos diz que

se a série for convergente, então o limite do seu termo geral é zero

e **não** que

se o limite do termo geral for zero, então a série é convergente.

De fato, já vimos que a série harmônica $\sum_{n=0}^{\infty} \frac{1}{n}$ é divergente e $\lim \frac{1}{n} = 0$. Por outro lado, vimos no Exemplo 3.1 que a série $\sum_{n=2}^{k} \left(\frac{1}{\ln n} - \frac{1}{\ln(n+1)}\right)$ é convergente e é fácil ver que $\lim_{n\to\infty} \left(\frac{1}{\ln n} - \frac{1}{\ln(n+1)}\right) = 0$, concordando com o Teorema 3.1. Assim, o fato do limite do termo geral ser nulo **nada** nos permite concluir a respeito da convergência da série. □

Exemplo 3.5. *Analise a convergência da série* $\sum_{n=0}^{\infty} \frac{n^2}{1+2n^2}$.

Solução: Como $\lim \frac{n^2}{1+2n^2} = \frac{1}{2}$, segue-se do Teste do Termo Geral (Teorema 3.2) que a série é divergente.

EXERCÍCIOS DE AQUECIMENTO

1. Utilize o Teste do Termo Geral para analisar a convergência da série $\sum_{n=0}^{\infty} \left(1+\frac{1}{n}\right)^n$.

2. Suponha que $\lim a_n = \infty$ e considere a série $\sum_{n=0}^{\infty} \frac{1}{1+a_n}$. Utilizando o Teste do Termo Geral, podemos afirmar algo a respeito de sua convergência?

Respostas:

1. Diverge;
2. Não.

3.4 Teste da Integral

Neste teste de convergência, associamos a série $\sum_{n=0}^{\infty} a_n$ à integral $\int_0^{\infty} f(x)dx$, em que $f(n) = a_n$ para todo $n \in \mathbb{N}$. A ideia é que $\sum_{n=0}^{\infty} a_n$ e $\int_0^{\infty} f(x)dx$ tenham o mesmo comportamento no que se refere à convergência. Para que o teste seja válido, porém, é necessário que f satisfaça algumas condições (apresentadas no Teorema 3.3).

Antes de enunciar o Teste da Integral, façamos uma análise puramente geométrica. Seja $f : [1,\infty) \to \mathbb{R}$ uma função positiva e decrescente tal que $f(n) = a_n$. Na Figura 46 foram construídos retângulos de base 1 e altura $a_1, a_2, a_3, \cdots$, de modo que a área de cada retângulo é a_n. Note que área sob o gráfico de f é dada por $\int_1^{\infty} f(x)dx$ e

$$a_2 + a_3 + \cdots \leq \int_1^{\infty} f(x)dx$$

de modo que

$$a_1 + a_2 + a_3 + \cdots \leq a_1 + \int_1^{\infty} f(x)dx.$$

Isso nos permite concluir que, na situação descrita pela figura, a série $\sum_{n=1}^{\infty} a_n$ irá convergir, caso $\int_1^{\infty} f(x)dx$ seja convergente.

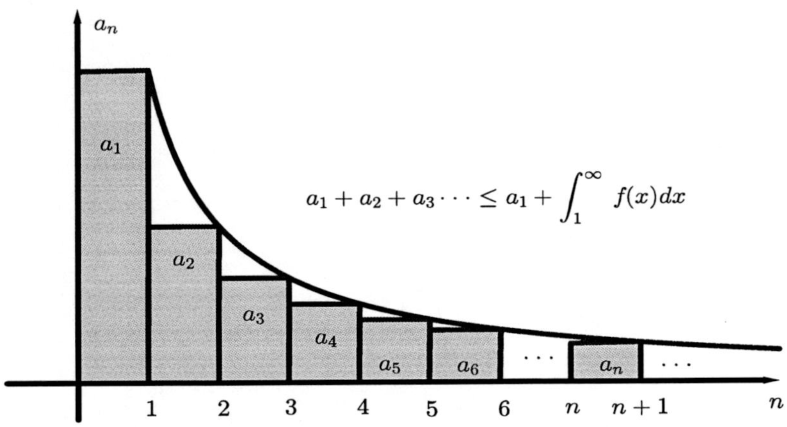

Figura 46 –

Por outro lado, observando a Figura 47, notamos que

$$\int_1^{\infty} f(x)dx \leq a_1 + a_2 + a_3 + \cdots,$$

de modo que, se $\int_1^{\infty} f(x)dx$ for divergente, então $\sum_{n=1}^{\infty} a_n$ também será.

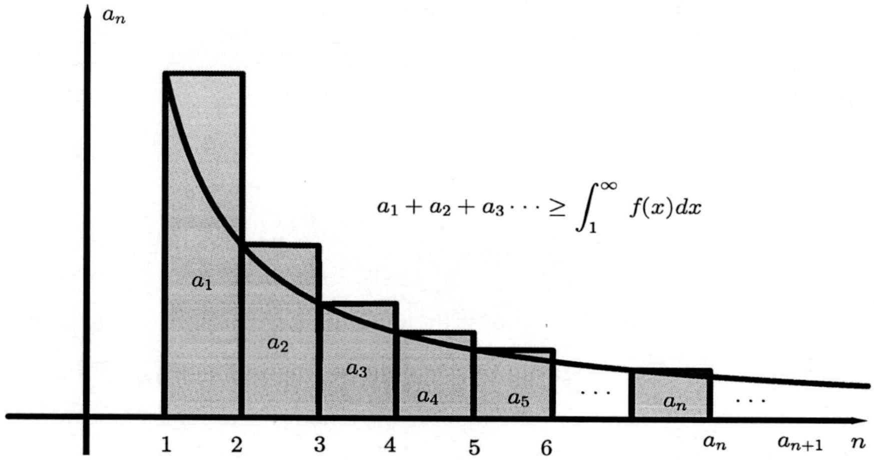

Figura 47 –

As duas situações descritas acima nos sugerem que o comportamento de $\sum_{n=1}^{\infty} a_n$ é fortemente determinado pelo de $\int_1^{\infty} f(x)dx$. As condições para que esse fato seja válido são apresentadas pelo

Teorema 3.3. *[Teste da Integral - T.I.] Seja* $\sum_{n=r}^{+\infty} a_n$, *uma série de termos positivos e* $f : [r, +\infty) \to \mathbb{R}$ *uma função* ***contínua, positiva e decrescente*** *tal que* $a_n = f(n)$, *então*

$$\sum_{n=r}^{+\infty} a_n \quad e \quad \int_r^{+\infty} f(x)dx$$

possuem o mesmo comportamento, isto é

$$\sum_{n=r}^{+\infty} a_n \quad converge \quad \Leftrightarrow \quad \int_r^{+\infty} f(x)dx \quad converge;$$

$$\sum_{n=r}^{+\infty} a_n \quad diverge \quad \Leftrightarrow \quad \int_r^{+\infty} f(x)dx \quad diverge.$$

Exemplo 3.6. *Prove, utilizando o critério da Integral, que a série harmônica diverge.*

Solução: A série $\sum_{n=1}^{+\infty} \frac{1}{n}$ pode ser associada a uma função da seguinte forma:

$$a_n = \frac{1}{n} \Leftrightarrow f(n) = \frac{1}{n},$$

em que

$$f : [1, +\infty) \to \mathbb{R} \text{ é dada por } f(x) = \frac{1}{x}.$$

Para que o Teste da Integral possa ser aplicado, é necessário analisar se f satisfaz as condições impostas por esse teste. É fácil ver que f é positiva e contínua no intevalo $[1,+\infty)$. Além disso, f é decrescente para $x>1$, pois

$$f'(x) = -\frac{1}{x^2} < 0 \text{ para todo } x > 1.$$

Podemos, então, aplicar o critério da integral. Como

$$\begin{aligned}\int_1^{+\infty} \frac{1}{x}dx &= \lim_{M\to\infty}\int_1^M \frac{dx}{x}\\ &= \lim_{M\to\infty} \ln x|_1^M\\ &= \lim_{M\to\infty} (\ln M - \ln 1)\\ &= \infty.\end{aligned}$$

Como a integral é divergente, concluímos, pelo Teste da Integral, que a série harmônica é divergente. □

Exemplo 3.7. *Analise a convergência da série* $\sum_{n=1}^{+\infty} \frac{1}{1+n^2}$

Solução: Associando o termo geral da série à função $f:[1,\infty)\to\mathbb{R}$, dada por $f(x)=\frac{1}{1+x^2}$, percebemos que a função é positiva e contínua no intervalo considerado. Além disso, f é decrescente, pois

$$f'(x) = \frac{-2x}{(1+x^2)^2} < 0 \text{ para qualquer } x > 0.$$

Desta forma: $\sum_{n=1}^{+\infty} \frac{1}{1+n^2}$ e $\int_1^{+\infty} \frac{1}{1+x^2}$ possuem o mesmo comportamento. Passemos ao cálculo da integral:

$$\begin{aligned}\int_1^{+\infty} \frac{1}{1+x^2} &= \lim_{M\to\infty}\int_1^M \frac{1}{1+x^2} = \lim_{M\to\infty} \operatorname{arctg} x|_1^M\\ &= \lim_{M\to\infty} (\operatorname{arctg}(M) - \operatorname{arctg}(1))\\ &= -\frac{\pi}{4} + \lim_{M\to\infty} \operatorname{arctg} M\\ &= -\frac{\pi}{4} + \frac{\pi}{2} = \frac{\pi}{4}.\end{aligned}$$

Temos, pelo Teste da Integral, que a série é convergente.

Observação 3.3. Como a integral converge, concluímos que a série também converge. Vale notar no entanto que, o fato de a integral convergir para $\frac{\pi}{4}$ não implica que a série convirja para este valor, isto é, a soma da série **não** é $\frac{\pi}{4}$.
□

Observação 3.4. O Teste da Integral não vale para funções em geral: suponha, por exemplo, que f seja uma função dada por $f(x)=\operatorname{sen}(\pi x)$ e $a_n = f(n) = \operatorname{sen}(n\pi) = 0$. Nessa situação temos $f(n)=a_n$, mas $\int_1^{\infty} f(x)dx$ e $\sum_{n=1}^{\infty} a_n$ não possuem o mesmo comportamento, afinal a integral é divergente e a série é convergente.

EXERCÍCIOS DE AQUECIMENTO

1. Utilize o teste da integral para analisar a convergência da série $\sum_{n=0}^{\infty} ne^{-n}$.

   Resposta: Converge.

3.5 P-séries

As p-séries são séries do tipo

$$\sum_{n=1}^{+\infty} \frac{1}{n^p} = 1 + \frac{1}{2^p} + \frac{1}{3^p} + \frac{1}{4^p} + ...,$$

em que p é um número real.

Para analisar a convergência dessas séries dividiremos em alguns casos.

Quando $p = 1$, tem-se a série harmônica que, como sabemos, é divergente.

Quando $p = 0$, temos $\sum_{n=1}^{+\infty} 1$, que diverge pelo Teste do Termo Geral.

Quando $p < 0$ temos, $\sum_{n=1}^{+\infty} \frac{1}{n^p}$ e $a_n = \frac{1}{n^p} = n^{-p}$.. Nesse caso, $-p > 0$ e, portanto,

$$\lim_{n\to\infty} a_n = \lim_{n\to\infty} n^{-p} = +\infty.$$

Assim, pelo Teste do Termo Geral, a série é divergente se $p < 0$.

Resta analisar o caso em que $p > 0$ e $p \neq 1$. Considere a função contínua e positiva $f : [1, +\infty] \to \mathbb{R}$ dada por $f(x) = \frac{1}{x^p}$. Uma vez que

$$f'(x) = (x^{-p})' = -px^{-p-1} < 0(\text{pois } p > 0),$$

tem-se f decrescente. Deste modo, o Teste da Integral pode ser aplicado:

$$\begin{aligned}
\int_1^{+\infty} \frac{dx}{x^p} &= \lim_{M\to\infty} \int_1^M \frac{dx}{x^p} \\
&= \lim_{M\to\infty} \frac{x^{-p+1}}{-p+1}\Big|_1^M = \lim_{M\to\infty} \left(\frac{M^{-p+1}}{-p+1} - \frac{1}{-p+1} \right) \\
&= \lim_{M\to\infty} \left(\frac{M^{-p+1}}{-p+1} \right) - \frac{1}{-p+1}.
\end{aligned}$$

Como

$$\lim_{M\to\infty} \left(\frac{M^{-p+1}}{-p+1} \right) = \begin{cases} \infty, & \text{se} \quad 0 < p < 1 \\ 0 & \text{se} \quad p > 1, \end{cases}$$

tem-se que a integral converge apenas quando $p > 1$ e seu valor é dado por

$$\int_1^{+\infty} \frac{dx}{x^p} = \frac{1}{1-p}.$$

Assim sendo, a série converge apenas para $p > 1$.

Combinando todos os casos analisados, podemos afirmar:

A p-série converge se, e somente se, $p > 1$.

Exemplo 3.8. *Analise a convergênica da série* $\sum_{n=1}^{+\infty} \frac{1}{\sqrt[2]{n}}$.

Solução: Podemos escrever a série como

$$\sum_{n=1}^{+\infty} \frac{1}{\sqrt[2]{n}} = \sum_{n=1}^{+\infty} \frac{1}{n^{\frac{1}{2}}},$$

ou seja, uma p-série, com $p = \frac{1}{2} < 1$, logo a p-série é divergente.

Exemplo 3.9. *Analise a convergência da série* $\sum_{n=1}^{+\infty} \frac{1}{n^{10}}$.

Solução: A série $\sum_{n=1}^{+\infty} \frac{1}{n^{10}}$ é uma p-série com $p = 10 > 1$, portanto, convergente.

EXERCÍCIOS DE AQUECIMENTO

1. Quais das séries são convergentes: $\sum_{n=1}^{+\infty} \frac{1}{n^{1001}}$; $\sum_{n=1}^{+\infty} \frac{1}{\sqrt[9]{n}}$?

2. Analise para que valores de p a série $\sum_{n=1}^{+\infty} \frac{1}{n \ln^p n}$ é convergente.

Respostas:

1. A primeira converge e a segunda diverge;

2. Converge se $p > 1$ e diverge se $p \leq 1$.

3.6 Teste da Comparação

O Teste da Comparação para séries numéricas é similiar ao apresentado para Integrais Impróprias na Seção 1.8. A principal ideia é comparar o termo geral de uma série dada com outro cuja série correspondente é mais fácil de analisar a convergência. Nesse caso, utilizar as séries que já conhecemos a convergência - como as p-séries e a série geométrica - será de grande utilidade.

Teorema 3.4 (Teste da Comparação)**.** *Sejam* $\sum_{n=1}^{+\infty} a_n$ *e* $\sum_{n=1}^{+\infty} b_n$ *duas séries de termos* ***positivos*** *e fixemos* $r \in N$. *Suponha que* $0 \leq a_n \leq b_n$ *para todo* $n \geq r$. *Então*

1. *Se* $\sum_{n=r}^{+\infty} b_n$ *for convergente, temos que* $\sum_{n=r}^{+\infty} a_n$ *também é convergente;*

2. *Se* $\sum_{n=r}^{+\infty} a_n$ *for divergente, temos que* $\sum_{n=r}^{+\infty} b_n$ *também é divergente.*

Exemplo 3.10. Analise a convergência das séries a seguir:

1. $\displaystyle\sum_{n=2}^{+\infty} \frac{1}{\sqrt[3]{n}-1}$

Solução: Sabemos que $\displaystyle\sum_{n=2}^{+\infty} \frac{1}{\sqrt[3]{n}}$ diverge por ser uma p-série, com $p = \frac{1}{3} < 1$.

Por outro lado,

$$\sqrt[3]{n} > \sqrt[3]{n} - 1 \Rightarrow \frac{1}{\sqrt[3]{n}} < \frac{1}{\sqrt[3]{n}-1}, \text{ para todo } n \geq 2.$$

Como $\displaystyle\sum_{n=2}^{+\infty} \frac{1}{\sqrt[3]{n}}$ diverge, então, pelo Teste da Comparação, $\displaystyle\sum_{n=2}^{+\infty} \frac{1}{\sqrt[3]{n}-1}$ também diverge.

2. $\displaystyle\sum_{n=3}^{+\infty} \frac{\ln n}{n}$.

Solução: Como $\ln n > 1$ se $n \geq 3$, tem-se

$$\frac{\ln n}{n} > \frac{1}{n}, \text{ se } n \geq 3.$$

Uma vez que $\displaystyle\sum_{n=3}^{+\infty} \frac{1}{n}$ é divergente (harmônica ou p-série com $p = 1$), segue-se, pelo Teste da Comparação, que a série dada é divergente.

3. $\displaystyle\sum_{n=2}^{+\infty} \frac{\ln n}{n}$

Solução: Podemos reescrever a série como

$$\sum_{n=2}^{+\infty} \frac{\ln n}{n} = \frac{\ln 2}{2} + \sum_{n=3}^{+\infty} \frac{\ln n}{n}.$$

Encontramos então a série do exercício anterior (que é divergente) somada a uma constante. Assim sendo, a série é divergente.

4. $\displaystyle\sum_{n=1}^{+\infty} \frac{1}{n^3+1}$

Solução: Como $n^3 + 1 > n^3$, tem-se $\displaystyle\frac{1}{n^3+1} < \frac{1}{n^3}$ para todo $n \geq 1$. Como $\displaystyle\sum_{n=1}^{+\infty} \frac{1}{n^3}$ converge (p-série com $p > 1$), segue-se do Teste da Comparação que $\displaystyle\sum_{n=1}^{+\infty} \frac{1}{n^3+1}$ é uma série convergente.

EXERCÍCIOS DE AQUECIMENTO

1. Utilize o Teste da Comparação para analisar a convergência da série

a) $\displaystyle\sum_{n=0}^{\infty} \frac{1}{2^n+1}$;

b) $\displaystyle\sum_{n=2}^{\infty} \frac{1}{\sqrt{n}-1}$.

Resposta:

a) Converge; b) Diverge.

3.7 Teste da Comparação por Limite

Peço ao leitor que volte ao último exemplo discutido na seção anterior. Naquele exemplo, discutimos, via Teste da Comparação, a convergência da série $\sum_{n=1}^{+\infty} \frac{1}{n^3+1}$. Caso tentemos aplicar o mesmo teste na série $\sum_{n=2}^{+\infty} \frac{1}{n^3-1}$ a que conclusão chegaríamos? Vejamos:

$$n^3 - 1 < n^3 \text{ implica em } \frac{1}{n^3-1} > \frac{1}{n^3};$$

como a série "de baixo" que converge, não podemos aplicar o Teste da Comparação para analisar a convergência de $\sum_{n=2}^{+\infty} \frac{1}{n^3-1}$ (o fato de uma série convergir **não** implica em convergência de séries "maiores" que ela).

Talvez o leitor esteja se perguntando: as séries $\sum_{n=2}^{+\infty} \frac{1}{n^3}$ e $\sum_{n=2}^{+\infty} \frac{1}{n^3-1}$ são muito parecidas e o fato da primeira convergir deve influenciar na convergência da segunda. Esse raciocínio está correto, pois o que influencia na convergência da série são valores grandes de n e, nesse caso, não há muita diferença entre $\frac{1}{n^3}$ e $\frac{1}{n^3-1}$ (para n muito grande, esses quocientes estão muito próximos de zero). Pensando dessa maneira, o comportamento da primeira série deve influenciar no da segunda.

Apresentamos, a seguir, uma pequena discussão (um pouco técnica) acerca desse aspecto. Caso essa leitura não seja de interesse do leitor, pode-se ir direto para o Teorema 3.5 (a única perda será a compreensão do "porquê" o resultado apresentado no Teorema 3.5 funciona, sem que haja perda da compreensão de seu uso).

Suponha que $\sum_{n=1}^{+\infty} a_n$ e $\sum_{n=1}^{+\infty} b_n$ sejam séries de termos **positivos**, e

$$\lim_{n\to\infty} \frac{a_n}{b_n} = L > 0,$$

em que $L \in \mathbb{R}$ (ou seja, $L \neq \infty$). Sabemos que dado $0 < \epsilon < L$, existe $n_0 \in \mathbb{N}$ tal que

$$n > n_0 \text{ implica que } \left|\frac{a_n}{b_n} - L\right| < \epsilon.$$

Manipulando o lado direito da desigualdade acima temos

$$-\epsilon < \frac{a_n}{b_n} - L < \epsilon,$$

o que nos leva a

$$0 < (L-\epsilon)b_n < a_n < (L+\epsilon)b_n.$$

Utilizando o Teste da Comparação notamos que não é possível que uma das séries convirja sem que a outra possua o mesmo comportamento, isto é, se $\sum_{n=1}^{+\infty} b_n$ for convergente, então $\sum_{n=1}^{+\infty} a_n$ também será. E se $\sum_{n=1}^{+\infty} a_n$ for convergente então $\sum_{n=1}^{+\infty} b_n$ também será. Raciocínio análogo se aplica no caso em que há divergência.

Podemos enunciar o

Teorema 3.5. *[Teste da Comparação por Limite] Sejam* $\sum_{n=1}^{+\infty} a_n$ *e* $\sum_{n=1}^{+\infty} b_n$ *duas séries de termos* ***positivos****. Suponha que*

$$\lim_{n\to\infty} \frac{a_n}{b_n} = L > 0.$$

Então as duas séries possuem o mesmo comportamento: ambas são convergentes ou ambas são divergentes.

Exemplo 3.11. Analise convergência das séries

1. $\sum_{n=3}^{+\infty} \frac{5n^2-1}{n^4-n+1}$

   Solução: A ideia é escolher uma outra série que saibamos dizer se é convergente ou divergente. Tal série pode ser obtida através dos termos de maior expoente nos polinômios. Tomando $b_n = \frac{n^2}{n^4} = \frac{1}{n^2}$, tem-se:

$$\lim_{n\to\infty} \frac{a_n}{b_n} = \lim_{n\to\infty} \frac{\frac{5n^2-1}{n^4-n+1}}{\frac{1}{n^2}} = \lim_{n\to\infty} \frac{(5n^2-1)(n^2)}{n^4-n+1} = 5 > 0.$$

   Portanto, pelo critério da comparação por limites, percebemos que as duas séries possuem o mesmo comportamento. Como $\sum b_n$ é uma p-série com $p > 1$, ela é convergente. Segue-se do Teste da Comparação por Limites que $\sum_{n=3}^{+\infty} \frac{5n^2-1}{n^4-n+1}$ converge.

2. $\sum_{n=1}^{+\infty} \frac{1}{n+\ln n}$

   Solução: Aqui, $a_n = \frac{1}{n+\ln n}$, tomemos então $b_n = \frac{1}{n}$ e calculemos o limite:

$$\lim_{n\to\infty} \frac{a_n}{b_n} = \lim_{n\to\infty} \frac{1.(n)}{n+\ln n} = \lim_{n\to\infty} \frac{1}{1+\frac{\ln n}{n}}.$$

   Como $\lim_{n\to\infty} \frac{\ln n}{n} = 0$ (basta usar a regra de L'Hôpital), tem-se $\lim_{n\to\infty} \frac{a_n}{b_n} = 1 > 0$

   Concluímos, pelo Teste da Comparação por Limite, que $\sum_{n=1}^{+\infty} \frac{1}{n+\ln n}$ e $\sum_{n=1}^{+\infty} \frac{1}{n}$ têm o mesmo comportamento. Como a última diverge (harmônica), concluímos que a primeira também diverge. □

EXERCÍCIOS DE AQUECIMENTO

1. Utilize o Teste da Comparação por Limite para analisar a convergência das séries

   a) $\sum_{n=0}^{\infty} \frac{1}{2n^4-1}$;

   b) $\sum_{n=2}^{\infty} \frac{1}{\sqrt{n}-1}$;

   c) $\sum_{n=1}^{+\infty} \frac{2n^2-n+1}{9n^{\frac{5}{2}}+n^2+1}$

Respostas:

a) Converge;

b) Diverge;

c) Diverge.

3.8 Teste de Séries Alternadas

Com exceção do Teste do Termo Geral, todos os critérios apresentados até o momento são válidos apenas para séries de termos **positivos** e não são possíveis de serem aplicados, por exemplo, à série $\sum_{n=1}^{+\infty} \frac{(-1)^n}{n^3}$. Esta série é um exemplo de **série alterada** que definiremos a seguir.

Definição 3.3. *Dada uma sequência de termos positivos a_n, uma série alternada é da forma*

$$\sum_{n=0}^{+\infty} (-1)^n a_n = a_1 - a_2 + a_3 - a_4 + ... + (-1)^n a_n + ...$$

ou

$$\sum_{n=0}^{+\infty} (-1)^{n+1} a_n = -a_1 + a_2 - a_3 + a_4 - a_5 + ... + (-1)^{n+1} a_n + ...$$

São exemplos de séries alternadas: $\sum_{n=0}^{+\infty} \frac{(-1)^n}{n!}$, $\sum_{n=0}^{+\infty} \frac{(-1)^{n+1}}{n!}$.

Para analisar a convergência de séries alternadas faremos uso do **Teste de Séries Alternadas**:

Teorema 3.6 (Teste de Séries Alternadas). *Seja $\sum_{n=0}^{+\infty} (-1)^{n+1} a_n$ uma série alternada. Suponha que*

(i) $\lim_{n\to\infty} a_n = 0$*;*

(ii) a_n *é decrescente.*

Então a série $\sum_{n=0}^{+\infty} (-1)^{n+1} a_n$ é convergente.

Exemplo 3.12. Analise a convergência:

1. $\sum_{n=1}^{+\infty} (-1)^{n+1} \frac{1}{n}$

   Solução: Utilizando a notação da Definição 3.3, temos que $a_n = \frac{1}{n}$ é decrescente e $\lim_{n\to\infty} a_n = \lim_{n\to\infty} \frac{1}{n} = 0$. Portanto, pelo Teste de Séries Alternadas, a série $\sum_{n=1}^{+\infty} (-1)^{n+1} \frac{1}{n}$ converge.

2. $\sum_{n=2}^{+\infty} (-1)^n \frac{\ln n}{n}$

   Solução: Aqui, $a_n = \frac{\ln n}{n}$ e

$$\lim_{n\to\infty} \frac{\ln n}{n} = \lim_{n\to\infty} \frac{1}{n} = 0 \text{ (Regra de L'Hôpital).}$$

Por outro lado, $a_n = \dfrac{\ln(n)}{n}$ é decrescente, é uma sequência decrescente (veja Exemplo 2.12) Segue-se, do Teste de Séries Alternadas, que $\sum_{n=3}^{+\infty} (-1)^{n+1} \dfrac{\ln n}{n}$ é convergente.

EXERCÍCIOS DE AQUECIMENTO

1. Utilize o Teste de Séries Alternadas para mostrar que a série $\sum_{n=0}^{\infty} \dfrac{(-1)^n}{4^n}$ é convergente.

3.9 Teste da Razão

Seria possível aplicar algum dos Testes apresentados à série $\sum_{n=1}^{+\infty} \dfrac{1}{n!}$? O Teste do Termo Geral não se aplica, pois $\lim_{n\to\infty} \dfrac{1}{n!} = 0$. O Teste da Integral também não é de grande utilidade, pois precisaríamos de uma função contínua $f(x)$ tal que $f(n) = \dfrac{1}{n!}$. Encontrar uma série que nos permita utlizar algum teste de comparação também não nos parece tarefa simples. Para séries em que o fatorial aparece - como é o caso -, o mais apropriado é aplicar o **Teste da Razão**, que apresentamos a seguir.

Teorema 3.7 (Teste da Razão). *Seja* $\sum_{n=0}^{+\infty} a_n$ *uma série, em que* $a_n \neq 0$ *a partir de um certo termo. Suponha que*

$$\lim_{n\to\infty} \left| \frac{a_{n+1}}{a_n} \right| = L,$$

então:

(i) se $0 \leq L < 1$ *a série converge;*

(ii) se $L > 1$ *a série diverge;*

(iii) se $L = 1$ *nada se pode concluir por este critério.*

Exemplo 3.13. Analise a convergência

1. $\sum_{n=1}^{+\infty} \dfrac{1}{n!}$;
2. $\sum_{n=1}^{+\infty} \dfrac{n!}{n^n}$;
3. $\sum_{n=1}^{+\infty} (-1)^n \dfrac{n^n}{2^n}$.

Solução:

1. Vamos calcular $\lim_{n\to\infty}\left|\dfrac{a_{n+1}}{a_n}\right|$:

$$\begin{aligned}\lim_{n\to\infty}\frac{\dfrac{1}{(n+1)!}}{\dfrac{1}{n!}} &= \lim_{n\to\infty}\frac{n!}{(n+1)!}\\ &= \lim_{n\to\infty}\left(\frac{1}{n+1}\right)\\ &= 0<1.\end{aligned}$$

Como o limite é menor que 1, segue-se do Teste da Razão que a série é convergente.

2. Calculando $\lim_{n\to\infty}\left|\dfrac{a_{n+1}}{a_n}\right|$, obtém-se

$$\begin{aligned}\lim_{n\to\infty}\frac{\dfrac{(n+1)!}{(n+1)^{n+1}}}{\dfrac{n!}{(n+1)!}} &= \lim_{n\to\infty}\frac{(n+1).n!}{(n+1)^n.(n+1)}.\frac{n^n}{n!}\\ &= \lim_{n\to\infty}\left(\frac{n}{n+1}\right)^n=\lim_{n\to\infty}\left(\frac{1}{1+\frac{1}{n}}\right)^n\\ &= \frac{1}{\lim_{n\to\infty}\left(1+\dfrac{1}{n}\right)^n}=\frac{1}{e}<1.\end{aligned}$$

Assim, pelo Teste da Razão, a série $\sum_{n=1}^{+\infty}\dfrac{n!}{n^n}$ é convergente.

3. Observe que essa é uma série alternada, mas aplicar o Teste de Séries Alternadas não é possível, pois a sequência $a_n=\dfrac{n^n}{2^n}$ não é decrescente. Todavia o Teste da Razão não apresenta restrição em relação ao sinal dos termos que aparecem no termo geral da série. Calculando $\lim_{n\to\infty}\left|\dfrac{a_{n+1}}{a_n}\right|$ obtemos

$$\begin{aligned}\lim_{n\to\infty}\frac{\dfrac{(n+1)^{n+1}}{2^{n+1}}}{\dfrac{n^n}{2^n}} &= \lim_{n\to\infty}\frac{(n+1)^{n+1}}{2^{n+1}}.\frac{2^n}{n^n}\\ &= \frac{1}{2}\lim_{n\to\infty}\left(\frac{n+1}{n}\right)^n(n+1)\\ &= \infty,\end{aligned}$$

pois $\lim_{n\to\infty}\left(\dfrac{n+1}{n}\right)^n=e$, e $\lim_{n\to\infty}(n+1)=\infty$.

Vale observar que o item (iii) do Teste da Razão nos diz: se $\lim_{n\to\infty}\left|\dfrac{a_{n+1}}{a_n}\right|=1$, nada podemos concluir por esse critério. Apresentamos a seguir dois exemplos em que o limite dado pelo Teste é 1 e em um deles a série é convergente e no outro, divergente.

Exemplo 3.14. Considere a série $\sum_{n=1}^{+\infty} \frac{1}{n}$. Tomando o limite do teste da razão, obtemos:

$$\lim_{n\to\infty} \left| \frac{a_n}{a_{n+1}} \right| = \lim_{n\to\infty} \frac{n}{n+1} = 1.$$

A Série Harmônica, como sabemos, é divergente. □

Exemplo 3.15. Considere a série $\sum_{n=1}^{+\infty} \frac{1}{n^2}$. Tomando o limite do teste da razão no termo geral dessa série obtemos

$$\lim_{n\to\infty} \left| \frac{a_n}{a_{n+1}} \right| = \lim_{n\to\infty} \frac{n^2}{(n+1)^2} = 1.$$

Sabemos, porém, que a $p-$série, com $p = 2$, é divergente. □

Observando os dois exemplos acima vemos que o Teste da Razão é inconclusivo quando $\lim_{n\to\infty} \left| \frac{a_{n+1}}{a_n} \right| = 1$.

EXERCÍCIOS DE AQUECIMENTO

1. Utilize o Teste da Razão para analisar a convergência das séries:

a) $\sum_{n=2}^{\infty} \frac{n!}{4^n}$.

b) $\sum_{n=0}^{\infty} \frac{n}{3^n}$;

Resposta

a) Diverge.

b) Converge;

3.10 Teste da Raiz

O Teste da Raiz é muito similar ao Teste da Razão e, em geral, quando é possível de ser aplicado, o Teste da Razão também é. Há alguns casos, porém, que sua aplicação torna mais simples a análise da convergência. É um teste útil quando a série $\sum_{n=1}^{+\infty} a_n$ é tal que $a_n = b_n^n$.

Teorema 3.8 (Teste da Raiz). *Seja* $\sum_{n=1}^{+\infty} a_n$ *uma série numérica e*

$$\lim_{n\to\infty} \sqrt[n]{|a_n|} = L,$$

então:

(i) se $0 \le L < 1$, *a série converge;*

(ii) se $L > 1$, *a série diverge;*

(iii) se $L = 1$, *nada podemos concluir por esse teste.*

Exemplo 3.16. Analise a convergência

1. $\sum_{n=1}^{+\infty} n^n$

   Solução: Como

   $$\lim_{n\to\infty} \sqrt[n]{n^n} = \lim_{n\to\infty} n = \infty > 1,$$

   segue-se, pelo Teste da Raiz, que a série é divergente (note que o Teste do Termo Geral também poderia ser aplicado, pois $\lim_{n\to\infty} n^n = \infty$).

2. $\sum_{n=1}^{+\infty} \frac{n}{3^n}$.

   Solução: Uma vez que

   $$\lim_{n\to\infty} \sqrt[n]{\left(\frac{n}{3^n}\right)} = \lim_{n\to\infty} \frac{\sqrt[n]{n}}{\sqrt[n]{3^n}} = \frac{1}{3} < 1.$$

   segue-se, pelo Teste da Raiz, a convergência de $\sum_{n=1}^{+\infty} \frac{n}{3^n}$.

3. $\sum_{n=1}^{+\infty} \left(\frac{n+1}{n}\right)^{n^2}$

   Solução: Como

   $$\lim_{n\to\infty} \sqrt[n]{\left(\frac{n+1}{n}\right)^{n^2}} = \lim_{n\to\infty} \left(\frac{n+1}{n}\right)^n = \lim_{n\to\infty} \left(1+\frac{1}{n}\right)^n = e > 1$$

   Segue-se que a série $\sum_{n=1}^{+\infty} \left(\frac{n+1}{n}\right)^{n^2}$ é divergente.

EXERCÍCIOS DE AQUECIMENTO

1. Utilize o Teste da Raiz para analisar a convergência das séries:

   a) $\sum_{n=0}^{\infty} \frac{n}{3^n}$; b) $\sum_{n=2}^{\infty} \frac{n^n}{4^n}$.

   Resposta

   a) Converge; b) Diverge.

3.11 Soma de Séries

Há uma maneira de analisar a convergência de algumas séries que são dadas por somas de outras.

Teorema 3.9. *Sejam $\sum a_n = A$ e $\sum b_n = B$ duas séries convergentes e $c \in \mathbb{R}$. Então*

(i) $\sum(a_n + b_n)$ também é uma série convergente e

$$\sum(a_n + b_n) = A + B.$$

(ii) $\sum ca_n$ *também é convergente e*

$$\sum ca_n = cA.$$

Teorema 3.10. *Sejam* $\sum a_n$*, uma série convergente, e* $\sum b_n$*, uma série divergente. Então também são divergentes as séries*

(i) $\sum(a_n + b_n)$*;*

(ii) $\sum cb_n$ *para todo* $c \neq 0$.

Exemplo 3.17. Analise a convergência de $\displaystyle\sum_{n=0}^{\infty} \frac{3^n - 2^n}{6^n}$.

Solução: Como $\dfrac{3^n - 2^n}{6^n} = \dfrac{1}{2^n} - \dfrac{1}{3^n}$ e as séries $\displaystyle\sum_0^{\infty} \frac{1}{2^n}$ e $\displaystyle\sum_0^{\infty} \frac{1}{3^n}$ são ambas convergentes (séries geométricas com razão, em módulo, menor que 1), tem-se, pelo Teorema 3.9, que a série $\displaystyle\sum_0^{\infty} \frac{3^n - 2^n}{6^n}$ é convergente. Além disso,

$$\sum_0^{\infty} \frac{3^n - 2^2}{6^n} = \sum_0^{\infty} \frac{1}{2^n} - \sum_0^{\infty} \frac{1}{3^n} = 2 - \frac{3}{2} = \frac{1}{2}.$$

Exemplo 3.18. Analise a convegência de $\displaystyle\sum_{n=1}^{\infty} \frac{e^n - n}{ne^n}$.

Solução: Se escrevermos $\dfrac{e^n - n}{ne^n} = \dfrac{1}{n} - \dfrac{1}{e^n}$, e notarmos que $\sum \dfrac{1}{n}$ é divergente e $\sum \dfrac{1}{e^n}$ é convergente, concluímos, pelo Teorema 3.10, que a série $\sum \dfrac{e^n - n}{ne^n}$ é divergente. □

EXERCÍCIOS DE AQUECIMENTO

1. Analise a convergência de $\sum \dfrac{n+1}{n^3}$;
2. Se duas séries $\sum a_n$ e $\sum b_n$ são divergentes, pode-se afirmar algo a respeito da convergência de $\sum(a_n + b_n)$?

Respostas:

1. Convergente;
2. Não. Tente pensar em exemplos.

3.12 Convergência Absoluta

Há alguns casos em que é impossível aplicar qualquer um dos testes que vimos neste capítulo. Considere, por exemplo, a série dada por $\displaystyle\sum_{n=1}^{+\infty} \frac{\operatorname{sen} n}{n^2}$. Observe:

(i) Os Testes da Integral e os de Comparação não se aplicam, pois a série não é de termos positivos;

(ii) O Teste do Termo Geral também não, pois $\lim\limits_{n\to\infty} \frac{senn}{n^2} = 0$;

(iii) Teste de Séries Alternadas também não é aplicável, pois a série não é alternada (não alterna, nessa ordem, entre valores positivos e negativos);

(iv) Se tentarmos aplicar o Teste da Razão, teríamos

$$\lim_{n\to\infty}\left|\frac{\frac{\operatorname{sen}(n+1)}{(n+1)^2}}{\frac{\operatorname{sen}n}{n^2}}\right| = \lim_{n\to\infty}\left(\frac{n}{n+1}\right)^2\cdot\left|\frac{\operatorname{sen}(n+1)}{\operatorname{sen}n}\right|$$

Como $\lim\limits_{n\to\infty}\left(\frac{n}{n+1}\right)^2 = 1$, bastaria calcular $\lim\limits_{n\to\infty}\left|\frac{\operatorname{sen}(n+1)}{\operatorname{sen}n}\right|$ para que pudéssemos analisar a convergência. Entretanto a Figura 48, apresenta o gráfico da função $f(x) = \left|\frac{\operatorname{sen}(x+1)}{\operatorname{sen}x}\right|$ e notamos que o limite em questão não existe. Assim, o Teste da Razão também não é aplicável;

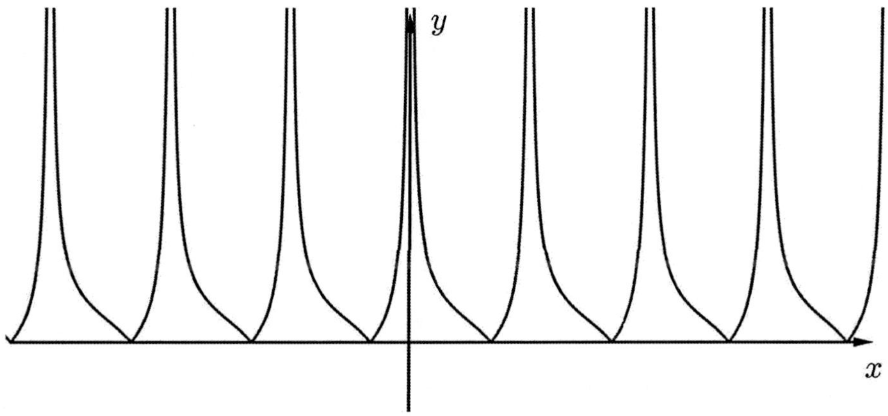

Figura 48 – Gráfico da função $f(x) = \left|\frac{\operatorname{sen}(x+1)}{x+1}\right|$

(v) O mesmo ocorre com o Teste da Raiz, pois, ao tentar aplicá-lo, nos deparamos com a situação de calcular o limite

$$\lim_{n\to\infty}\sqrt[n]{|\operatorname{sen}(n)|}$$

que não existe (veja Figura 49).

Para analisar a convergência da série $\sum\limits_{n=1}^{+\infty}\frac{senn}{n^2}$, utilizaremos o conceito de **série absolutamente** ou **condicionalmente convergente**.

Definição 3.4. *Dizemos que a série* $\sum\limits_{n=0}^{+\infty} a_n$ *é*

(i) absolutamente convergente, se $\sum\limits_{n=1}^{+\infty} |a_n|$ *for uma série convergente;*

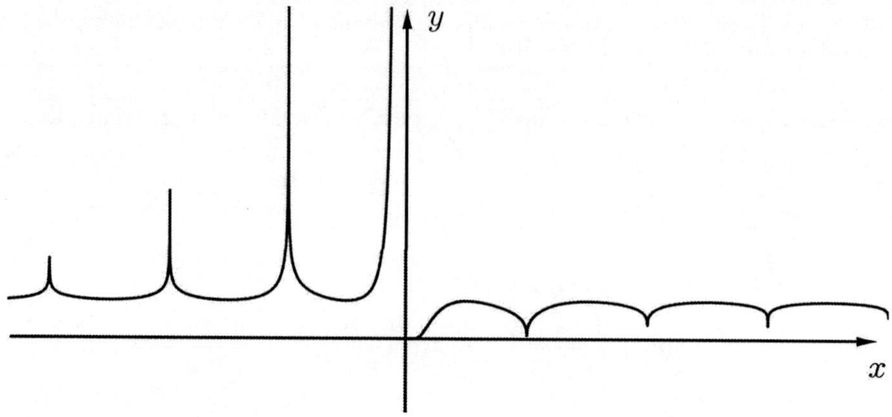

Figura 49 – Gráfico da função $f(x) = |\text{sen}(x)|^{\frac{1}{x}}$.

(ii) condicionalmente convergente, se série $\sum a_n$ for uma série convergente e $\sum |a_n|$ for uma série divergente.

Exemplo 3.19. Classifique, se possível, as séries como absolutamente ou condicionalmente convergentes.

1. $\sum_{n=1}^{+\infty} \frac{(-1)^n}{n^2}$;
2. $\sum_{n=0}^{+\infty} \frac{(-1)^n}{n}$.

Solução:

1. O termo geral aqui é $a_n = \frac{(-1)^n}{n^2}$, assim

$$\sum_{n=1}^{+\infty} |a_n| = \sum_{n=1}^{+\infty} \left| \frac{(-1)^n}{n^2} \right| = \sum_{n=1}^{+\infty} \frac{1}{n^2}.$$

Como $\sum_{n=1}^{+\infty} \frac{1}{n^2}$ é uma p-série, com $p = 2$, concluímos que $\sum_{n=0}^{+\infty} \frac{1}{n^2}$ converge, ou seja

$$\sum_{n=0}^{+\infty} \frac{(-1)^n}{n^2} \text{ é uma série absolutamente convergente.}$$

2. A série $\sum_{n=0}^{+\infty} \frac{(-1)^n}{n}$ converge pelo Teste de Séries Alternadas (confira!). Como $\sum_{n=0}^{+\infty} \left| \frac{(-1)^n}{n} \right| = \sum_{n=0}^{+\infty} \frac{1}{n}$ e a série harmônica é divergente, temos que

$$\sum_{n=0}^{+\infty} \frac{(-1)^n}{n} \text{ é condicionalmente convergente.}$$

A importância do conceito de série absolutamente convergente está associada ao fato de que toda série absolutamente convergente é convergente (esse é o conteúdo do Teorema 3.11 - a leitura de sua prova é opcional).

Teorema 3.11. *Toda série absolutamente convergente é convergente.*

Prova. Escreva $b_n = a_n + |a_n|$, então

$$b_n = \begin{cases} 0, & \text{se } a_n \leq 0, \\ \\ 2|a_n|, & \text{se } a_n > 0. \end{cases}$$

Mas, por hipótese, a série $\sum |a_n|$ é convergente, logo $2\sum |a_n|$ também converge, e isso nos permite concluir que

$$\sum b_n \text{ é convergente,}$$

pois

$$0 \leq b_n \leq 2|a_n|.$$

Por outro lado,

$$|a_n| = b_n - a_n \Rightarrow a_n = b_n - |a_n|.$$

Uma vez que $\sum |a_n|$ é convergente, segue-se do Teorema 3.9 que $\sum a_n$ é convergente.

Observação 3.5. A recíproca do Teorema 3.11 é falsa, isto é, pode ocorrer que $\sum a_n$ seja convergente com $\sum |a_n|$ sendo divergente. Basta considerar, por exemplo, $\sum\limits_{n=1}^{+\infty} \dfrac{(-1)^{n+1}}{n}$. Essa série é convergente, porém, não converge absolutamente (é condicionalmente convergente). □

Observação 3.6. Nos Testes da Razão e da Raiz realizamos os cálculos dos limites envolvidos em módulo. Deste modo, a convergência obtida por estes Testes é, conforme Definição 3.4, absoluta. □

Exemplo 3.20. Analise a convergência das séries. No caso de séries de termos positivos e negativos, verifique, também, se são absolutamente convergentes, condicionalmente convergentes ou divergentes.

1. $\sum\limits_{n=1}^{+\infty} \dfrac{\operatorname{sen} n}{n^2}$;
2. $\sum\limits_{n=1}^{+\infty} \dfrac{(-1)^n}{\sqrt{3n-2}}$

Solução:

1. Como já comentamos no início desta seção, não podemos aplicar (diretamente) nenhum dos testes já vistos para analisar a convergência desta série. Aplicaremos, então, o conceito de convergência absoluta: analisando

$$\sum_{n=1}^{+\infty} \left| \frac{\operatorname{sen}(n)}{n^2} \right|,$$

notamos que $|\operatorname{sen} n| \leq 1$ para todo n. Daí:

$$\frac{|\operatorname{sen}(n)|}{n^2} \leq \frac{1}{n^2}.$$

Uma vez que $\sum\limits_{n=1}^{+\infty} \dfrac{1}{n^2}$ é convergente (p-série com $p = 2$), concluímos pelo Teste da Comparação que

$$\sum_{n=1}^{+\infty} \frac{|\operatorname{sen}(n)|}{n^2}$$

também é convergente (veja que o Teste é aplicável, pois a série com o módulo é de termos positivos). Assim, a série é absolutamente convergente e, pelo Teorema 3.11, a série $\sum\limits_{n=1}^{+\infty} \dfrac{\operatorname{sen} n}{n^2}$ é convergente .

2. Como
$$\sum_{n=1}^{+\infty}\left|\frac{(-1)^n}{\sqrt{3n-2}}\right| = \sum_{n=1}^{+\infty}\frac{1}{\sqrt{3n-2}}$$
e
$$\frac{1}{\sqrt{3n-2}} \geq \frac{1}{\sqrt{3n}} = \frac{1}{\sqrt{3}\sqrt{n}} = \frac{1}{3}.\frac{1}{n^{\frac{1}{2}}},$$
e $\frac{1}{\sqrt{3}}\sum_{n=1}^{+\infty}\frac{1}{n^{\frac{1}{2}}}$ é uma p-série com $p < 1$; portanto divergente, temos que $\sum_{n=1}^{+\infty}\frac{1}{\sqrt{3n-2}}$ diverge pelo Teste da Comparação.

Deste modo, nada podemos inferir a respeito da convergência de $\sum_{n=1}^{+\infty}\frac{(-1)^n}{\sqrt{3n-2}}$ via Teorema 3.11. Por outro lado, $\{a_n\} = \left\{\frac{1}{\sqrt{3n-2}}\right\}$ é decrescente (Verifique!) e $\lim_{n\to\infty}\frac{1}{\sqrt{3n-2}} = 0$; logo, pelo Teste das Séries Alternadas, a série
$$\sum_{n=1}^{+\infty}\frac{(-1)^n}{\sqrt{3n-2}} \text{ é convergente.}$$
Desta forma $\sum_{n=1}^{+\infty}\frac{(-1)^n}{\sqrt{3n-2}}$ é uma série condicionalmente convergente.

EXERCÍCIOS DE AQUECIMENTO

1. Verifique que a série $\sum_{n=0}^{\infty}\frac{\cos(n^2)}{4^n}$ é absolutamente convergente.

2. Verifique que a série $\sum_{n=0}^{\infty}\frac{(-1)^n}{\sqrt{n}}$ é condicionalmente convergente.

3.13 Precisão e Estimativa de Somas

Conforme já comentamos nesse texto, encontrar a soma de uma série explicitamente é algo possível apenas para um conjunto muito pequeno de séries. Todavia, sabendo que uma série é convergente, é natural o desejo de encontrar o valor, ainda que aproximado, de sua soma. Deste modo,

Definição 3.5. *Seja $\sum_{n=1}^{+\infty} a_n$ uma série convergente e denote por s sua soma. Definimos o resto relativo à soma parcial s_n como sendo*
$$R_n = |s - s_n| = |a_{n+1} + a_{n+2} + a_{n+3} + \cdots|.$$

Naturalmente, $\lim_{n\to\infty} R_n = 0$ e o resto R_n mede quão distante s_n está de s, ou seja, mede o erro quando aproximamos a soma da série por s_n. Não é possível determinar uma expressão clara para R_n, pois este depende explicitamente de S (que, em princípio, não sabemos o valor). Podemos, entretanto, estimar o valor de R_n em alguns casos e iremos apresentá-los utilizando os testes de convergência. Ao longo dessa seção s sempre denotará a soma da série $\sum_{n=1}^{+\infty} a_n$.

Apresentaremos, na sequência, três teoremas que nos permitem obter estimativas para o resto R_n.

3.13.1 Resto via Teste da Integral

Sejam $f:[r,\infty)\to\mathbb{R}$, em que $r\in\mathbb{N}$, uma função positiva, decrescente e $a_n=f(n)$. Se $\sum_{n=r}^{+\infty}a_n$ for uma série convergente, então, observando as Figuras 46 e 47, pode-se observar que

$$\int_{n+1}^{\infty}f(x)dx\leq R_n\leq\int_{n}^{\infty}f(x)dx \tag{3.7}$$

e a expressão 3.7 fornece uma estimativa para o resto.

Exemplo 3.21. Considere a série convergente $\sum_{n=1}^{+\infty}\frac{1}{n^4}$. Quantos termos são necessários para garantir que uma soma parcial possua uma precisão de três casas decimais? Utilize essa quantidade de termos para dar um valor aproximado para a soma da série.

Solução: Observe que a série é convergente, pois é uma $p-$série com $p>1$. Dizer que desejamos uma precisão de três casas decimais, significa que o erro não pode exceder, por exemplo, $0,0001$ (neste caso, a diferença entre S_n e S não excede $0,0001$; S_n e S irão coincidir, pelo menos, até a **terceira** casa decimal). Como a análise da convergência da $p-$série foi feita mediante o Teste da Integral, podemos aplicar a equação (3.7) para estimar o resto:

$$R_n\leq\int_n^{\infty}\frac{1}{x^4}=\lim_{b\to\infty}\left(-\frac{1}{3b^3}+\frac{1}{3n^3}\right)dx=\frac{1}{3n^3}.$$

Assim sendo, precisamos escolher n de modo que $\frac{1}{3n^3}<0,0001$, ou seja

$$n^3>\frac{1}{3\cdot 0,0001}\approx 14.938.$$

Assim, para obter uma precisão de três casas decimais, basta tomar $n=15$. Deste modo, a soma da série pode ser aproximada por s_{15}:

$$\sum_{n=1}^{+\infty}\frac{1}{n^4}\approx s_{15}=1.08223.$$

Observação 3.7. Caso façamos uma soma parcial maior s_{100}, por exemplo, estaremos mais próximos do valor real da soma da série. Utilizando o software livre ***GeoGebra*** obtivemos

$$\sum_{n=1}^{+\infty}\frac{1}{n^4}\approx s_{100}=1.08232.$$

Note que o valor obtido difere de s_{15} apenas na quarta casa decimal e $|S_{100}-S_{15}|=0.00009$ que está de acordo com a precisão exigida no exemplo acima.

3.13.2 Resto via Teste da Comparação

Ao aplicarmos o Teste da Comparação na análise da convergência de uma série de termos positivos $\sum_{n=1}^{+\infty} a_n$, precisamos encontrar uma sequência b_n, com $0 \leq a_n \leq b_n$, tal que $\sum_{n=1}^{+\infty} b_n$ seja convergente. Deste modo, nada mais razoável pensar em encontrar uma relação entre o resto R_n, de $\sum_{n=1}^{+\infty} a_n$, e o resto T_n, de $\sum_{n=1}^{+\infty} b_n$. Assim,

$$R_n = \sum_{j=1}^{+\infty} a_j - \sum_{n=1}^{n} a_j = \sum_{j=n+1}^{+\infty} a_j$$

e

$$T_n = \sum_{j=1}^{+\infty} b_j - \sum_{n=1}^{n} b_j = \sum_{j=n+1}^{+\infty} b_j;$$

como $a_j \leq b_j$, tem-se $R_n \leq T_n$. Assim sendo, pode-se comparar os restos envolvidos.

Exemplo 3.22. Considere a série convergente $\sum_{n=1}^{+\infty} \frac{1}{n^4+1}$. Encontre a soma dessa série com uma precisão de três casas decimais.

Solução: Para analisar a convergência da série, utilizamos o Teste da Comparação, pois

$$\frac{1}{n^4+1} \leq \frac{1}{n^4}.$$

Pelo Exemplo 3.21 são necessários 15 termos para garantir uma precisão de três casas decimais para a soma da série $\sum_{n=1}^{+\infty} \frac{1}{n^4}$. Como o resto dessa série é **maior** que o resto da série em questão, basta calcularmos s_{15} (soma parcial da série $\sum_{n=1}^{+\infty} \frac{1}{n^4+1}$) para obter a precisão exigida. Utilizando o software livre ***GeoGebra*** obtemos

$$s_{15} = \sum_{j=1}^{15} \frac{1}{j^4+1} = 0,578388.$$

3.13.3 Resto via Teste de Séries Alternadas

Teorema 3.12. *Seja* $\sum_{n=1}^{+\infty} (-1)^n a_n$ *uma séria alternada convergente e* s *o valor de sua soma, então*

$$R_n = |s_n - s| \leq a_{n+1}.$$

Prova. Como já visto, se $\sum_{n=1}^{+\infty} (-1)^n a_n$ for uma série convergente, $\sum_{n=1}^{+\infty} (-1)^n a_n = s$ e $s_n = a_1 - a_2 + a_3 - a_4 + \cdots$, então

$$s_2 \leq s_4 \leq s_6 \leq s_n \leq \cdots \leq s \leq \cdots s_n \leq s_{n-1} \cdots \leq s_3 \leq s_1 \cdots$$

Logo

$$|s-s_n| = \begin{cases} s-s_n, & \text{se} \quad n \text{ for par;} \\ s_n - s, & \text{se} \quad n \text{ for ímpar.} \end{cases}$$

Observe que:

- se n for par, então $n+1$ será ímpar e, portanto, $s_n \leq s \leq s_{n+1}$, o que nos permite escrever

$$|s-s_n| = s-s_n \leq s_{n+1} - s_n = |s_{n+1} - s_n|;$$

- se n for ímpar, então $n+1$ será par e, portanto, $s_{n+1} \leq s \leq s_n$, o que nos permite escrever

$$|s-s_n| = s_n - s \leq s_n - s_{n+1} = |s_{n+1} - s_n|;$$

logo $|s_n - s| \leq |s_{n+1} - s_n|$ e como $s_{n+1} - s_n = (-1)^{n+1} a_{n+1}$, tem-se

$$R_n = |s_n - s| \leq a_{n+1}.$$

□

Exemplo 3.23. *Encontre a soma da série* $\sum\limits_{n=1}^{+\infty} \dfrac{(-1)^n}{n^2}$ *com uma precisão de três casas decimais.*

Solução: Aqui, $a_{n+1} = \dfrac{1}{(n+1)^2}$, daí $R_n \leq \dfrac{1}{(n+1)^2}$. Para atender ao que se pede, basta tomar n de modo que $\dfrac{1}{(n+1)^2} < 0,0001$. Resolvendo essa inequação, obtém-se $n > 99$. Assim, tomando $n = 100$ atenderemos a exigência de ter uma soma com a precisão de três casas decimais. Utilizando o software livre ***GeoGebra***, obtemos

$$s_{100} = -0.822418$$

e esta soma está precisa até a terceira casa decimal.

Observação 3.8. A título de curiosidade, tomando $n = 1000$, notamos que $s_{1000} = -0.822467$ que, de fato, coincide com s_{100} até a terceira casa decimal. Na verdade, qualquer s_n, com $n > 100$ irá coincidir com s_{100} nas três primeiras casas decimais.

3.13.4 Resto via Teste Razão

Teorema 3.13. *Seja* $\sum\limits_{n=1}^{+\infty} a_n$ *uma série de termos positivos em que é possível aplicar o teste da razão e* $r_n = \left|\dfrac{a_{n+1}}{a_n}\right|$ *tal que* $\lim\limits_{n\to\infty} r_n = L < 1$ *(isto é, a série é convergente). Então, para n suficientemente grande,*

(i) se r_n *for decrescente, então* $R_n \leq \dfrac{|a_{n+1}|}{1-r_{n+1}}$*;*

(ii) se r_n *for crescente, então* $R_n \leq \dfrac{|a_{n+1}|}{1-L}$*;*

Prova. Apresentamos apenas a prova da parte (i), o caso (ii) é inteiramente análogo (veja Exercício 39). Dado $\epsilon > 0$, existe N tal que $n > N$ implica em

$$\left|\left|\frac{a_{n+1}}{a_n}\right| - L\right| < \epsilon.$$

Daí, obtemos $|a_{n+1}| < (L+\epsilon)|a_n|$. Como $L < 1$, podemos tomar $\epsilon = 1 - L > 0$, o que nos permite concluir que

$$|a_{n+1}| < |a_n|. \tag{3.8}$$

Por outro lado,

$$|a_{n+1}| = r_n |a_n| \tag{3.9}$$

e $R_n = |a_{n+1} + a_{n+2} + a_{n+3} + a_{n+4} + \cdots|$. Daí

(i) Se r_n for decrescente, então $r_{n+1} \leq r_n$ e, neste caso,

$$\begin{array}{rcl} |a_{n+2}| & = & r_{n+1} \cdot |a_{n+1}|; \\ |a_{n+3}| & = & r_{n+2} \cdot |a_{n+2}| = r_{n+2} \cdot \left(r_{n+1} \cdot |a_{n+1}|\right) \leq |a_{n+1}| r_{n+1}^2; \\ |a_{n+4}| & = & r_{n+3} \cdot |a_{n+3}| = r_{n+3} \cdot \left(r_{n+2} \cdot |a_{n+2}|\right) = r_{n+3} \cdot r_{n+2} \cdot r_{n+1} \cdot |a_{n+1}| \leq |a_{n+1}| \cdot r_{n+1}^3; \\ & \cdots & \end{array}$$

De maneira geral, tem-se $|a_{n+k}| \leq |a_{n+1}| \cdot r_{n+1}^{k-1}$. Como $L < 1$, então $r_{n+1} < 1$ para n suficientemente grande, temos, pela fórmula de soma da série geométrica:

$$\begin{array}{rcl} R_n & \leq & |a_{n+1}| + |a_{n+2}| + |a_{n+3}| + |a_{n+4}| + \cdots \\ & = & |a_{n+1}| + r_{n+1}|a_{n+1}| + r_{n+2}|a_{n+2}| + r_{n+3}|a_{n+3}| + \cdots \\ & \leq & |a_{n+1}|\left(1 + r_{n+1} + r_{n+1}^2 + r_{n+1}^3 + \cdots\right) \\ & \leq & \dfrac{|a_{n+1}|}{1 - r_{n+1}}. \end{array}$$

O que prova o resultado.

□

Exemplo 3.24. Encontre a soma da série $\sum_{n=0}^{+\infty} \frac{1}{n!}$ com uma precisão de três casas decimais.

Solução: Note que para avaliar a convergência da série desse exemplo, aplica-se o Teste da Razão. Calculando r_n, obtemos

$$r_n = \lim_{n\to\infty}\left|\frac{a_{n+1}}{a_n}\right| = \frac{\frac{1}{(n+1)!}}{\frac{1}{n!}} = \frac{1}{n+1}$$

que é uma sequência decrescente. Aplicando o Teorema 3.13, temos

$$R_n \leq \frac{|a_{n+1}|}{1 - r_{n+1}} = \frac{\frac{1}{(n+1)!}}{1 - \frac{1}{n+1}} = \frac{1}{nn!}.$$

Como desejamos uma precisão de três casas decimais, escolhemos n de modo que

$$\frac{1}{nn!} < 0,0001$$

e isso ocorre se tomarmos $n = 7$ (na verdade, se tomarmos $n = 6$, obteríamos $\frac{1}{nn!} = 0.000231481$ que já atenderia aos nossos propósitos). Temos, portanto, a aproximação para a soma da série:

$$s_7 = 1 + 1 + \frac{1}{2} + \frac{1}{3!} + \frac{1}{4!} + \frac{1}{5!} + \frac{1}{6!} + \frac{1}{7!} = 2.71825.$$

EXERCÍCIOS DE AQUECIMENTO

1. Encontre a soma da série $\sum_{n=1}^{\infty} \frac{1}{n^5}$ com uma precisão de três casas decimais.

2. Encontre a soma da série $\sum_{n=1}^{\infty} \frac{(-1)^n}{n!}$ com uma precisão de três casas decimais.

Respostas:

1. $1,037$;
2. $-0,632$.

3.14 Séries de Potências

Utilizando a Série Geométrica, podemos perceber que a função $f(x) = \frac{1}{1-x}$ possui uma representação em série

$$\frac{1}{1-x} = \sum_{n=0}^{\infty} x^n.$$

Essa representação, porém, só vale quando $|x| < 1$ e a série que aparece acima, nos permite definir uma função h, dada por

$$h(x) = \sum_{n=0}^{\infty} x^n.$$

Observe que o domínio de h é o intervalo $(-1,1)$, pois a série só converge nesse intervalo. Deste modo, a função $h(x) = \sum_{n=0}^{\infty} x^n$ coincide com a função $f(x) = \frac{1}{1-x}$ no intervalo $(-1,1)$ como ilustra a Figura 50. A série $\sum_{n=0}^{\infty} x^n$ é um caso particular de série de potências e esse tipo de série desempenha um importante papel na aproximação de funções, como veremos.

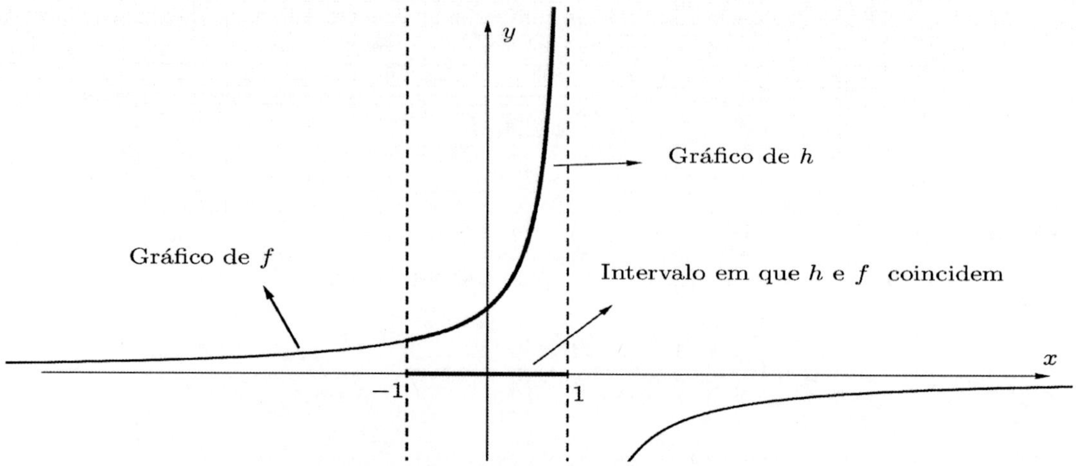

Figura 50 –

Definição 3.6. *Seja $\{c_n\}$ uma sequência numérica e a um número real. Uma série da forma*

$$\sum_{n=1}^{+\infty} c_n(x-a)^n = c_0 + c_1(x-a) + c_2(x-a)^2 + \ldots + c_n(x-a)^n + \ldots,$$

*em que $x \in \mathbb{R}$, é dita **série de potências em** $(x-a)$ ou **série de potências centrada em** a **(ou em torno de** a).*

Vale observar que adotamos a convenção que $(x-a)^0 = 1$, mesmo quando $x = a$, para poder escrever o lado direito da igualdade apresentada acima. Note que a série $\sum_{n=0}^{\infty} x^n$ é de potências de x (aqui, $a = 0$ e $c_n = 1$).

Naturalmente, uma série de potências pode convergir ou divergir dependendo do valor de x. Para descobrir para que valores de x uma série desse tipo converge ou não, aplicamos o Teste da Razão ou da Raiz no termo geral.

Exemplo 3.25. Para que valores de x, a série $\sum_{n=1}^{+\infty} \frac{x^n}{n!}$ converge?

Solução: Aplicamos o Teste da Razão (aqui $a_n = \frac{x^n}{n!}$):

$$\left|\frac{a_{n+1}}{a_n}\right| = \left|\frac{x^{n+1}}{(n+1)!} \cdot \frac{n!}{x^n}\right| = \frac{|x|}{n+1}.$$

Deste modo

$$\lim \left|\frac{a_{n+1}}{a_n}\right| = \lim \frac{|x|}{n+1} = 0 < 1.$$

Como o limite acima é sempre menor que 1, tem-se que a série de potências $\sum_{n=1}^{+\infty} \frac{x^n}{n!}$ converge para todo $x \in \mathbb{R}$.

Exemplo 3.26. Para que valores de x, a série $\sum_{n=1}^{+\infty} n!x^n$ converge?

Solução: Aplicamos novamente o Teste da Razão. Denotando $a_n = n!x^n$ tem-se para $x \neq 0$:

$$\left|\frac{a_{n+1}}{a_n}\right| = \left|\frac{(n+1)!x^{n+1}}{n!x^n}\right| = (n+1)|x|.$$

Daí

$$\lim\left|\frac{a_{n+1}}{a_n}\right| = \lim(n+1)|x| = \infty \text{ para todo } x \neq 0,$$

isto é, a série é divergente para todo $x \neq 0$. Se $x = 0$, tem-se

$$\sum_{n=1}^{+\infty} n!x^n = \sum_{n=1}^{+\infty} n!0^n = 1.$$

Deste modo, a série de potências desse exemplo converge apenas para um valor, $x = 0$, e diverge para todo $x \neq 0$. Observe que a situação neste exemplo contrasta com a apresentada no exemplo anterior.

Exemplo 3.27. Para que valores de x, a série $\sum_{n=1}^{+\infty}(-1)^{n+1}\frac{2^n x^n}{n3^n}$ converge?

Solução: Para responder essa pergunta, utilizamos o teste da razão[2].

$$\lim\left|\frac{a_{n+1}}{a_n}\right| = \lim\left|\frac{2^{n+1}x^{n+1}}{(n+1)3^{n+1}}\cdot\frac{n3^n}{2^n x^n}\right| = \frac{2}{3}|x|.$$

Note que para a série convergir (e note que a convergência é absoluta) devemos ter $\frac{2}{3}|x| < 1$, ou seja $|x| < \frac{3}{2}$. Quando $\frac{2}{3}|x| > 1$ temos que a série diverge. Assim podemos escrever

$$\text{A série converge para } x \in \left(-\frac{3}{2}, \frac{3}{2}\right) \text{ e diverge se } x \notin \left(-\frac{3}{2}, \frac{3}{2}\right).$$

Uma vez que o Teste da Razão é inconclusivo quando o $\lim\left|\frac{a_{n+1}}{a_n}\right| = 1$, temos que analisar o caso $|x| = \frac{3}{2}$ separadamente.

Se $x = \frac{3}{2}$, então temos a série

$$\sum_{n=1}^{+\infty}(-1)^{n+1}\frac{2^n}{n3^n}\frac{3^n}{2^n} = \sum_{n=1}^{+\infty}\frac{(-1)^{n+1}}{n},$$

que é convergente pelo Teste de Séries Alternadas.

Se $x = -\frac{3}{2}$, então tem-se a série

$$\sum_{n=1}^{+\infty}(-1)^{n+1}\frac{2^n}{n3^n}\left(-\frac{3}{2}\right)^n = \sum_{n=1}^{+\infty}\frac{(-1)^{2n+1}}{n} = -\sum_{n=1}^{+\infty}\frac{1}{n},$$

que é divergente, pois é a série harmônica multiplicada por -1. Concluímos assim que

$$\text{A série converge para } x \in \left(-\frac{3}{2}, \frac{3}{2}\right] \text{ e diverge se } x \notin \left(-\frac{3}{2}, \frac{3}{2}\right].$$

No que se refere a Séries de Potências, o intervalo $\left(-\frac{3}{2}, \frac{3}{2}\right]$ é dito **intervalo de convergência da série** e $R = \frac{3}{2}$ (distância do centro do intervalo até sua fronteira) é o **raio de convergência da série**. □

Nos exemplos apresentados acima, ocorrem três situações:

---

[2] Note que, como neste exemplo não aparece um fatorial, o Teste da Raiz também poderia ter sido aplicado. Convidamos o leitor a refazer este exemplo aplicando o Teste da Raiz.

1. A série convergiu para todo $x \in \mathbb{R}$ (Exemplo 3.25);

2. A série convergiu apenas em um ponto (Exemplo 3.26);

3. A série convergiu para todo x em um intervalo limitado de $\mathbb{R}$ (Exemplo 3.27).

Na verdade, essas são as únicas possibilidades para uma Série de Potências, como afirmado pelo Teorema a seguir.

Teorema 3.14. *Dada* $\sum\limits_{n=1}^{+\infty} c_n(x-a)^n$ *uma Série de Potências, existem apenas três possibilidades:*

(i) A série converge apenas para $x = a$*;*

(ii) A série converge para todo $x \in \mathbb{R}$*;*

(iii) Existe um número positivo R*, dito* **raio de convergência**, *tal que a série converge se* $|x-a| < R$ *e diverge se* $|x-a| > R$.

A demonstração desse Teorema é feito via Teste da Razão ou Teste da Raiz e é deixada como exercício para o leitor (veja Exercício 40)

Definição 3.7. Utilizando a notação do Teorema 3.14, R é dito **raio de convergência** da série de potências e o intervalo de extremidades $a-R$ e $a+R$ no qual a série converge é dito **intervalo de convergência**.

Deste modo, no Exemplo 3.25 o raio de convergência é $R = \infty$ e intervalo de convergência é $\mathbb{R} = (-\infty, \infty)$; no Exemplo 3.26 não há intervalo de convergência e o raio de convergência é zero; por fim, no Exemplo 3.27, o raio de convergência é $R = \dfrac{3}{2}$ e o intervalo de convergência é $\left(-\dfrac{3}{2}, \dfrac{3}{2}\right]$.

EXERCÍCIOS DE AQUECIMENTO

1. a) $\sum\limits_{n=0}^{\infty} \left(\dfrac{3}{2}\right)^n x^n$;

   b) $\sum\limits_{n=1}^{+\infty} n!(x-1)^n$;

   c) $\sum\limits_{n=0}^{+\infty} \dfrac{(x-2)^n}{n}$;

   d) $\sum\limits_{n=0}^{+\infty} \dfrac{n(x+2)^n}{3^{n+1}}$.

Respostas:

1. Determine o intervalo e o raio de convergência das séries

   a) $I = \left(-\dfrac{2}{3}, \dfrac{2}{3}\right)$;

   b) A série só converge para $x = 1$; $R = 0$;

   c) $I = [1,3]$;

   d) $I = (-5,1)$; $R = 3$..

3.15 Derivação e Integração Termo a Termo

Uma função dada como uma série de potências é derivável e integrável em seu intervalo de convergência. Para obter a derivada ou a integral, basta derivar ou integrar o termo geral da série de potências. Esse é o conteúdo do próximo teorema.

Teorema 3.15 (Derivação e Integração Termo a Termo). *Seja R o raio de convergência da série de potências $\sum_{n=1}^{+\infty} c_n(x-a)^n$ e defina*

$$f(x) = \sum_{n=0}^{+\infty} c_n(x-a)^n,$$

então f é derivável e integrável no intervalo $(a-R, a+R)$, e

(i) $f'(x) = \sum_{n=1}^{+\infty} nc_n(x-a)^{n-1} = c_1 + 2c_2(x-a) + 3c_2(x-a)^2 + \ldots$

(ii) $\int f(x)dx = C + \sum_{n=1}^{+\infty} c_n \frac{(x-a)^{n+1}}{n+1} = C + c_0(x-a) + c_1\frac{(x-a)^2}{2} + c_2\frac{(x-a)^3}{3} + \ldots$

O raio de convergência da série obtida após derivação ou integração termo a termo continua o mesmo.

Observação 3.9. O Teorema da Derivação e Integração Termo a Termo só nos informa acerca do raio de convergência. O intervalo de convergência pode mudar (nas extremidades).

Exemplo 3.28. Encontre uma fórmula para a soma da série $\sum_{n=1}^{+\infty} nx^n$ e o seu intervalo de convergência.

Solução: Sabemos que se $-1 < x < 1$, então $\sum_{n=0}^{+\infty} x^n = \frac{1}{1-x}$. Utilizando Derivação Termo a Termo, temos

$$\frac{d}{dx}\sum_{n=0}^{+\infty} x^n = \sum_{n=0}^{+\infty} nx^{n-1} = \sum_{n=1}^{+\infty} nx^{n-1} \text{ para } x \in (-1,1).$$

Por outro lado,

$$\frac{d}{dx}\left(\frac{1}{1-x}\right) = \frac{1}{(1-x)^2}.$$

Deste modo,

$$\sum_{n=1}^{+\infty} nx^{n-1} = \frac{1}{(1-x)^2} \text{ para } x \in (-1,1).$$

Multiplicando ambos os lados por x temos

$$\sum_{n=1}^{+\infty} nx^n = \frac{x}{(1-x)^2} \text{ para } x \in (-1,1).$$

Fica a dúvida do que acontece nas extremidades do intervalo. Nesse exemplo, teremos que a série irá divergir nas extremidades, pois para $x = 1$ e $x = -1$ temos, respectivamente, as séries $\sum_{n=1}^{+\infty} n$ e $-\sum_{n=1}^{+\infty} n$ que são divergentes pelo Teste do Termo Geral.

Portanto o intervalo de convergência é $(-1,1)$ e vale a fórmula

$$\sum_{n=1}^{+\infty} nx^n = \frac{x}{(1-x)^2} \text{ para } x \in (-1,1).$$

Exemplo 3.29. Encontre uma representação em séries de potências para $\ln|1-x|$, determinando o raio e o intervalo de convergência.

Solução: Nosso ponto de partida será, novamente, uma série geométrica:

$$\sum_{n=0}^{+\infty} x^n = \frac{1}{1-x}, \text{ se } x \in (-1,1).$$

Integrando termo a termo teremos

$$-\ln|1-x| = C + \sum_{n=0}^{+\infty} \frac{x^{n+1}}{n+1} = C + \sum_{n=1}^{+\infty} \frac{x^n}{n}, \text{ se } x \in (-1,1).$$

Para encontrar o valor da constante C, escolhemos um valor de x que nos permita explicitar seu valor. Tomando $x=0$, tem-se

$$-\ln|1| = C + 0 \Rightarrow C = 0.$$

Logo

$$\ln|1-x| = -\sum_{n=1}^{+\infty} \frac{x^n}{n}, \text{ se } x \in (-1,1).$$

Resta-nos testar nos extremos do intervalo. Quando $x=1$, temos $-\sum_{n=1}^{+\infty} \frac{1}{n}$ que, como sabemos, é divergente (série harmônica). Se $x=-1$, temos $-\sum_{n=1}^{+\infty} \frac{(-1)^n}{n}$ que é uma série convergente (basta aplicar o Teste de Séries Alternadas). Logo

$$\ln|1-x| = -\sum_{n=1}^{+\infty} \frac{x^n}{n}, \text{ se } x \in [-1,1),$$

o raio de convergência é 1, e o intervalo de convergência é $[-1,1)$[3].

EXERCÍCIOS DE AQUECIMENTO

1. Seja $f(x) = \sum_{n=0}^{\infty} \frac{x^n}{n!}$. Verifique que $f'(x) = f(x)$. Este fato te lembra alguma função conhecida do Cálculo?

2. Considere as funções

$$f(x) = \int_0^x \sum_{n=0}^{\infty} (-1)^n \frac{x^{2n}}{(2n)!} \text{ e } g(x) = \sum_{n=0}^{\infty} (-1)^n \frac{x^{2n+1}}{(2n+1)!}.$$

Verifique que $\int_0^x f(t)dt = g(x)$.

[3] Note que o intervalo de convergência é diferente daquele da série original no extremo -1.

3.16 Séries de Taylor e Maclaurin

Na seção anterior vimos exemplos de funções que podem ser representadas por séries de potências. As Séries de Taylor e Maclaurin nos permitem escrever séries de potências que, em seu intervalo de convergência, coincidem com as principais funções do Cálculo Diferencial. Antes de definirmos essas séries, lembremos que o Teorema da Derivação e Integração Termo a Termo, nos diz que uma função definida por uma série de potências possui derivadas de todas as ordens. Seja

$$f(x)=\sum_{n=1}^{+\infty} c_n(x-a)^n = c_0+c_1(x-a)+c_2(x-a)^2+\ldots+c_n(x-a)^n+\ldots$$

Derivando de forma sucessiva obtém-se:

$$\begin{aligned}
f(x) &= \sum_{n=1}^{+\infty} c_n(x-a)^n = c_0+c_1(x-a)+c_2(x-a)^2+\ldots+c_n(x-a)^n+\ldots\\
f'(x) &= \sum_{n=1}^{+\infty} nc_n(x-a)^{n-1} = c_1+2c_2(x-a)+3c_2(x-a)^2+\ldots\\
f''(x) &= \sum_{n=2}^{+\infty} n(n-1)c_n(x-a)^{n-2} = 2c_2+3\cdot 2(x-a)+4\cdot 3(x-a)^2\ldots\\
f'''(x) &= \sum_{n=2}^{+\infty} n(n-1)(n-2)c_n(x-a)^{n-3} = 3\cdot 2+4\cdot 3\cdot 2(x-a)+\ldots\\
&\ldots
\end{aligned}$$

Perceba que

$$\begin{aligned}
f(a) &= c_0;\\
f'(a) &= c_1;\\
f''(a) &= 2c_2;\\
f'''(a) &= 3\cdot 2c_3;\\
f^{(4)}(a) &= 4\cdot 3\cdot 2c_4;\\
&\ldots
\end{aligned}$$

De maneira geral $f^{(n)}(a)=n\cdot n(n-1)\cdots 2c_n=n!c_n$, ou seja, $f^{(n)}(a)=n!c_n$, o que nos fornece

$$c_n=\frac{f^{(n)}(a)}{n!}. \tag{3.10}$$

Isto é, quando f é representada por uma série de potências $\sum_{n=0}^{+\infty} c_n(x-a)^n$, então c_n é dado pela expressão (3.10).

Pensemos agora de forma inversa: dada uma função f que possua derivadas de todas as ordens, considere a série de potências

$$\sum_{n=0}^{+\infty} \frac{f^{(n)}(a)}{n!}(x-a)^n. \tag{3.11}$$

Esta série é chamada **série de Taylor** de f em torno de $x=a$. Quando $a=0$, dizemos que essa é a **série de Maclaurin** de f. Surge a questão:

Podemos afirmar que f é representada por sua série de Taylor ou Maclaurin?

A ideia por trás dessa pergunta é se f pode ser aproximada por um polinômio. Isso não chega a ser novidade para nós, pois uma das maiores aplicações da derivada é justamente permitir aproximar os valores de uma função f, numa vizinhança de um ponto a, pela função afim

$$y = f(a) + f'(a)(x-a).$$

Esse fato origina do estudo da equação da reta tangente ao gráfico de f no ponto $x = a$. O lado direito da expressão acima nada mais é do que os dois primeiros termos da Série dada em (3.11).

É comum na literatura a seguinte

Definição 3.8. *Seja $f : (a-R, a+R) \to \mathbb{R}$ uma função n vezes derivável no intervalo $(a-R, a+R)$. O polinômio de Taylor de grau n em torno do ponto $x = a$ é definido como sendo*

$$P_n(x) = f(a) + f'(a)(x-a) + \frac{f''(a)}{2!}(x-a)^2 + \frac{f^{(3)}(a)}{3!}(x-a)^3 + \cdots + \frac{f^{(n)}(a)}{n!}(x-a)^n,$$

isto é

$$P_n(x) = \sum_{j=0}^{n} \frac{f^{(j)}(a)}{j!}(x-a)^j.$$

Exemplo 3.30. Considere $f(x) = e^x$, naturalmente $f^{(n)}(x) = e^x$ e portanto

$$f^{(n)}(0) = e^0 = 1.$$

Então o polinômio de Taylor de f de grau n é dado por

$$P_n(x) = 1 + x + \frac{x^2}{2!} + \frac{x^3}{3!} + \cdots + \frac{x^n}{n!}.$$

A Figura 51 ilustra o comportamento dos polinômios de Taylor de grau 1,2 e 3:

$$\begin{aligned} P_1(x) &= 1 + x; \\ P_2(x) &= 1 + x + \frac{x^2}{2}; \\ P_3(x) &= 1 + x + \frac{x^2}{2} + \frac{x^3}{3!}. \end{aligned}$$

Note que a Figura 51 ilustra, também, o fato que f e seus polinômios de Taylor possuem valores próximos nas vizinhanças do ponto $a = 0$ ("longe" do ponto $a = 0$ os valores já não são próximos (esse é um fato geral como veremos). A ideia por trás dos polinômios de Taylor é: quanto maior o valor n, melhor será a aproximação da função f, pelo menos em um intervalo que contenha o ponto $a = 0$. No caso da exponencial, veremos que vale a igualdade

$$e^x = \sum_{n=0}^{\infty} \frac{x^n}{n!} \text{ para todo } x \in \mathbb{R}.$$

Ainda explorando o Exemplo 3.30, se considerarmos $x = 1$ teremos $f(1) = e$, e

$$\begin{aligned} P_1(1) &= 1 + 1 &= 2 \\ P_2(1) &= 1 + 1 + \frac{1}{2} &= 2,5 \end{aligned}$$

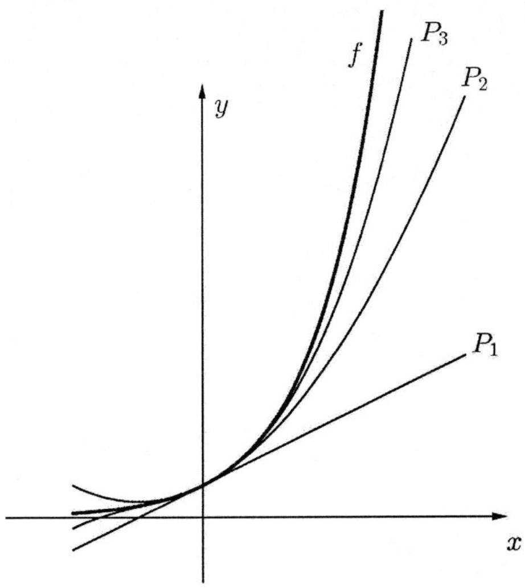

Figura 51 – Gráficos de P_1, P_2 e P_3

$$\begin{aligned}
P_3(1) &= 1+1+\frac{1}{2}+\frac{1}{3!} &&= 2,667.\\
P_4(1) &= 1+1+\frac{1}{2}+\frac{1}{3!}+\frac{1}{4!} &&= 2,708.\\
P_5(1) &= 1+1+\frac{1}{2}+\frac{1}{3!}+\frac{1}{4!}+\frac{1}{5!} &&= 2,712.\\
P_6(1) &= 1+1+\frac{1}{2}+\frac{1}{3!}+\frac{1}{4!}+\frac{1}{5!}++\frac{1}{6!} &&= 2,718.
\end{aligned}$$

Observe que quanto maior o valor de n, melhor é a aproximação para o real valor de $e \approx 2,718$.

Dada uma função f diferenciável, o **resto de Taylor** é dado por $R_n(x) = f(x) - P_n(x)$ e nesse caso $f(x) = P_n(x) + R_n(x)$. Naturalmente, quanto menor for o valor do resto $R_n(x)$, melhor será a aproximação de f por P_n.

Teorema 3.16. *Seja $f(x) = P_n(x) + R_n(x)$, em que P_n é o Polinômio de Taylor de grau n de f em a, e*

$$\lim R_n(x) = 0,$$

para $|x-a| < R$, então f é igual à soma da sua série de Taylor no intervalo de convergência da série.

Caso $\lim R_n(x) = 0$, tem-se $f(x) = \sum_{n=0}^{\infty} \frac{f^{(b)}(a)}{n!}(x-a)^n$ (no intervalo de convergência). Assim como ocorreu em nossos estudos da Seção 3.13, mostrar esse fato pode não ser tão simples. Uma alternativa para provar que $\lim R_n(x) = 0$ é o próximo resultado.

Teorema 3.17. *[Desigualdade de Taylor] Suponha que existam $M > 0$ e $D > 0$ tal que $|f^{n+1}(x)| \leq M$ para $|x-a| \leq D$. Então*

$$|R_n(x)| \leq \frac{M}{(n+1)!}|x-a|^{n+1} \text{ para } |x-a| \leq D.$$

Exemplo 3.31. Prove que e^x é igual a sua série de Maclaurin.

Solução: Dado $x \in \mathbb{R}$, tome $D > 0$ tal que $|x| \leq D$. Daí

$$|f^{n+1}(x)| = e^x \leq e^D \text{ (pois a função } e^x \text{ é crescente).}$$

Segue-se, do Teorema 3.17, que

$$|R_n(x)| \leq \frac{e^D}{(n+1)!}|x|^{n+1} \text{ para } |x| \leq D.$$

Uma vez que

$$\lim \frac{x^{n+1}}{(n+1)!} = 0^4$$

tem-se

$$\lim \frac{e^D}{(n+1)!}|x|^{n+1} = 0.$$

Pelo Teorema do Confronto, $\lim |R_n(x)| = 0$ para todo $x \in \mathbb{R}$ e segue-se, do Teorema 3.16, que e^x é igual a sua Série de Maclaurin.

Exemplo 3.32. Encontre a série de Maclaurin para $\operatorname{sen} x$ e prove que ela representa $\operatorname{sen} x$ para todo x.

Solução: Calculando as derivadas de forma sucessiva, obtemos:

$$\begin{array}{rclcrcl}
f(x) & = & \operatorname{sen} x & \Rightarrow & f(0) & = & 0; \\
f'(x) & = & \cos x & \Rightarrow & f'(0) & = & 1; \\
f''(x) & = & -\operatorname{sen} x & \Rightarrow & f''(0) & = & 0; \\
f'''(x) & = & -\cos x & \Rightarrow & f'''(0) & = & -1; \\
f^{(4)}(x) & = & \operatorname{sen} x & \Rightarrow & f^{(4)}(0) & = & 0.
\end{array}$$

Note que a derivada de ordem 4 repete a de ordem zero (no caso, $f(x)$). Notamos, assim, que as derivadas se repetem num ciclo de 4 em 4. Logo a série de Maclaurin de $\operatorname{sen} x$ é

$$\begin{aligned}
\sum_{n=0}^{+\infty} \frac{f^{(n)}(a)}{n!}(x-a)^n &= f(0) + f'(0)x + \frac{f''(0)}{2!}x^2 + \frac{f'''(0)}{3!}x^3 + \cdots \\
&= x - \frac{x^3}{3!} + \frac{x^5}{5!} - \frac{x^7}{7!} + \cdots \\
&= \sum_{n=0}^{\infty} (-1)^n \frac{x^{2n+1}}{(2n+1)!}.
\end{aligned}$$

É fácil ver, pelo Teste da Razão, que a série acima converge para todo $x \in \mathbb{R}$. Para mostrar que essa série coincide com $\operatorname{sen} x$ para todo $x \in \mathbb{R}$, notamos que $f^{(n+1)}(x)$ assume os possíveis valores: $\pm\operatorname{sen} x, \pm\cos x$, de modo que $|f^{(n+)1}(x)| \leq 1$. Da Desigualdade de Taylor, tem-se

$$|R_n(x)| \leq \frac{1}{(n+1)!}|x-0|^{n+1} = \frac{x^{n+1}}{(n+1)!} \to 0 \text{ para todo } x \in \mathbb{R}.$$

Segue-se, do Teorema 3.16, que

$$\operatorname{sen} x = \sum_{n=0}^{\infty} (-1)^n \frac{x^{2n+1}}{(2n+1)!} \text{ para todo } x \in \mathbb{R}.$$

---

4 Como a série $\sum \frac{x^n}{n!}$ converge para todo x, então o limite de seu termo geral é zero.

Observação 3.10. Vale ressaltar que se $f(x)$ possui uma representação em série de potências, digamos $f(x) = \sum_{n=0}^{+\infty} c_n(x-a)^n$, então essa é a sua série de Taylor. Isso decorre dos cálculos realizados no início dessa seção. □

A Observação 3.10 nos garante, por exemplo, que a série de Maclaurin de $\ln|1-x|$ é $-\sum_{n=1}^{+\infty} \frac{x^n}{n}$ (veja Exemplo 3.29) e seu intervalo de convergência é $[-1,1)$, pois

$$\ln|1-x| = -\sum_{n=1}^{+\infty} \frac{x^n}{n}, \text{ se } x \in [-1,1).$$

Exemplo 3.33. *Encontre a série de Maclaurin de* $\cos x$.

Solução: Podemos repetir o processo desenvolvido no Exemplo 3.32. Vamos, entretanto, aplicar Derivação Termo a Termo à série de $\text{sen}x$:

$$\frac{d}{dx}\text{sen}x = \frac{d}{dx}\left(\sum_{n=0}^{\infty}(-1)^n \frac{x^{2n+1}}{(2n+1)!}\right),$$

o que implica em

$$\frac{d}{dx}\text{sen}x = \sum_{n=0}^{\infty}(-1)^n(2n+1)\frac{x^{2n}}{(2n+1)\cdot(2n)!} = \sum_{n=0}^{\infty}(-1)^n \frac{x^{2n}}{(2n)!}.$$

Como $\frac{d}{dx}\text{sen}x = \cos x$ temos que

$$\cos x = \sum_{n=0}^{\infty}(-1)^n \frac{x^{2n}}{(2n)!}.$$

Uma vez que a série da função $\text{sen}x$ converge para todo $x \in \mathbb{R}$, pelo Teorema da Derivação Termo a Termo temos que a série acima também converge para todo $x \in \mathbb{R}$.

EXERCÍCIOS DE AQUECIMENTO

1. Encontre a série de Taylor da função $\text{sen}x$ em torno de $a = \frac{\pi}{3}$.

2. Encontre a série de Taylor de e^x em torno de $a = 1$.

3. Utilize a série de Maclaurin de $\text{sen}x$ para encontrar a série de Maclaurin da função $x\text{sen}x$.

Respostas:

1. $\sum_{n=0}^{\infty}(-1)^n \frac{\left(x-\frac{\pi}{3}\right)^{2n+1}}{(2n+1)!}$; 2. $\sum_{n=0}^{\infty} \frac{(x-1)^n}{n!}$; 3. $\sum_{n=0}^{\infty}(-1)^n \frac{x^{2n+2}}{(2n+1)!}$;

3.17 Aplicações do Polinômio e das Séries de Taylor

Os polinômios e as Séries de Taylor possuem várias aplicações dentro da Matemática, Física e Engenharias (sempre que aproximações são necessárias). Aqui vamos apresentar apenas duas delas.

Exemplo 3.34. Use a Série de Maclaurin de $\text{sen}x$ para mostrar que $\lim_{x\to 0} \frac{\text{sen}x}{x} = 1$.

Solução: Como

$$\operatorname{sen} x = \sum_{n=0}^{\infty} (-1)^n \frac{x^{2n+1}}{(2n+1)!} = x - \frac{x^3}{3!} + \frac{x^5}{5!} - \frac{x^7}{7!} + \cdots$$

tem-se que

$$\frac{\operatorname{sen} x}{x} = \sum_{n=0}^{\infty} (-1)^n \frac{1}{x} \frac{x^{2n+1}}{(2n+1)!} = 1 - \frac{x^2}{3!} + \frac{x^4}{5!} - \frac{x^7}{7!} + \cdots = \sum_{n=0}^{\infty} (-1)^n \frac{x^{2n}}{(2n+1)!}.$$

Logo,

$$\begin{aligned} \lim_{x\to 0} \frac{\operatorname{sen} x}{x} &= \lim_{x\to 0} \sum_{n=0}^{\infty} (-1)^n \frac{x^{2n}}{(2n+1)!} \\ &= \lim_{x\to 0} \left(1 - \frac{x^2}{3!} + \frac{x^4}{5!} - \frac{x^7}{7!} + \cdots\right) \\ &= 1. \end{aligned}$$

A comutação do limite com o somatório é permitida aqui. Existem exemplos em que a comutação não é permitida. Porém, no contexto desse curso isso sempre será possível. A justificativa para essa afirmação foge do nosso objetivo (caso seja de interesse do leitor, consulte (LIMA, 2002a)).

Exemplo 3.35.

(i) Aproxime a função $f(x) = \sqrt{x}$ pelo polinômio de Taylor de grau 2 em $a = 4$. Diga qual é a precisão dessa aproximação quando $2 \le x \le 6$ e encontre um valor aproximado para $\sqrt{3}$.

(ii) Para quais valores de x tem-se uma precisão de 0,0005?

Solução:
i) Para $f(x) = \sqrt{x}$ temos

$$\begin{aligned} f(x) &= \sqrt{x} & f(4) &= 2 \\ f'(x) &= \frac{1}{2\sqrt{x}} & f'(4) &= \frac{1}{4} \\ f''(x) &= -\frac{1}{4}x^{-\frac{3}{2}} & f''(4) &= -\frac{1}{32} \\ f'''(x) &= \frac{3}{8}x^{-\frac{5}{2}} \end{aligned}$$

O Teorema 3.17 nos diz que se $f^{n+1}(x)$ for limitada num intervalo, então conseguimos uma limitação para o resto $R_n(x)$. Como aqui estamos interessados no Polinômio de Taylor de grau 2 vamos tentar limitar a derivada de ordem três no intervalo $[2,6]$. Como visto acima

$$f'''(x) = \frac{3}{8}x^{-\frac{5}{2}}.$$

Nosso objetivo é conseguir limitar a f''' no intervalo $[2,6]$. Como f''' é uma função decrescente, temos que f''' assumirá seu maior valor no intervalo $[2,6]$ quando $x = 2$, isto é

$$|f'''(x)| = f'''(x) \le f'''(2) = \frac{3}{8} \cdot 2^{-\frac{5}{2}} = \frac{3}{2^3} \cdot 2^{-\frac{5}{2}} = \frac{3}{2^{\frac{11}{2}}}.$$

Pela Desigualdade de Taylor (ver Teorema 3.17), com $M = \dfrac{3}{2^{\frac{11}{2}}}$ temos que

$$|R_2(x)| < \frac{\frac{3}{2^{\frac{11}{2}}}}{3!}|x-4|^3 = \frac{3}{2^{\frac{11}{2}}} \cdot \frac{1}{2\cdot 3}|x-4|^3 = \frac{1}{2^{\frac{13}{2}}}|x-4|^3. \tag{3.12}$$

Por outro lado, se $x \in [2,6]$ então $2 \le x \le 6 \Rightarrow -2 \le x-4 \le 2$ e, portanto, $|x-4| \le 2$. Desse modo (3.12) se transforma em:

$$|R_2(x)| < \frac{1}{2^{\frac{13}{2}}} \cdot 2^3 = \frac{1}{2^{\frac{7}{2}}} = 0,088388\cdots$$

ou seja

$$|R_2(x)| < 0,089. \tag{3.13}$$

Isso significa (conforme Teorema 3.16) que a precisão do Polinômio de Taylor de grau 2 é de, pelo menos, 0,089 no intervalo $[2,6]$. Naturalmente, a precisão pode ser melhorada escolhendo um grau maior para o Polinômio de Taylor.

Para obter um valor aproximado para $\sqrt{3}$, utilizamos o polinômio de Taylor em torno de $x = 4$:

$$P_2(x) = f(4) + f'(4)(x-4) + \frac{1}{2!}(x-4)^2.$$

Como $3 \in [2,6]$, podemos usar esse polinômio para aproximar $\sqrt{3}$ com uma precisão de pelo menos 0,089:

$$\begin{aligned} P_2(3) &= f(4) + f'(4)(3-4) + \frac{1}{2!}f''(4)(3-4)^2 \\ &= 2 + \frac{1}{4}(-1) + \frac{1}{2}\left(-\frac{1}{32}\right)(-1)^2 \\ &= 1,734375. \end{aligned}$$

Utilizando-se uma calculadora científica, obtém-se

$$\sqrt{3} \approx 1,732050...$$

e observamos que o valor por nós encontrado aproxima $\sqrt{3}$ até a segunda casa decimal (que está de acordo com a precisão de entrada em (3.13)).

$ii)$ O erro será menor que 0,0005 se

$$\frac{3}{2^{\frac{11}{2}}} \cdot \frac{|x-4|^3}{3!} < 0,0005,$$

ou seja,

$$|x-4|^3 < 0,0005 \times 2^{\frac{11}{2}} = 0,04525\cdots < 0,04526.$$

Daí $|x-4| < \sqrt[3]{0,04526} \approx 0,356$. Deste modo, teremos uma precisão de 0,0005, quando x for tal que $|x-4| < 0,356$, ou seja, quando $x \in (3,644; 4,356)$.

□

EXERCÍCIOS DE AQUECIMENTO

1. Utilize séries de potências para avaliar
$$\lim_{x\to 0} \frac{e^x - 1 - x - x^2}{x^2}.$$

2. Utilize polinômios de Taylor para obter uma aproximação até a segunda casa decimal para ln2 (veja Exemplo 3.29).

Respostas:

1. $-\frac{1}{2}$.

2. 0.692262 (esta precisão é obtida com $n = 7$).

3.18 Exercícios

EXERCÍCIOS GERAIS

1. Determine se a série é convergente, neste caso determine também, se possível, sua soma

a) $\sum_{n=1}^{\infty}\left(-\frac{3}{4}\right)^n$;

b) $\sum_{n=1}^{\infty}\left(\frac{1}{n+3}-\frac{1}{n+4}\right)$;

c) $\sum_{n=1}^{\infty}\frac{1}{(n+2)(n+3)}$

d) $\sum_{n=1}^{\infty}\left(\frac{1}{2^n}-\frac{1}{2^{n+1}}\right)$

e) $\sum_{n=1}^{\infty}2^{2n}3^{1-n}$.

2. Utilize séries para expressar a dízima periódica como uma fração:

a) $0,9999...$

b) $5,37373737...$

c) $0,011111111...$

d) $0,244444444..$

3. Mostre que, para qualquer $x \in \mathbb{R}$, vale a igualdade

$$1-\frac{\operatorname{sen} x}{2}+\frac{\operatorname{sen}^2 x}{4}-\frac{\operatorname{sen}^3 x}{8}+\frac{\operatorname{sen}^4 x}{16}-\frac{\operatorname{sen}^5 x}{32}+\cdots=\frac{2}{2+\operatorname{sen} x}.$$

4. Considere uma bola que caiu de uma altura de um metro. Suponha que ela possua a seguinte propriedade: ao cair de uma altura h ela volta até a metade da altura h. Assumindo que essa bola quique indefinidamente, calcule a distância percorrida por ela.

5. Analise a convergência das séries abaixo. Explicite qual Teste de Convergência você utilizou. No caso de séries cujos termos mudam de sinal, verifique também se as mesmas são absolutamente convergentes, condicionalmente convergentes ou divergentes:

a) $\sum\frac{\cos n\pi}{n^2}$

b) $\sum\frac{e^{\frac{1}{n}}}{n^2}$

c) $\sum\frac{(-1)^n}{\sqrt{\ln n}}$

d) $\sum_{2}^{\infty}\ln\left(\frac{n}{n+1}\right)$

e) $\sum\frac{5n+1}{3n^3+2n-10}$

f) $\sum\frac{\ln n}{n}$

g) $\sum\frac{\sqrt{n}+1}{n^2-4}$

h) $\sum\frac{\ln n}{n^3}$

i) $\sum\frac{n^3-3n^2+5}{7n^2+1}$

j) $\sum\frac{n^2}{e^n}$

k) $\sum\frac{\cos^2 3n}{n\sqrt{n}}$

l) $\sum\frac{1}{n^n}$

m) $\sum \frac{n!}{n^n}$

n) $\sum \frac{n!}{n^n e^n}$

o) $\sum \frac{r^n}{n!}$, onde r é um número positivo.

p) $\sum \frac{(-1)^n \ln n}{n}$

6. Mostre que $\lim\limits_{n \to +\infty} \frac{n!}{n^n} = 0$

   Sugestão: mostre que a série $\sum \frac{n!}{n^n}$ é convergente.

7. Determine o intervalo e o raio de convergência das séries de potências:

   a) $\sum\limits_{n=0}^{\infty} \frac{x^n}{n!}$;

   b) $\sum\limits_{n=1}^{\infty} \frac{x^n}{n}$;

   c) $\sum\limits_{n=0}^{\infty} nx^n$;

   d) $\sum\limits_{n=2}^{\infty} \frac{x^n}{\ln n}$;

   e) $\sum\limits_{n=0}^{\infty} \frac{(-1)^n x^n}{n!}$;

   f) $\sum\limits_{n=0}^{\infty} \frac{(-1)^n (x-3)^n}{2^n}$.

8. Determine o intervalo de convergência da série de potências e encontre uma função familiar que é representada pela série de potências em algum intervalo:

   a) $x + x^3 + x^5 + ... + x^{2n+1} + ...$;

   b) $1 - x^2 + x^4 - x^6 + ... + x^{2n} + ... + (-1)^n x^{2n} + ...$;

   c) $1 + (x-3) + (x-3)^2 + ... + (x-3)^n + ...$

9. Seja f uma função representada pela série de potências

$$f(x) = \sum_{n=0}^{\infty} \frac{(-1)^n (x-7)^n}{4^n}.$$

   a) Encontre o domínio de f;

   b) Calcule, se possível, $f(4)$;

   c) Encontre uma expressão para $f(x)$.

10. Dê o domínio da função $f(x) = \sum\limits_{n=1}^{\infty} \frac{2.4.6...(2n)}{(2n-1)!} x^n$

11. Encontre a série de Maclaurin das funções senh$x$ e cosh$x$.

12. Utilize integração termo a termo para obter a série de Maclaurin de sen$x$, partindo da série de Maclaurin de cos$x$.

13. Parta da série de Maclaurin da função $\frac{1}{1-x}$ para obter a série de Maclaurin das funções abaixo (veja a Observação 3.10) e estabeleça, também, o raio de convergência da série.

a) $\dfrac{1}{1+x}$;

b) $\dfrac{1}{1-x^4}$;

c) $\dfrac{1}{1-3x}$;

d) $\dfrac{1}{4-x}$.

14. Utilize derivação ou integração termo a termo para provar que

a) $\sum\limits_{n=1}^{\infty} nx^n = \dfrac{x}{(1-x)^2}$, para $-1 < x < 1$

b) $\sum\limits_{n=1}^{\infty} \dfrac{x^n}{n} = -\ln(1-x)$, para $-1 < x \leq 1$

c) $\sum\limits_{n=1}^{\infty} (-1)^{n+1}\dfrac{x^n}{n} = \ln(1+x)$, para $-1 < x \leq 1$

15. Use o item anterior para determinar a soma das séries

a) $\sum\limits_{n=1}^{\infty} \dfrac{n}{3^n}$;

b) $\sum\limits_{n=1}^{\infty} (-1)^{n+1}\dfrac{1}{n}$.

16. Nos itens a seguir, encontre a série de Maclaurin para a função em notação de somatório:

a) e^{ax};

b) $\cos(\pi x)$;

c) $\cosh x$;

d) xe^x.

17. Fazendo uma substituição apropriada numa série de Maclaurin conhecida, encontre a série de Maclaurin das funções abaixo e estabeleça o raio de convergência:

a) $\operatorname{sen}(2x)$;

b) $\operatorname{senh}(2x)$;

c) $\dfrac{x^2}{1+3x}$;

d) $\ln\left(\dfrac{1-x}{1+x}\right)$;

e) $\ln\sqrt{1+x}$;

18. Utilize séries de potências para calcular

a) $\lim\limits_{x\to 0} \dfrac{1-\cos x}{x}$;

b) $\lim\limits_{x\to 0} \dfrac{e^x-1}{x}$.

19. Nos itens a seguir, encontre a série de Taylor para a função em notação de somatório em torno do ponto $x = a$:

a) $e^x, a = x_0$.

b) $\dfrac{1}{x}, a = -1$;

c) $\ln x, a = e$.

20. a) Use a série de Maclaurin de $f(x) = \dfrac{1}{1-x}$ para determinar a série de Maclaurin de $g(x) = \dfrac{x}{1+x^2}$;

b) Baseando-se na série encontrada no item anterior, diga qual o valor de $f^{(4)}(0), f^{(5)}(0), f^{(7)}(0)$;

c) Determine qual o valor de $f^{(n)}(0)$.

21. Encontre a soma da série com uma precisão de três casas decimais:

a) $\sum_{n=1}^{\infty} \frac{1}{n^2}$;

b) $\sum_{n=1}^{\infty} \frac{1}{n^3}$;

c) $\sum_{n=0}^{\infty} \frac{1}{n^2+1}$;

d) $\sum_{n=0}^{\infty} \frac{1}{n^3+1}$;

e) $\sum_{n=0}^{\infty} \frac{(-1)^n}{n^2+1}$;

f) $\sum_{n=0}^{\infty} \frac{1}{(2n)!}$.

22. Podemos combinar a Integração termo a termo com a teoria vista para aproximar soma de séries para obter valores aproximados para integrais definidas de funções que não possuem primitivas ou que são muito difíceis de calcular. Considere, por exemplo, o problema de determinar

$$\int_0^1 e^{-x^2}dx.$$

A função $f(x) = e^{-x^2}$ não possui primitiva e, portanto, não podemos aplicar o Teorema Fundamental do Cálculo diretamente. Neste exercício você irá obter um valor aproximado para a integral acima com precisão de três casas decimais.

a) Use a série de Maclaurin de e^x para determinar a série de Maclaurin de e^{-x^2};

b) Use integração termo a termo para mostrar que

$$\int_0^1 e^{-x^2}dx = \sum_{n=0}^{\infty} \frac{(-1)^n}{(2n+1)n!};$$

c) Use o Teorema 3.12 para encontrar uma valor aproximado para a integral com uma precisão de três casas decimais.

23. Use a mesma estratégia do exercício anterior para determinar $\int_0^1 \cos\sqrt{x}dx$ com uma precisão de três casas decimais.

24. Use integração termo a termo para mostrar que

$$\text{arctg}x = \sum_{n=0}^{\infty} (-1)^n \frac{x^{2n+1}}{2n+1} = x - \frac{x^3}{3} + \frac{x^5}{5} - \frac{x^7}{7} + \cdots$$

para todo $x \in [-1,1]$.

25. a) Encontre o Polinômio de Taylor de grau 3, $P_3(x)$, para $f(x) = \text{sen}x$ em torno de $a = 0$ e use-o para encontrar uma aproximação para sen40^0 (lembre-se que $40^0 = \frac{4}{9}\pi$rad). (você irá precisar de uma calculadora para encontrar o valor numérico);

b) Use uma calculadora para comparar o valor de sen40^0 e $P_3\left(\frac{4}{9}\pi\right)$, ou seja, meça o *erro*.

26. Considere a função $f(x) = \sqrt{x}$.

a) Encontre o polinômio de Taylor de f de grau 3, $P_3(x)$, em torno do ponto $a = 1$;

b) calcule $P_3(2)$;

c) qual o erro obtido aproximando $f(2) = \sqrt{2}$ por $P_3(2)$?

27. Considere a função $f(x) = \sqrt{x}$.

a) Encontre o polinômio de Taylor de f de grau 2, $P_2(x)$, em torno do ponto $a = 4$;

b) calcule $P_2(3)$;

c) qual o erro obtido aproximando $f(3) = \sqrt{3}$ por $P_2(3)$?

28. a) Utilize o Teorema 3.13 e uma calculadora para determinar o número de termos da Série de Maclaurin para e^x que devem ser usados para estimar $e^{0,1}$ com precisão de $0,00001$;

b) Utilize o polinômio de Taylor de grau adequado (conforme o item anterior) para obter um valor aproximado, com precisão de $0,00001$, para $e^{0,1}$.

29. Aproxime a função $f(x) = \sqrt[3]{x}$ pelo seu polinômio de Taylor de grau 2 em $a = 8$. Diga qual é a precisão dessa aproximação quando $6 \leq x \leq 10$ e encontre um valor aproximado para $\sqrt[3]{9}$.

30. (ENADE 2014 - ADAPTADA) Um pesquisador necessita da solução de uma equação diferencial ordinária para implementar em seu código computacional. Resolvendo por meio de séries de potências, ele encontra a solução

$$y = \sum_{n=1}^{\infty} \frac{x^n}{n^2}.$$

O pesquisador necessita que a solução seja computada com uma precisão de 0,01 no intervalo $-2 < x < 2$. Para isso, ele escreve os primeiros 200 termos da série no código. No entanto, ao rodar o programa nesse intervalo, ele percebe um comportamento anômalo.

Considerando que o pesquisador não tenha cometido erro ao implementar a série, avalie as afirmações a seguir.

(i) A série não pode representar uma solução no intervalo $-2 < x < 2$, pois diverge para $|x| > 1$;

(ii) São necessários mais termos do que os que o pesquisador escreveu para atingir a precisão requerida no intervalo $-1 < x < 1$;

(iii) A precisão de 0,01 não pode ser atingida por essa série de potências.

Quais das afirmações feitas são corretas? Justifique sua resposta.

31. (ENADE 2005) Considere a progressão geométrica $1, \frac{1}{2}, \frac{1}{2^2}, \frac{1}{2^3}, \cdots$ e denote por S_n a soma de seus n primeiros termos. Ao se levar em conta que, para $x \neq 1$, tem-se

$$\sum_{k=0}^{n-1} x^k = \frac{x^n - 1}{x - 1},$$

conclui-se que o maior número inteiro positivo n para o qual $|S_n - 2| > \frac{1}{3^4}$ é igual a

a) 3; b) 4; c) 5; d) 6; e) 7.

EXERCÍCIOS TEÓRICOS

32. Suponha que a $n-$ésima soma parcial da série $\sum_{n=2}^{\infty} a_n$ seja dada por

$$s_n = \frac{n-1}{n+2}.$$

Mostre que

a) a série $\sum_{n=2}^{\infty} a_n$ é convergente e determine sua soma;

b) $a_n = \dfrac{3}{n^2+n-2}$.

33. Suponha que $a_n \neq 0$ e que $\sum_{n=1}^{\infty} a_n$ seja convergente. O que se pode dizer a respeito da série $\sum_{n=1}^{\infty} \dfrac{1}{a_n}$?

34. Se $a_n \geq 0$ para todo $n \in \mathbb{N}$ e $a_n \to \infty$, mostre que $\sum(a_{n+1} - a_n)$ diverge e que $\sum \left(\dfrac{1}{a_n} - \dfrac{1}{a_{n+1}}\right)$ converge.

35. Mostre que se $\sum a_n$, com $a_n \geq 0$, for convergente então $\sum \dfrac{\sqrt{a_n}}{n}$ também o é.

Sugestão: Use a desigualdade $ab \leq \dfrac{a^2+b^2}{2}$.

36. Coloque Verdadeiro ou Falso, justificando sua resposta:

a) Se $a_n \geq 0$ e $\sum(a_n)^2$ converge então $\sum \dfrac{a_n}{n}$ converge.

b) Se $\sum a_n^2$ é convergente então $\sum a_n$ também será convergente;

c) Se $a_n \geq 0$ e $\sum a_n$ converge então $\sum \dfrac{a_n}{1+a_n}$ é convergente.

37. Sejam a_n e b_n duas sequências de termos positivos. Suponha que

$$\lim_{n\to\infty} \frac{a_n}{b_n} = \infty.$$

Mostre que se $\sum b_n$ for divergente, então $\sum a_n$ é divergente.

38. Sejam a_n e b_n duas sequências de termos positivos. Suponha que

$$\lim_{n\to\infty} \frac{a_n}{b_n} = 0.$$

Mostre que se $\sum b_n$ for convergente, então $\sum a_n$ também é convergente.

39. Demonstre o item (ii) do Teorema 3.13.

40. Utilize o Teste da Razão ou da Raiz para demonstrar o Teorema 3.14.

Capítulo 4

Algumas superfícies no espaço

4.1 Superfícies Cilíndricas

Um cilindro (tradicional) é definido como a superfície obtida quando um retângulo é rotacionado em torno de um de seus lados (ou seja, o eixo de rotação é um dos lados do retângulo). Se o eixo de rotação estiver sobre o eixo z do espaço, obtém-se uma figura similar à apresentada na Figura 52.

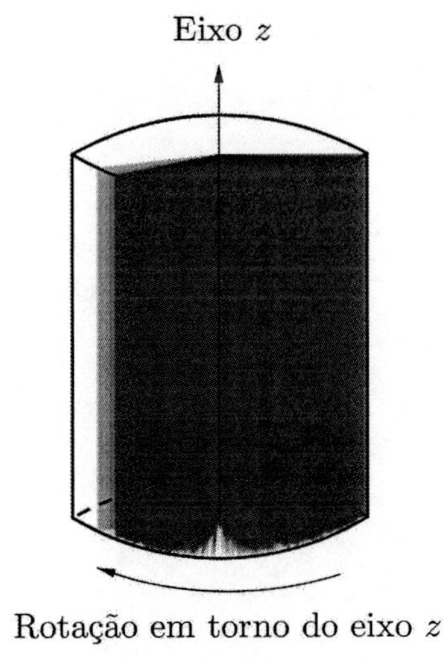

Figura 52 – Cilindro visto como uma superfície de revolução.

Essa maneira tradicional de definir um cilindro se aplica bem ao contexto do ensino médio e a utilizamos no capítulo de aplicações da integral (quando calculamos volumes de sólidos de revolução). Façamos uma abordagem diferente, porém equivalente a esta. Pensemos num círculo ao longo do plano xy com centro na origem e uma reta que passe pelo círculo e seja paralela ao eixo z (essa reta é denominada **geratriz** do cilindro). Se fizermos essa reta caminhar ao longo do círculo e mantendo a propriedade de ser paralela ao eixo z, teremos também um cilindro (essa situação está ilustrada na Figura 53).

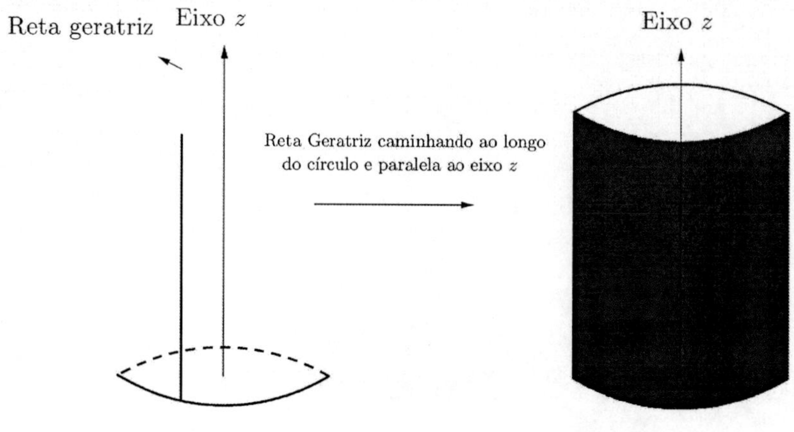

Figura 53 – Cilindro obtido a partir da reta diretriz.

Vale observar que, pensando em termos da reta geratriz, pode-se mudar o círculo por qualquer outra curva plana: parábola, hipérbole, elipse, gráfico de funções. Por exemplo, se mudarmos o círculo pelo gráfico da função modular $y = |x|$ e procedermos como descrito acima, obter-se-á uma superfície como a apresentada na Figura 56 (discutiremos esse caso em detalhes no Exemplo 4.1). Esse tipo de superfície é, também, chamada de cilindro.

Definição 4.1. *Um cilindro é uma superfície constituída pela união de todas as retas, chamadas* ***geratrizes****, que são paralelas a uma reta fixada, chamada* ***eixo*** *do cilindro, e que passam em uma curva dada, chamada curva* ***diretriz****.*

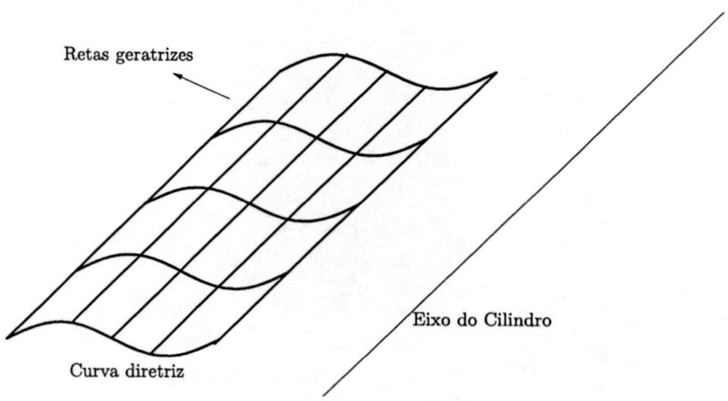

Figura 54 – Ilustração de um cilindro.

Exemplo 4.1. *Faça o esboço do gráfico do cilindro $y = |x|$ no espaço xyz.*

Solução: O esboço do gráfico de $y = |x|$ no plano xy (ou plano $z = 0$) é conhecido. Desejamos, porém, fazer um esboço da equação $y = |x|$ no espaço e, nesse caso, fazemos a seguinte análise: independentemente do valor de z, sempre tem-se $y = |x|$, isto é, nos planos $z = k$ sempre tem-se o traço da curva de equação $y = |x|$. A Figura 56 ilustra esse fato.

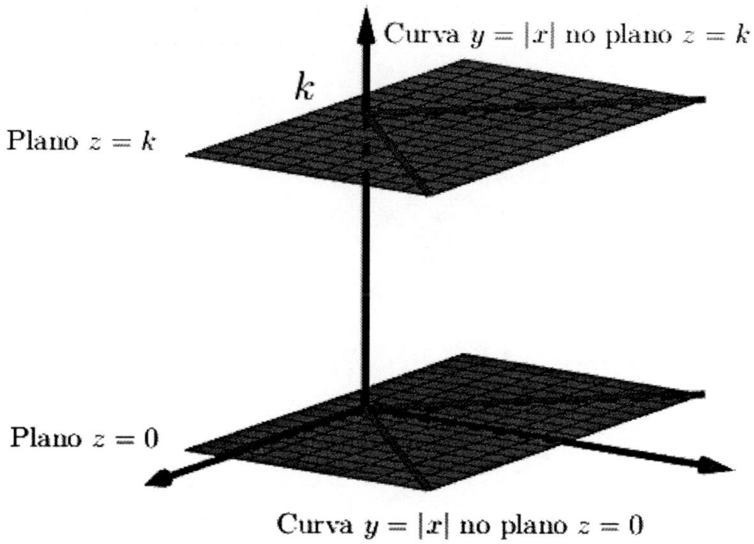

Figura 55 – Esboço das curvas obtidas como interseção do plano $z = k$ e gráfico da equação $y = |x|$ no espaço.

A junção de todas as curvas $y = |x|$ em cada plano $z = k$ é um cilindro no espaço. A Figura 56 apresenta um esboço do cilindro $y = |x|$ no espaço (note que o eixo do cilindro é o eixo z, a curva diretriz é $y = |x|$ no plano xy e as geratrizes são retas paralelas ao eixo z que passam pela curva $y = |x|$).

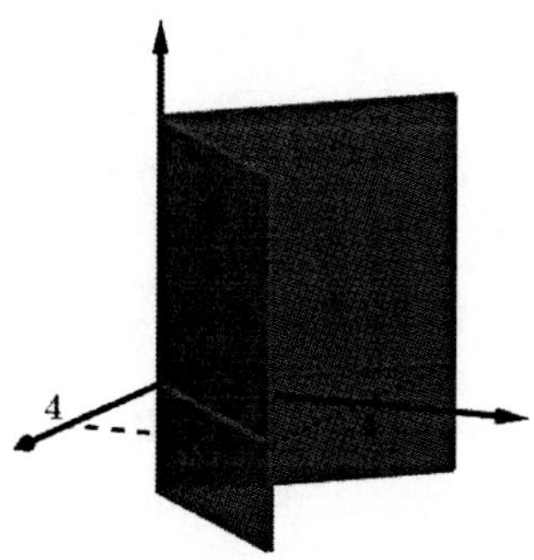

Figura 56 – Esboço do gráfico da equação $y = |x|$ no espaço.

Exemplo 4.2. *Faça um esboço do gráfico da função $z = y^2$ no espaço xyz.*

Solução: Observe que, independentemente do valor de x, tem-se sempre $z = y^2$, isto é, nos planos $x = k$ sempre tem-se uma parábola de equação $z = y^2$. Um esboço do gráfico de $z = y^2$ é apresentado na Figura 57 (note que o eixo do cilindro aqui é o eixo x), nela optamos por colocar $-3 \leq x \leq 5$ e marcamos alguns pontos como aparece na figura.

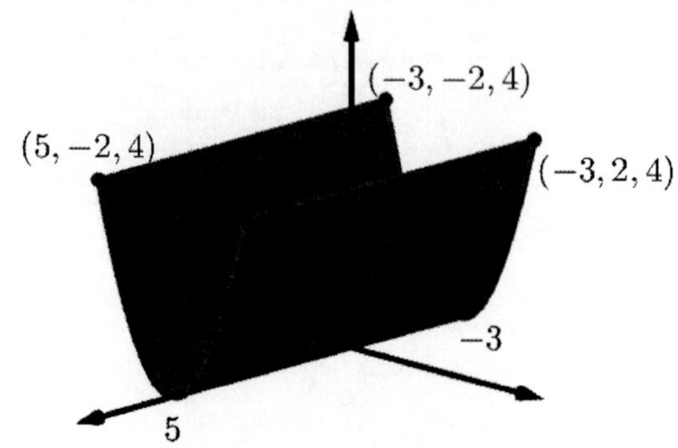

Figura 57 – Cilindro parabólico $z = y^2$.

EXERCÍCIOS DE AQUECIMENTO

1. Faça um esboço do cilindro de equação:

a) $x^2 + z^2 = 1$;

b) $x = |y|$.

4.2 Superfícies Quádricas

Lembre-se que uma equação polinomial do segundo grau em duas variáveis

$$Ax^2 + By^2 + Cxy + Dx + Ey + F = 0, \tag{4.1}$$

representa uma cônica (parábolas, elipses e hipérboles) no plano xy. No espaço $\mathbb{R}^3$, as equações do segundo grau em três variáveis

$$Ax^2 + By^2 + Cz^2 + Dxy + Exz + Fyz + Gx + Hy + Iz + J = 0$$

representam as **superfícies quádricas** que são num total de seis. Com um pouco de álgebra linear é possível mostrar que esse conjunto de seis superfícies cobre todas as possibilidades. Combinando rotações e translações no espaço, podemos considerar a forma canônica

$$\overline{A}X^2 + \overline{B}Y^2 + \overline{C}Z^2 = \overline{D}$$

de (4.1).

O presente capítulo apresenta as seis superfícies quádricas: Elipsoide, Paraboloide Elíptico, Cone Elíptico, Hiperboloide de uma e de duas folhas, e Paraboloide Hiperbólico. Conseguir identificar esses objetos e esboçá-los no espaço $\mathbb{R}^3$ é muito importante, não só pela percepção espacial, mas também para o cálculo de integrais múltiplas.

Assim como no Cálculo de uma variável era importante descobrir as interseções de uma curva com os eixos coordenados, aqui será importante descobrir as interseções da superfície com os planos coordenados. As curvas obtidas pelas interseções da superfície com os planos coordenados (ou planos paralelos a eles) são denominadas **traços** ou **seções transversais** da superfície.

4.3 Paraboloide Elíptico

Façamos o esboço da superfície de equação

$$z = \frac{x^2}{a^2} + \frac{y^2}{b^2}, \text{ em que } a, b > 0, \tag{4.2}$$

analisando os traços:

- Se $z = 0$, então $\frac{x^2}{a^2} + \frac{y^2}{b^2} = 0$, o que implica em $x = y = 0$. Deste modo, o ponto $(0,0,0)$ faz parte da superfície.
- Analisando de forma mais geral, se $z = k$, em que $k \in \mathbb{R}$, então:
  - se $k > 0$, tem-se a equação da elipse $\frac{x^2}{a^2} + \frac{y^2}{b^2} = k$ no plano $z = k$;
  - se $k < 0$, a equação $\frac{x^2}{a^2} + \frac{y^2}{b^2} = k$ não faz sentido (geometricamente, isso significa que a superfície não intercepta o plano $z = k < 0$).

  Deste modo, a superfície de equação (4.2) só intercepta o plano $z = k$ quando $k \geq 0$. A Figura 58 ilustra uma elipse no plano $z = k$, com $k > 0$.

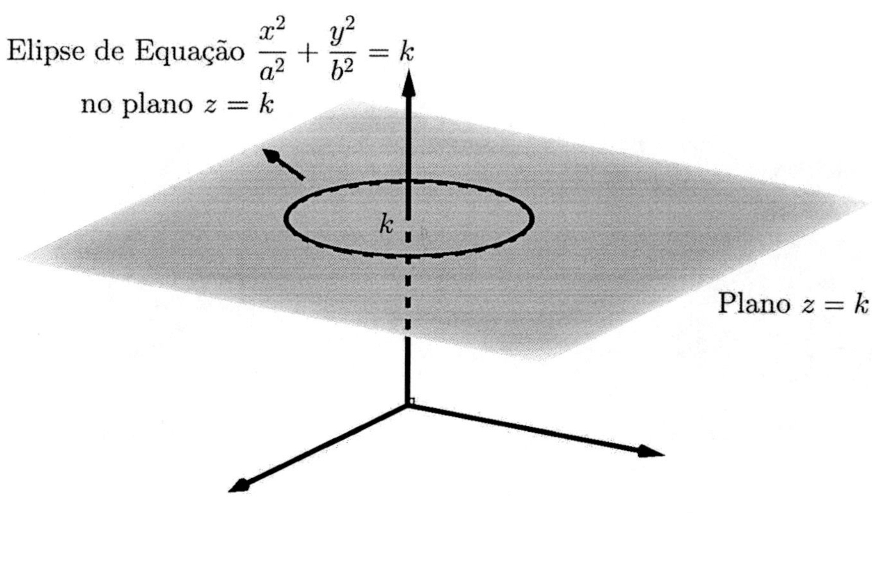

Figura 58 – Elipse no plano $z = k$.

- Se $x = k$, tem-se a equação

$$z = \frac{k^2}{a^2} + \frac{y^2}{b^2}$$

que é a equação de uma parábola, mas no plano $x = k$ (paralelo ao plano yz) e isso ocorre independentemente do valor de k. Em particular, se $k = 0$, tem-se $z = \frac{x^2}{a^2}$. Desenhando essa parábola na Figura 58, obtém-se a Figura $59(a)$.

- Se $y = k$, tem-se:

$$z = \frac{k^2}{a^2} + \frac{y^2}{b^2},$$

que é, também, a equação de uma parábola no plano $y = k$ (paralelo ao plano xz). Note que isso ocorre independentemente do valor de k. Em particular, se $k = 0$, tem-se $z = \frac{y^2}{b^2}$ e seu traço é dado pela Figura 59 (b) — note que já é possível perceber o esboço do Paraboloide Elíptico.

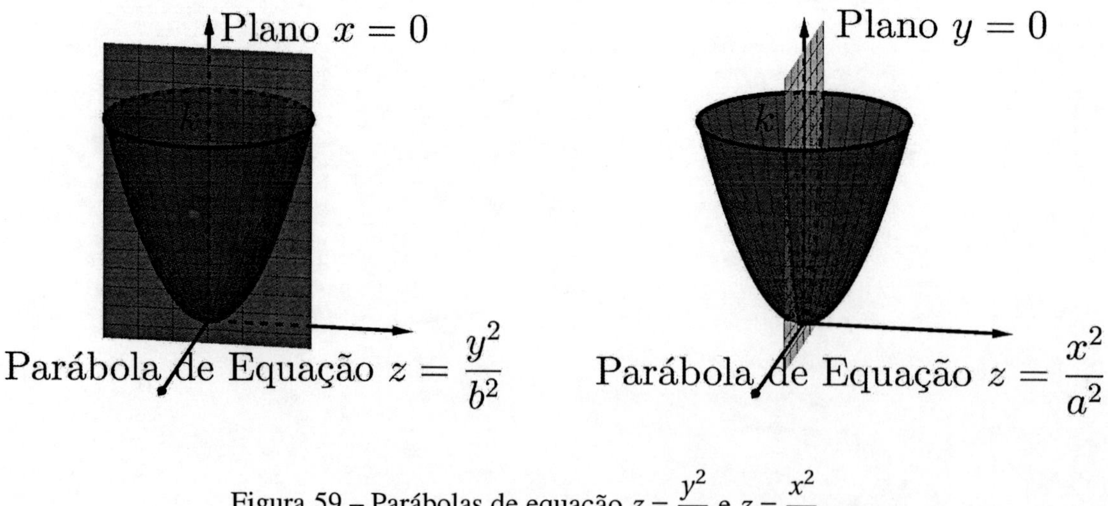

Figura 59 – Parábolas de equação $z = \frac{y^2}{b^2}$ e $z = \frac{x^2}{a^2}$.

A Figura 60 ilustra o gráfico típico de um Paraboloide Elíptico.

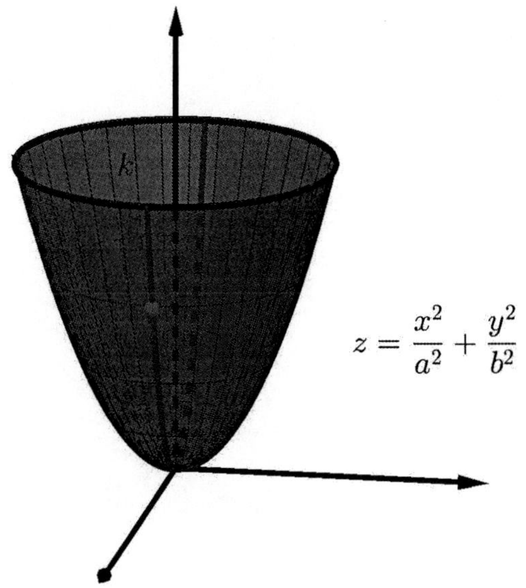

Figura 60 – Gráfico do Paraboloide Elíptico.

Esquematicamente, podemos escrever a tabela:

Plano	Traço	Curva
$z = k > 0$	$\frac{x^2}{a^2} + \frac{y^2}{b^2} = k$	Elipse no plano $z = k$
$x = 0$	$z = \frac{y^2}{b^2}$	Parábola no plano yz
$y = 0$	$z = \frac{x^2}{a^2}$	Parábola no plano xz

4.4 Elipsoide

O esboço gráfico do elipsoide

$$\frac{x^2}{a^2} + \frac{y^2}{b^2} + \frac{z^2}{c^2} = 1, \text{ em que } a, b, c > 0, \tag{4.3}$$

é mais fácil de ser obtido, pois as interseções da superfície com os planos coordenados já nos permitem ter uma boa visualização da superfície.

- Se $z = 0$, obtém-se a equação

$$\frac{x^2}{a^2} + \frac{y^2}{b^2} = 1,$$

  ou seja, temos uma elipse de semi-eixos a e b no plano $z = 0$ (Veja Figura 61).

- Se $y = 0$, obtém-se

$$\frac{y^2}{b^2} + \frac{z^2}{c^2} = 1,$$

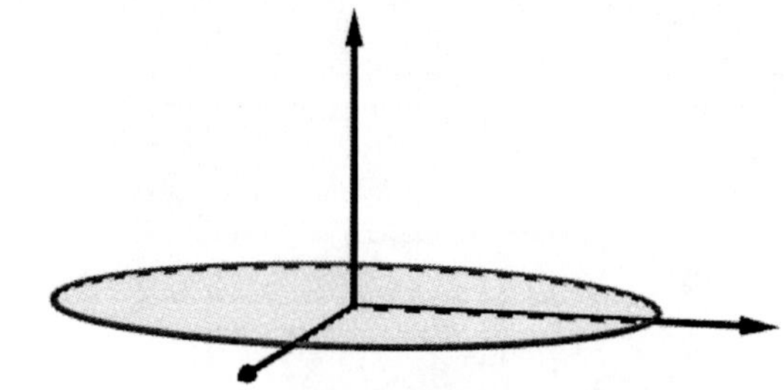

Figura 61 – Elipse no plano $z = 0$.

que é a equação de uma elipse de semi-eixos b e c no plano $y = 0$ (Veja Figura 62) (a).

- Se $x = 0$, então

$$\frac{x^2}{a^2} + \frac{z^2}{c^2} = 1,$$

que é a equação de uma elipse de semi-eixos a e c no plano $x = 0$. Acrescentado o esboço dessa elipse à Figura 62 (a), obtém-se a Figura 62 (b), que é o esboço do Elipsoide.

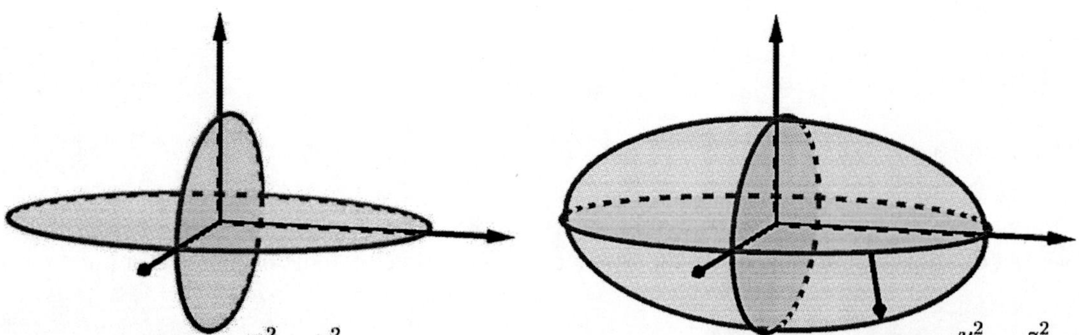

Figura 62 – Elipse no plano $y = 0$ e esboço do Elipsoide.

A Figura 63 mostra um esboço gráfico completo do Elipsoide.

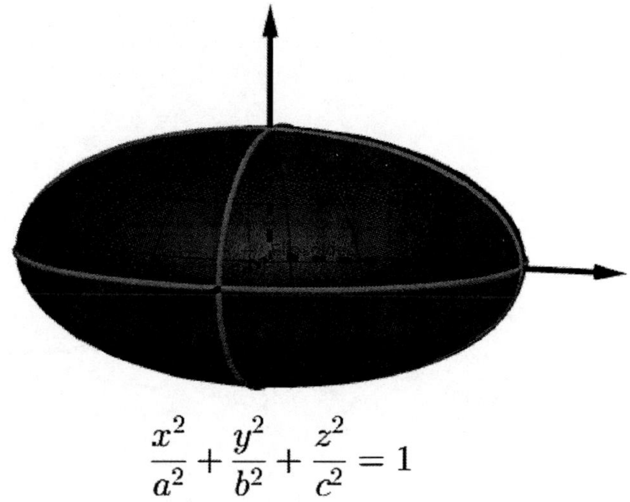

Figura 63 – Esboço gráfico do Elipsoide.

Colocando as informações numa tabela:

Plano	Traço	Curva
$z=0$	$\frac{x^2}{a^2}+\frac{y^2}{b^2}=1$	Elipse no plano xy
$x=0$	$\frac{y^2}{b^2}+\frac{z^2}{c^2}=1$	Elipse no plano yz
$y=0$	$\frac{x^2}{a^2}+\frac{z^2}{c^2}=1$	Parábola no plano xz

4.5 Cone Elíptico

A Equação canônica do Cone Elíptico é

$$\frac{z^2}{c^2}=\frac{x^2}{a^2}+\frac{y^2}{b^2}, \text{ em que } a,b,c>0. \tag{4.4}$$

- Se $z=0$, então obtém-se apenas o ponto $(0,0,0)$, ou seja a origem fará parte da superfície.
- Se $z=k$ na equação (4.4), tem-se a equação da elipse

$$\frac{x^2}{a^2}+\frac{y^2}{b^2}=\frac{k^2}{c^2}$$

no plano $z=k$ (note que obtém-se a mesma equação se considerarmos $z=-k$). A Figura 64 ilustra as elipses obtidas nos planos $z=\pm k$.

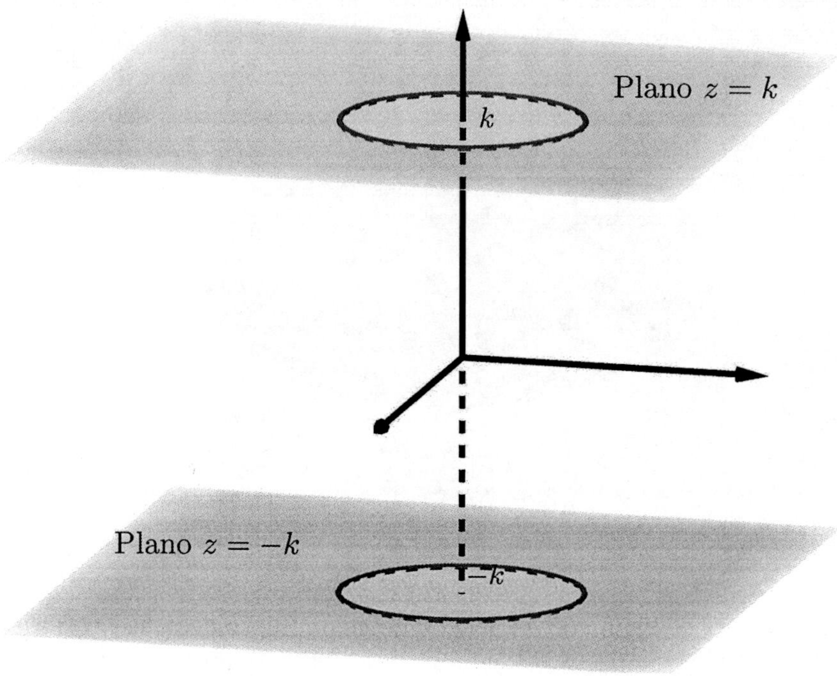

Figura 64 – Círculos no plano $z = k$.

- Se $y = 0$, tem-se a equação $\frac{z^2}{c^2} = \frac{x^2}{a^2}$, equivalente a $z = \pm\frac{c}{a}|x|$. Note que esta última representa um par de retas no plano $y = 0$ (plano xz). Acrescentando esse par de retas à Figura 65, obtém-se a Figura 65 (a) que é o esboço do cone elíptico.

- Se $y = k$, tem-se a equação da hipérbole: $\frac{z^2}{c^2} - \frac{x^2}{a^2} = \frac{k^2}{b^2}$ no plano $y = k$, paralelo ao plano xz (esses traços não são necessários para a visualização da superfície).

- Se $x = 0$, tem-se a equação $\frac{z^2}{c^2} = \frac{y^2}{b^2}$, equivalente a $z = \pm\frac{c}{b}|y|$, que representa um par de retas no plano $x = 0$ (plano yz). Acrescentando esse par de retas à Figura 64, obtém-se a Figura 65 (b).

- Se $x = k > 0$, tem-se a equação da hipérbole: $\frac{z^2}{c^2} - \frac{y^2}{b^2} = \frac{k^2}{a^2}$ no plano $x = k$, paralelo ao plano yz (esses traços, porém, não serão necessários para que possamos visualizar a superfície).

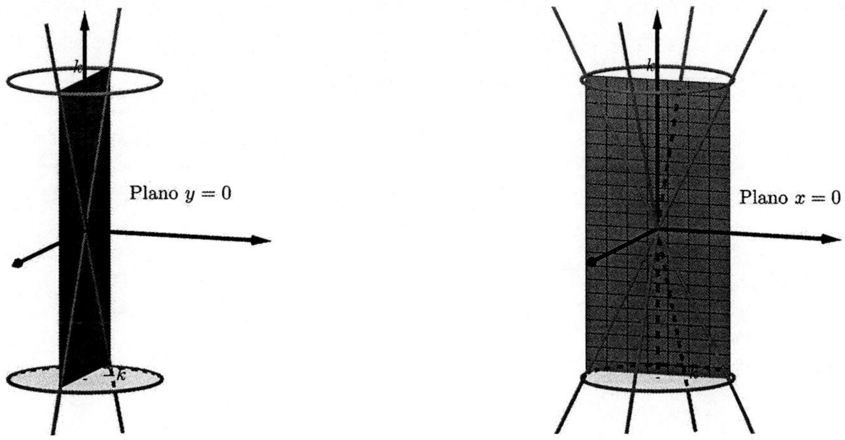

Figura 65 – Par de retas no plano yz.

A Figura 63 mostra um esboço gráfico completo do Elipsoide.

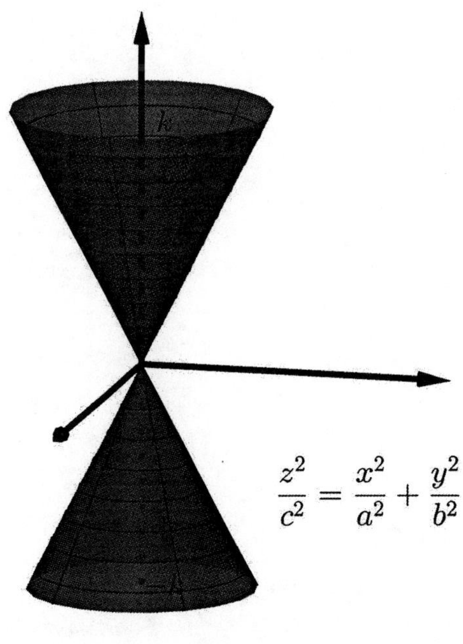

Figura 66 – Esboço gráfico do cone elíptico

Colocando as informações numa tabela:

Plano	Traço	Curva
$z = k \neq 0$	$\frac{x^2}{a^2} + \frac{y^2}{b^2} = \frac{k^2}{c^2}$	Elipse no plano $z = k$
$x = 0$	$z = \pm\frac{y}{b}$	Par de retas no plano yz
$y = 0$	$z = \pm\frac{x}{a}$	Par de retas no plano xz

4.6 Hiperboloide de uma folha

O esboço gráfico da equação

$$\frac{x^2}{a^2} + \frac{y^2}{b^2} - \frac{z^2}{c^2} = 1, \text{ em que } a, b, c > 0. \tag{4.5}$$

é dito **Hiperboloide de uma folha**. Vejamos como realizar seu esboço:

- Se $z = k$:

$$\frac{x^2}{a^2} + \frac{y^2}{b^2} = 1 + \frac{k^2}{c^2}.$$

Como $1 + \frac{k^2}{c^2} > 0$ para todo $k \in \mathbb{R}$, essa equação representa uma elipse no plano $z = k$ (paralelo ao plano xy) para todo $k \in \mathbb{R}$. Os semi-eixos dessa elipse são dados por $\frac{a}{\sqrt{1 + \frac{k^2}{c^2}}}$ e $\frac{b}{\sqrt{1 + \frac{k^2}{c^2}}}$. Observe que obtém-se o mesmo resultado se $z = -k$. A configuração gráfica das elipses nos planos $z = k$ e $z = -k$ é dada na Figura 67.

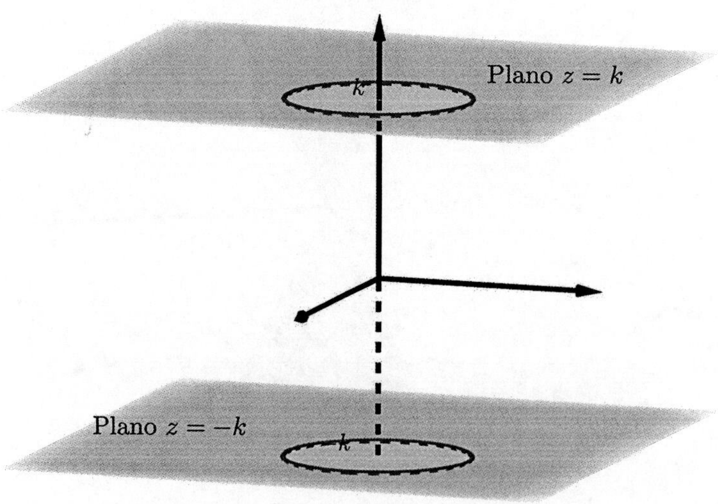

Figura 67 – Elipses nos planos $z = \pm k$.

- Se $x = k$, obtém-se a equação

$$\frac{y^2}{b^2} - \frac{z^2}{c^2} = 1 - \frac{k^2}{a^2}.$$

Para cada valor de k, a equação representa uma hipérbole no plano $x = k$ (paralelo ao plano yz).

- Se $k = 0$, obtém-se a interseção da superfície com o plano yz e esta hipérbole é acrescentada à Figura 67 para obter a Figura 68 (a).

- Se $y = k$, obtém-se a equação $\frac{x^2}{a^2} - \frac{z^2}{c^2} = 1 + \frac{k^2}{b^2}$ que representa, para cada valor de k, uma hipérbole no plano $y = k$ (paralelo ao plano xz).

- Se $k = 0$, obtém-se a interseção da superfície com o plano xz e esta hipérbole é acrescentada à Figura 67 para obter a Figura 68 (b).

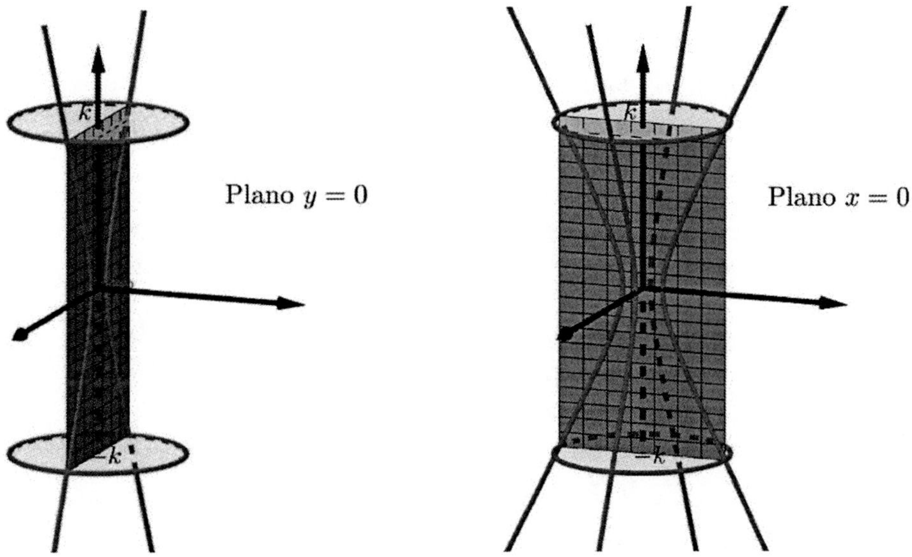

Figura 68 – Hipérbole no plano yz.

A Figura 69 mostra um esboço gráfico completo do Hiperboloide de uma folha.

Colocando as informações numa tabela:

Plano	Traço	Curva
$z = k$	$\frac{x^2}{a^2} + \frac{y^2}{b^2} = 1 + \frac{k^2}{c^2}$	Elipse no plano $z = k$
$x = 0$	$\frac{y^2}{b^2} - \frac{z^2}{c^2} = 1$	Hipérbole no plano yz
$y = 0$	$\frac{x^2}{a^2} - \frac{z^2}{c^2} = 1$	Hipérbole no plano xz

4.7 Hiperboloide de duas folhas

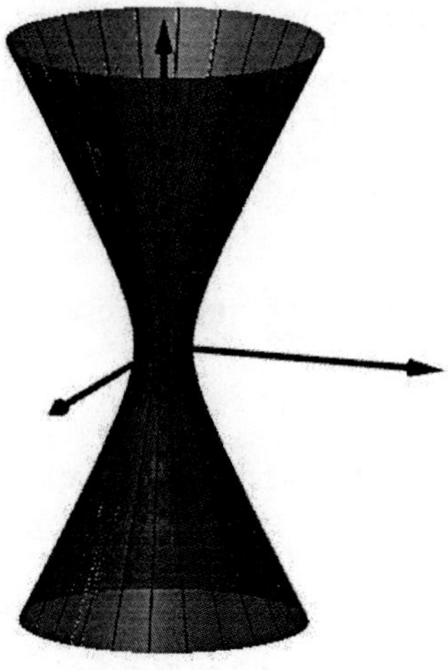

Figura 69 – Hiperboloide de Uma Folha.

A Equação canônica do Hiperboloide de duas folhas é

$$\frac{z^2}{c^2} - \frac{x^2}{a^2} - \frac{y^2}{b^2} = 1, \text{ em que } a, b, c > 0. \tag{4.6}$$

- Se $z = k$, obtém-se a equação $\frac{x^2}{a^2} + \frac{y^2}{b^2} = \frac{k^2}{c^2} - 1$. Essa última equação só fará sentido se $\frac{k^2}{c^2} - 1 \geq 0$, ou seja $|k| \geq c$. Isso nos diz que o plano $z = k$ não intercepta a superfície quádrica se $|k| < c$.

  - No caso em que $|k| = c$, tem-se os pontos $(0, 0, \pm c)$.

  - Caso $|k| > c$ ter-se-á a equação de uma elipse nos planos $z = \pm k$. A configuração gráfica dessas elipses é dada na Figura 70.

- Se $x = k$, obtém-se a equação da hipérbole $\frac{z^2}{c^2} - \frac{y^2}{b^2} = 1 + \frac{k^2}{a^2}$ no plano $x = k$.

- Se $k = 0$, tem-se a hipérbole (no plano yz) de equação $\frac{z^2}{c^2} - \frac{y^2}{b^2} = 1$ (veja Figura 71 (a)).

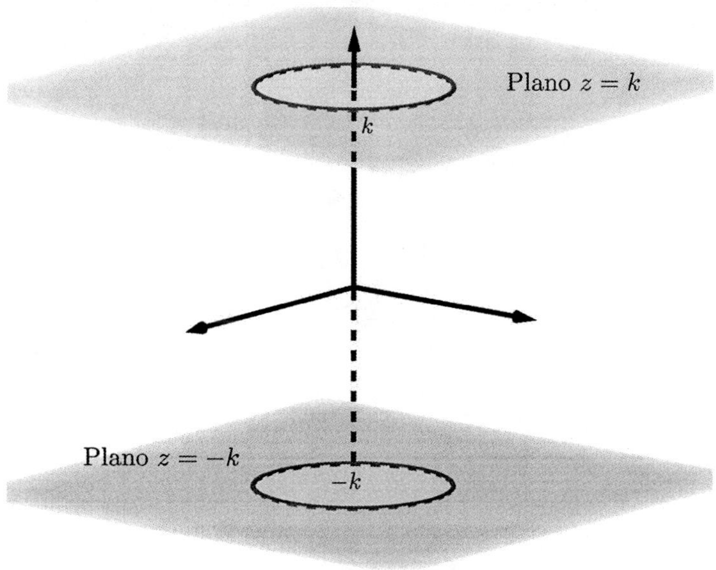

Figura 70 – Elipse nos planos $z = \pm k$ e os pontos $(0,0,\pm c)$.

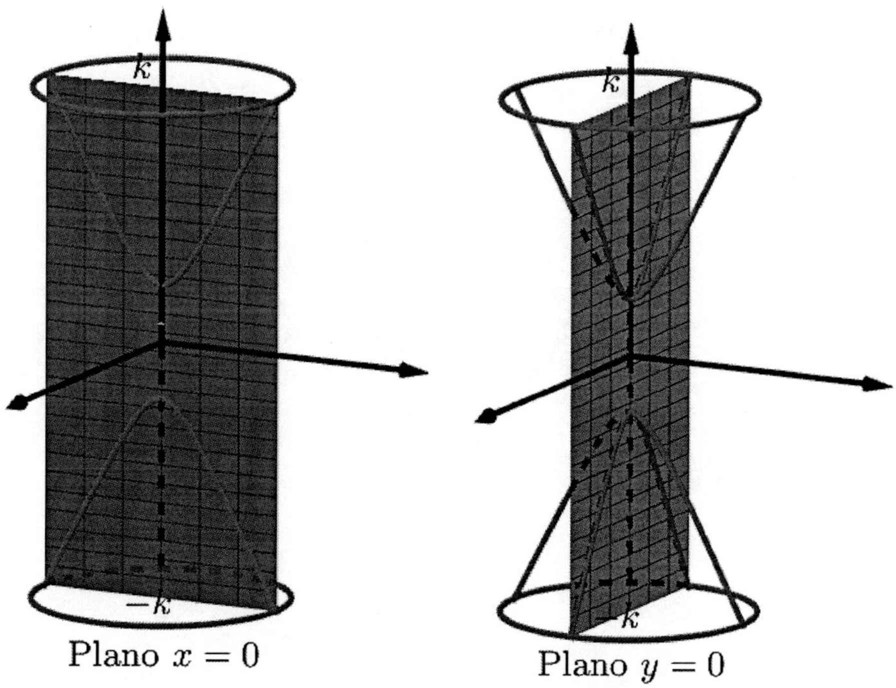

Figura 71 – Hipérboles: (a) no plano yz, (b) no plano xz.

- Se $y = k$, obtém-se a equação da hipérbole $\dfrac{z^2}{c^2} - \dfrac{x^2}{a^2} = 1 + \dfrac{k^2}{b^2}$ no plano $y = k$.

- Se $k = 0$, tem-se que $\dfrac{z^2}{c^2} - \dfrac{x^2}{a^2} = 1$ é a equação de uma hipérbole no plano yz e a Figura 71 (b) nos fornece a configuração da superfície.

A Figura 72 mostra um esboço gráfico completo do Hiperboloide de Duas Folhas. Colocando as informações numa

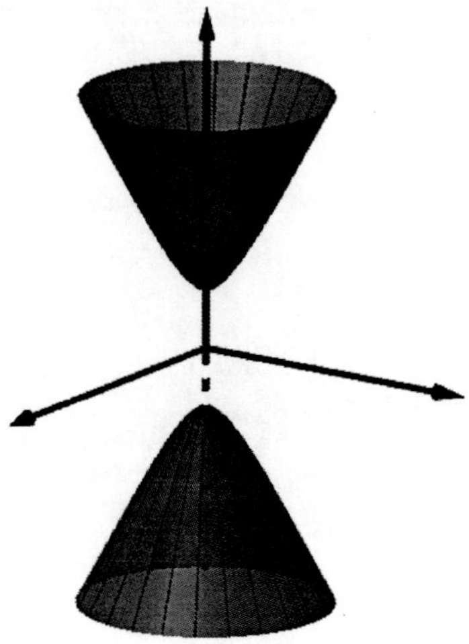

Figura 72 – Hiperboloide de duas folhas.

tabela:

Plano	Traço	Curva
$z = k$	$\frac{x^2}{a^2} + \frac{y^2}{b^2} = \frac{k^2}{c^2} - 1$	Elipse no plano $z = k$ se $\lvert k\rvert > c$
$x = 0$	$\frac{z^2}{c^2} - \frac{y^2}{b^2} = 1$	Hipérbole no plano yz
$y = 0$	$\frac{z^2}{c^2} - \frac{x^2}{a^2} = 1$	Hipérbole no plano xz

4.8 Paraboloide Hiperbólico

A Equação do Paraboloide Hiperbólico

$$z = \frac{y^2}{b^2} - \frac{x^2}{a^2}, \text{ em que } a, b > 0, \tag{4.7}$$

difere da equação do Paraboloide Elíptico apenas pelo sinal de menos no lado direito da igualdade acima. Veremos que isso muda radicalmente a configuração gráfica da Equação. Esse exemplo é aquele em que os estudantes apresentam maior dificuldade. Passemos a analisar os traços:

- Se $x = k$, obtém-se a equação $z = \frac{y^2}{b^2} - \frac{k^2}{a^2}$ que é a equação de uma parábola com concavidade para cima em relação ao eixo z e no plano $x = k$.
- Se $k = 0$, tem-se a equação $z = \frac{y^2}{b^2}$ cujo esboço aparece na Figura 73.

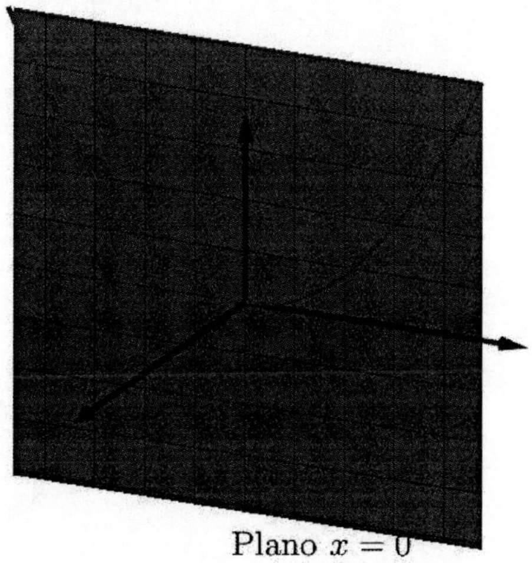

Figura 73 – Parábola de Equação $\frac{z}{c} = \frac{y^2}{b^2}$ no plano $x = 0$.

- Se $y = k$, obtém-se a equação da parábola com concavidade para baixo: $z = -\frac{x^2}{a^2} + \frac{k^2}{b^2}$.
- Caso $k = 0$, tem-se uma parábola de equação $z = -\frac{x^2}{a^2}$ cujo esboço gráfico aparece na Figura 74.

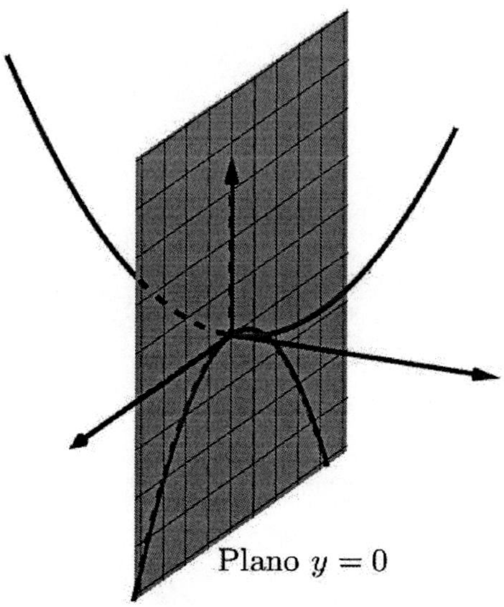

Figura 74 – Parábola de equação $z = -\frac{x^2}{a^2}$ no plano $y = 0$.

- Se $z = k$, obtém-se a equação da hipérbole $\frac{y^2}{b^2} - \frac{x^2}{a^2} = k$. Observe que:
  - se $k > 0$ então os vértices das hipérboles estão no eixo y como ilustra a Figura 75 (a);

– se $k < 0$, os vértices das hipérboles estão no eixo x como ilustra a Figura 75 (b);

Figura 75 – Hipérboles nos planos $z = k > 0$ e $z = k < 0$.

– se $k = 0$ tem-se um par de retas: $y = \pm\frac{b}{a}$, conforme ilustra a Figura 76.

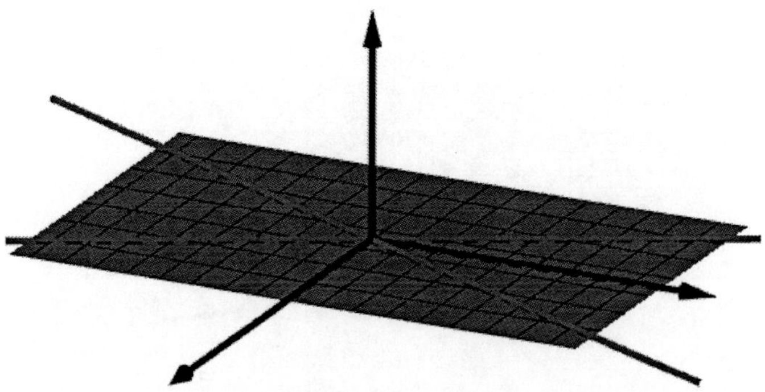

Figura 76 – Parábola de equação $z = \frac{y^2}{b^2}$ no plano $x = 0$.

A Figura 77 ilustra várias hipérboles obtidas para $k > 0$ e $k < 0$ e a figura 78 apresenta um esboço do paraboloide hiperbólico..

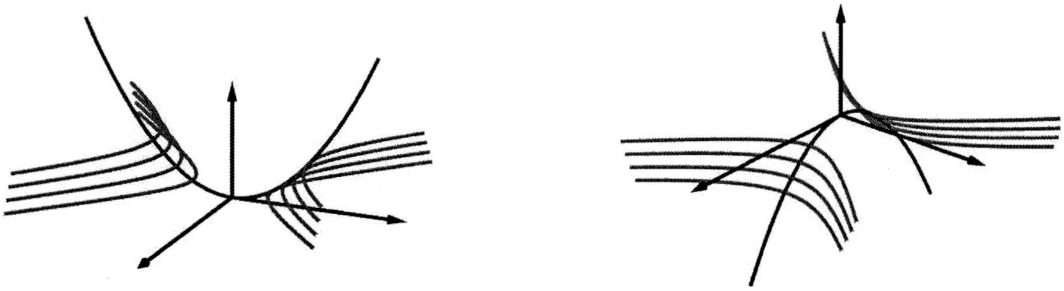

Figura 77 – Hipérboles nos planos $z = k > 0$ e $z = k < 0$.

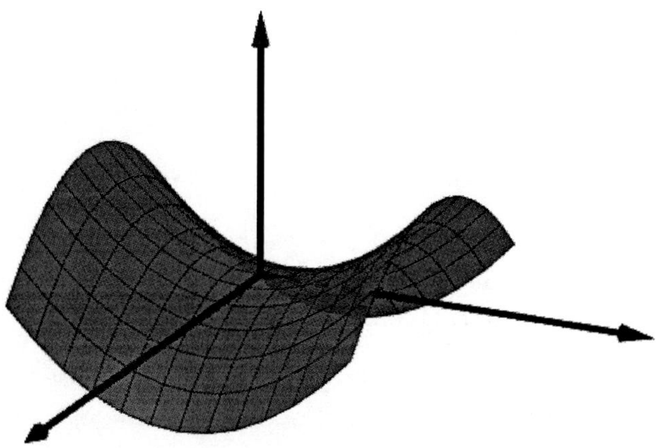

Figura 78 – Paraboloide Hiperbólico.

Colocando as informações numa tabela:

Plano	Traço	Curva
$z = k$	$\frac{y^2}{b^2} - \frac{x^2}{a^2} = k$	Hipérbole no plano $z = k$
$x = 0$	$z = \frac{y^2}{b^2}$	Parábola no plano yz
$y = 0$	$z = -\frac{x^2}{a^2}$	Parábola no plano xz

4.9 Exemplos

Antes de enunciar alguns exemplos, vale observar que podemos elaborar uma tabela com as quádricas exibidas nas seções deste capítulo:

Equação	Superfície quádrica
$z = \frac{x^2}{a^2} + \frac{y^2}{b^2}$	Paraboloide Elíptico
$\frac{x^2}{a^2} + \frac{y^2}{b^2} + \frac{z^2}{c^2} = 1$	Elipsoide
$\frac{z^2}{c^2} = \frac{x^2}{a^2} + \frac{y^2}{b^2}$	Cone Elíptico
$\frac{x^2}{a^2} + \frac{y^2}{b^2} - \frac{z^2}{c^2} = 1$	Hiperboloide de uma folha
$\frac{z^2}{c^2} - \frac{x^2}{a^2} - \frac{y^2}{b^2} = 1$	Hiperboloide de duas folhas
$z = \frac{y^2}{b^2} - \frac{x^2}{a^2}$	Paraboloide Hiperbólico

Vale observar, entretanto, que **não** é necessário memorizar o quadro acima.

Exemplo 4.3. *Faça o esboço gráfico das quádricas abaixo*

(a) $z^2 = x^2 + \frac{y^2}{4}$; *(b)* $y = x^2 + z^2$.

Solução:

1. Esse é o caso do cone elíptico, como o leitor pode observar na tabela apresentada no início dessa seção. Na Seção 5.3, apresentamos o esboço geral de um cone elíptico. Para esboçar uma quádrica específica, marcamos alguns pontos na figura que a representa e pode-se escolher valores específicos para x, y, z no sentido de permitir que o desenho fique mais fiel à superfície. Por exemplo, tomando $z = \pm 1$, teremos as equações das elipses $x^2 + \frac{y^2}{4} = 1$, de modo que os pontos $(0, \pm 2, 1)$, $(\pm 1, 0, 1)$, $(0, \pm 2, -1)$, e $(\pm 1, 0, -1)$, também pertencem ao cone. Utilizando essas informações e a tabela

Plano	Traço	Curva
$z = 1$	$x^2 + \frac{y^2}{4} = 1$	Elipse no plano xy
$x = 0$	$z^2 + \frac{y^2}{4} = 1$	Elipse no plano yz
$y = 0$	$z^2 + \frac{y^2}{4} = 1$	Parábola no plano xz

temos que o esboço do cone é representado pela Figura 79.

2. Construímos a tabela:

Plano	Traço	Curva
$y = 4$	$y = x^2 + z^2$	Elipse no plano $y = 4$
$x = 0$	$y = z^2$	Parábola no plano yz
$z = 0$	$y = x^2$	Parábola no plano yz

e a partir dela, obtemos a Figura 80 que ilustra o Paraboloide deste exemplo.

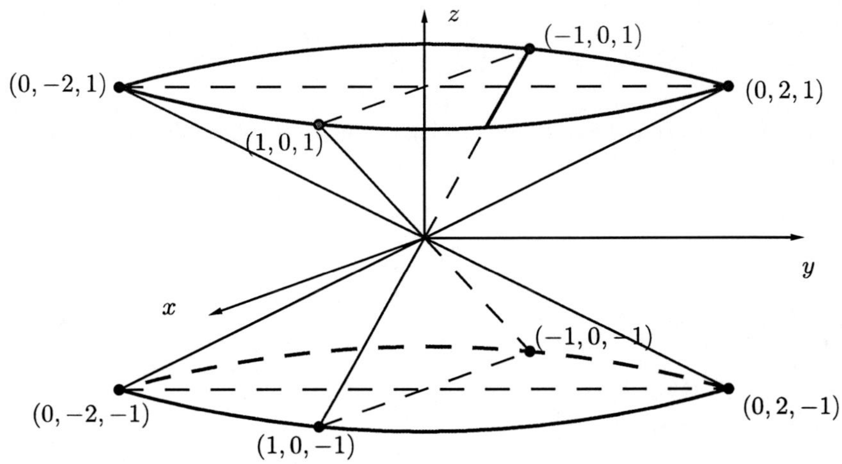

Figura 79 – Exemplo 4.3 (*a*)

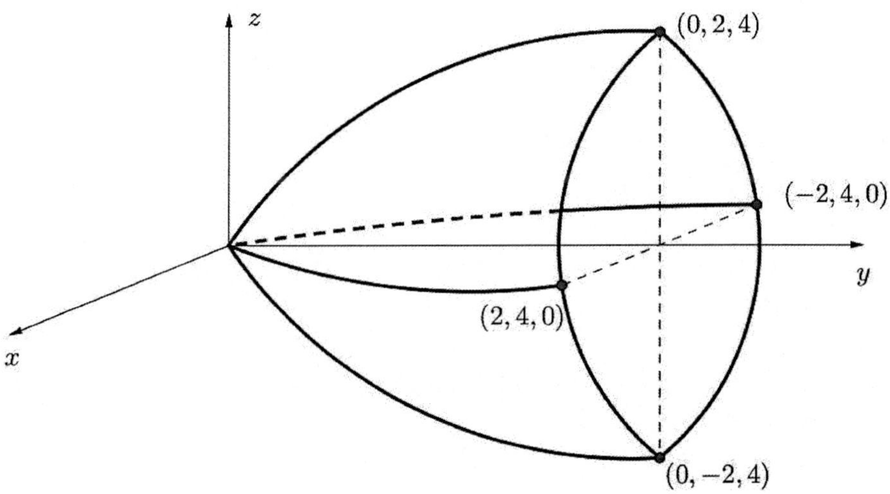

Figura 80 – Exemplo 4.3 (*b*)

4.10 Exercícios

EXERCÍCIOS GERAIS

1. Faça um esboço do gráfico das superfícies cilíndricas:

a) $y = x^2 + 1$;

b) $\dfrac{x^2}{9} - \dfrac{y^2}{4} = 1$;

c) $z = \cos y$;

d) $z = x^2$.

2. Faça um esboço das superfícies (não se esqueça de demarcar as coordenadas de alguns pontos):

a) $\dfrac{x^2}{4} + \dfrac{y^2}{9} - z^2 = -1$;

b) $\dfrac{x^2}{4} + \dfrac{y^2}{9} - z^2 = 1$;

c) $x^2 + y^2 + z^2 = 4$;

d) $z = 2x^2 + y^2$;

e) $z^2 = 4x^2 + y^2$;

f) $x = z^2 + y^2$

g) $z = y^2 - x^2$

h) $y = 2x^2 + z^2$.

3. Identifique qual quádrica a equação representa e faça um esboço:

a) $z^2 + y^2 + x^2 + 2z - 4y - 2x = 3$;

b) $-2 - x^2 + y + 4z - z^2 = 0$;

c) $y^2 + 2y - x^2 - 6x - z^2 - 10z = 34$;

d) $-\dfrac{x}{2} + \dfrac{x^2}{4} + \dfrac{2y}{9} + \dfrac{y^2}{9} + 2z - z^2 = \dfrac{59}{36}$.

4. Denote, respectivamente, por S e T as superfícies de equação $z = \sqrt{x^2 + y^2}$ e $x^2 + y^2 = 4$.

   a) Faça um esboço da região de $\mathbb{R}^3$ limitada pelas superfícies S e T;

   b) Qual a curva obtida pela interseção de S e T?

5. Seja S a superfície de $\mathbb{R}^3$ com a propriedade: todo ponto $(x, y, z) \in S$ é equidistante de $(0, 0, 1)$ e do plano de equação $z = -1$. Encontre a equação para a superfície S e diga se S é alguma superfície conhecida.

6. Considere os pontos $F_1 = (0, 0, -6)$ e $F_2 = (0, 0, 6)$. Seja S a superfície com a propriedade: todo ponto $P = (x, y, z) \in S$ é tal que

$$|PF_1 - PF_2| = 4.$$

   Encontre uma equação para S e diga se S é alguma superfície conhecida.

EXERCÍCIOS TEÓRICOS

1. Dados $a, b > 0$, considere os pontos $F_1 = (0, 0, -a)$ e $F_2 = (0, 0, a)$. Seja S a superfície com a propriedade: todo ponto $P = (x, y, z) \in S$ é tal que

$$|PF_1 - PF_2| = b.$$

   Mostre que

   a) se $b < 2a$, então S é um hiperboloide de duas folhas;

   b) se $b > 2a$, então S é um elipsoide;

   c) se $b = 2a$, então S se degenera em um ponto.

2. Nas mesmas condições do exercícios anterior, considere a superfície S com a propriedade: todo ponto $P = (x, y, z) \in S$ é tal que
$$|PF_1 + PF_2| = b.$$
Mostre que as mesmas conclusões retiradas no exercício anterior são válidas, isto é

   a) se $b < 2a$, então S é um hiperboloide de duas folhas;

   b) se $b > 2a$, então S é um elipsoide;

   c) se $b = 2a$, então S se degenera em um ponto.

Capítulo 5

Funções de Várias Variáveis

Lembre-se que uma função $f : A \to B$ é uma regra (ou lei) que associa cada ponto do conjunto A a um único ponto do conjunto B. Neste caso, A e B são ditos, respectivamente, domínio e contradomínio de f. A imagem de uma função f é o conjunto

$$\text{Im}f = \{z \in B : \text{ existe } x \in A \text{ tal que } z = f(x)\}.$$

Dada uma lei de formação de uma função, é comum denotar na literatura o domínio de f como sendo o maior conjunto para o qual a expressão tenha sentido. Se, por exemplo, $f(x) = \sqrt{x}$, então seu domínio é $\text{Dom}(f) = \{x \in \mathbb{R} : x \geq 0\}$.

Como é natureza do Cálculo, nos limitaremos a estudar funções definidas em subconjuntos de

$$\mathbb{R}^n = \{(x_1, x_2, \cdots, x_n) : x_i \in \mathbb{R} \text{ para } 1 \leq i \leq n\}.$$

Neste capítulo, estudaremos as chamadas funções reais de várias variáveis, ou seja, aquelas da forma

$$\begin{array}{rccc} f: & A & \to & \mathbb{R} \\ & x & \to & f(x) \end{array}$$

em que A é um subconjunto $\mathbb{R}^n$.

Exemplo 5.1. *Encontre o domínio de f e faça uma representação gráfica desse conjunto quando:*

1. $f(x, y) = \dfrac{x}{x - y}$;
2. $h(x, y) = ln(x^2 - y^2)$;
3. $g(x, y, z) = \dfrac{\sqrt{16 - x^2 - y^2 - z^2}}{x^2 + 1}$.

Solução: Para resolver exemplos desse tipo, é necessário que tenhamos em mente o domínio das funções básicas do Cálculo de funções de uma variável. Observe:

1. Lembre-se que a função $\sqrt{u}$ só faz sentido quando $u > 0$. Isso é traduzido em linguagem matemática dizendo que o domínio de $\sqrt{u}$ é o conjunto do números reais positivos. Deste modo, para a expressão $f(x, y) = \dfrac{x}{x - y}$

ter sentido, é necessário que seja positivo o termo que aparece dentro do argumento da raiz, isto é $x - y > 0$. Assim, o domínio de f é o conjunto

$$\text{Dom} f = \{(x, y) \in \mathbb{R}^2 : y < x\}.$$

Uma representação gráfica do domínio de f é dada na Figura 81.

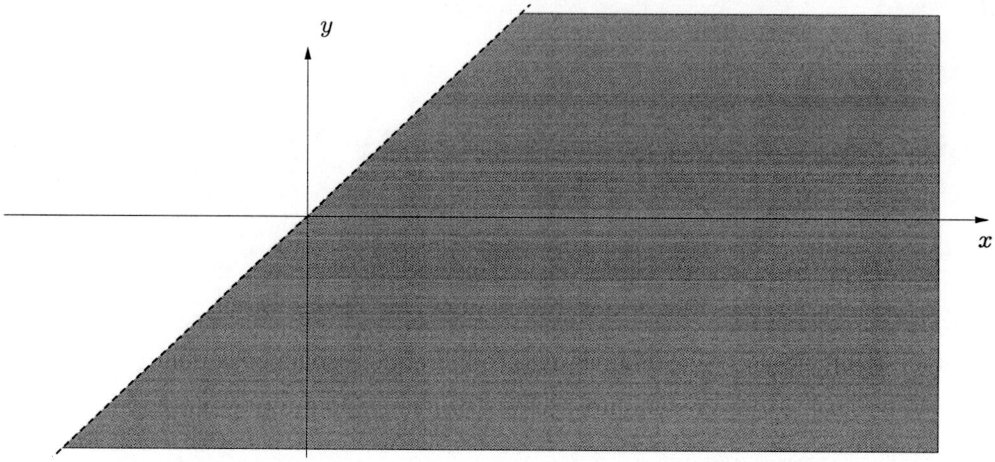

Figura 81 – Esboço gráfico do domínio de $f(x, y) = \dfrac{x}{x - y}$.

2. Neste exemplo, temos um logaritmo e este só faz sentido quando seu argumento é positivo, isto é, se estamos com $\ln u$, devemos ter $u > 0$. Como $h(x, y) = \ln(x^2 - y^2)$ devemos ter $x^2 - y^2 > 0$, ou seja, $y^2 < x^2$. Extraindo a raiz quadrada, obtém-se $|y| < |x|$:

$$\text{Dom}(h) = \{(x, y) \in \mathbb{R}^2 : |y| < |x|\}(\text{Veja Figura 82}).$$

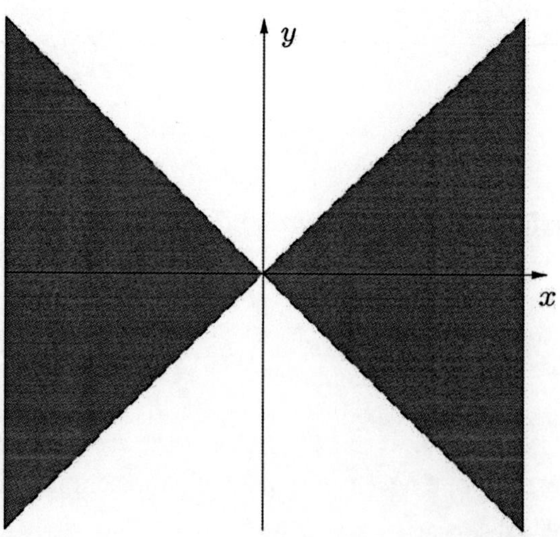

Figura 82 – Esboço gráfico do domínio de h.

3. Uma vez que o denominador é sempre positivo ($\sqrt{x^2+1} > 0$), precisamos no preocupar apenas como numerador que possui uma raiz quadrada. Neste caso, $g(x,y,z) = \dfrac{\sqrt{16-x^2-y^2-z^2}}{x^2+1}$ só fará sentido se $16-x^2-y^2-z^2 \geq 0$, de modo que

$$\text{Dom}g = \{(x,y,z) \in \mathbb{R}^3 : x^2+y^2+z^2 \leq 16\}.$$

Geometricamente, o domínio de g é a esfera de equação $x^2+y^2+z^2 = 16$ unida com sua parte interna (uma bola de raio 4). A Figura 83 ilustra o domínio de g graficamente.

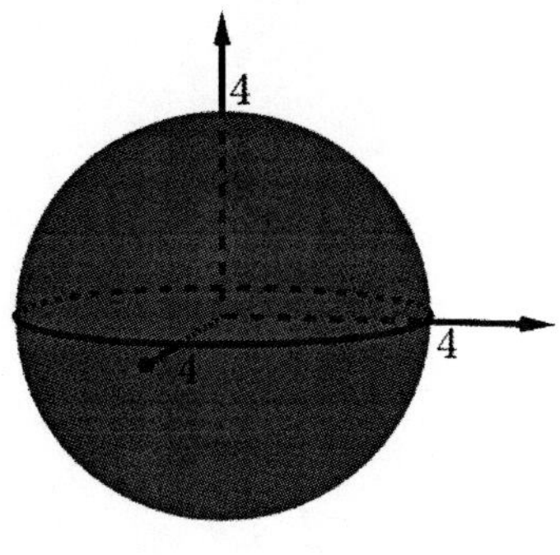

Figura 83 – Esboço gráfico do domínio de $g(x,y,z) = \dfrac{\sqrt{16-x^2-y^2-z^2}}{x^2+1}$.

Exemplo 5.2. *Faça um esboço do gráfico de* $f(x,y) = \sqrt{y^2-x^2}$.

Solução: Denote $z = \sqrt{y^2-x^2}$. Daí, $z^2 = y^2 - x^2$, ou seja, $y^2 = x^2 + z^2$. Essa equação descreve um cone no espaço:

Plano	Traço	Curva
$y = k > 0$	$x^2 + z^2 = k^2k$	Círculo no plano $y = k$
$x = 0$	$\lvert z\rvert = \lvert y\rvert$	Par de retas no plano yz
$y = 0$	$\lvert z\rvert = \lvert x\rvert$	Par de retas no plano xz

Como queremos a parte positiva de z, a Figura 84 apresenta o gráfico de f.

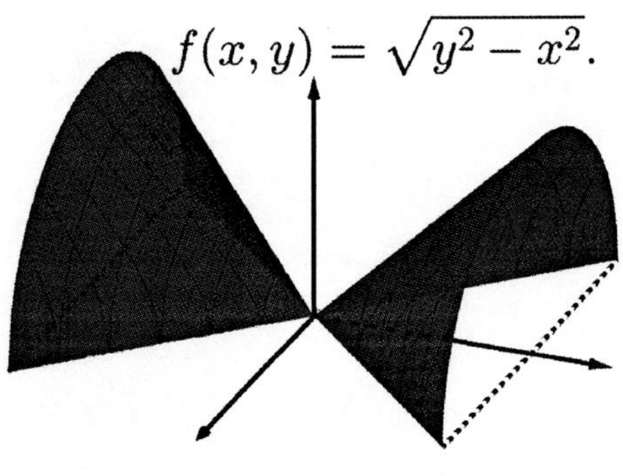

Figura 84 – Esboço gráfico da função $f(x,y) = \sqrt{y^2-x^2}$.

EXERCÍCIOS DE AQUECIMENTO

1. Determine o domínio de f e faça, se possível, seu esboço gráfico.

a) $f(x,y) = \dfrac{x+y}{x^3-y^3}$;

b) $f(x,y,z) = \dfrac{\operatorname{sen}(x^2+y^2)}{\sqrt{x^2+y^2+z^2-1}}$;

c) $f(x,y) = \dfrac{\sqrt{16-x^2-y^2}}{\sqrt{(x-1)^2+y^2-1}}$.

2. Faça o esboço do gráfico da função $f(x,y) = \sqrt{z^2-x^2}$.

Respostas:

1. a) $\operatorname{Dom} f = \{(x,y) \in \mathbb{R}^2 : y \neq x\}$;

   b) $\operatorname{Dom} f = \{(x,y,z) \in \mathbb{R}^3 : x^2+y^2+z^2 > 1\}$; geometricamente é a parte exterior a esfera de raio 1 centrada na origem;

   c) $\operatorname{Dom} f = \{(x,y) \in \mathbb{R}^2 : (x-1)^2+y^2 < 1\}$; geometricamente é a parte interior ao círculo de raio 1 e centro em $(1,0)$.

2. Faça o esboço do gráfico da função $f(x,y) = \sqrt{z^2-x^2}$.

5.1 Curvas e Superfícies de Nível

5.1.1 Curvas de Nível

Considere uma função $z = f(x,y)$ e o plano de equação $z = k$, em que $k \in \mathbb{R}$. A interseção desse plano com o gráfico de f é vazia ou uma curva no espaço tridimensional $\mathbb{R}^3$. A projeção dessa curva no plano xy é dada pela equação $f(x,y) = k$ e é chamada de **curva de nível** de f. Naturalmente, se a interseção não for vazia, cada $k \in \mathbb{R}$ dá origem a uma curva de nível. As curvas de nível da função $z = f(x,y)$ são denotadas por $C_k = \{(x,y) : f(x,y) = k\}$. Observe que ao longo de uma curva de nível, o valor que f assume é sempre o mesmo (na Figura 85, os números $-2,-1,0,1,2$ indicam os valores que uma função f assume ao longo da curva de nível).

Exemplo 5.3. *Faça um esboço das curvas de nível $f(x,y) = k$, quando $k = 1,2,3,4,5$.*

1. $f(x,y) = \sqrt{x^2+y^2}$*;*

2. $f(x,y) = x^2+y^2$.

Solução:

1. Se $\sqrt{x^2+y^2} = k$, com $k > 0$, teremos sempre círculos de raio k. A Figura 86 apresenta o esboço das curvas solicitadas. Note que se $k = 0$ a *curva de nível* se degenera em um único ponto $(0,0)$. Se $k < 0$ a equação $\sqrt{x^2+y^2} = k$ não faz sentido e não há curva de nível (geometricamente, o plano $z = k < 0$, não intercepta o gráfico de f).

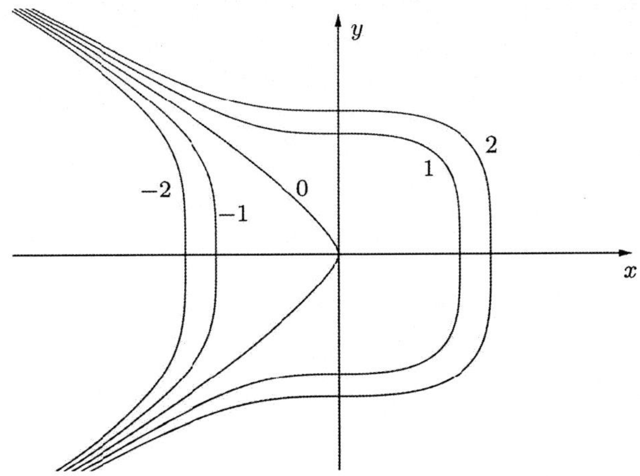

Figura 85 – Curvas de nível C_k, em que $k = -2, -1, 0, 1, 2$.

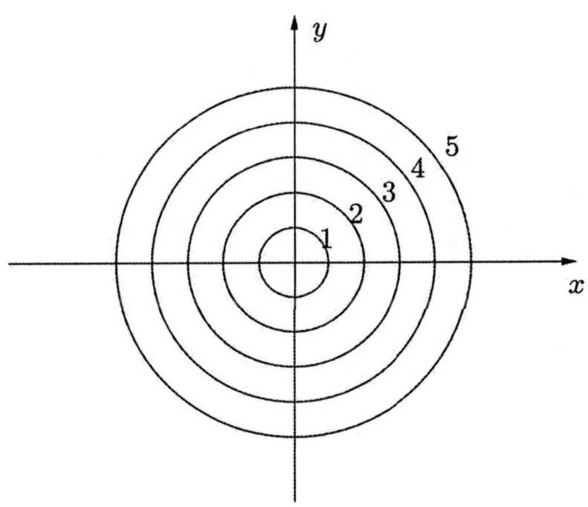

Figura 86 – Curvas de nível de $f(x, y) = \sqrt{x^2 + y^2} = k$, com $k = 1, 2, 3, 4, 5$.

2. Se $x^2 + y^2 = k$, com $k > 0$, tem-se círculos de raio $\sqrt{k}$. A Figura 87 apresenta o esboço das curvas de nível quando $k = 1, 2, 3, 4, 5$. Note que se $k = 0$, a *curva de nível* se degenera em um único ponto $(0, 0)$. Se $k < 0$ a equação $x^2 + y^2 = k$ não faz sentido e não há curva de nível.

Vale observar que as curvas de nível dos exemplos acima **não** são iguais (os círculos possuem raios diferentes) e não eram para ser, pois no primeiro exemplo temos um paraboloide, já no segundo, a parte positiva de um cone.

Exemplo 5.4. *Se $f(x, y) = e^x + y$, faça um esboço de suas curvas de nível quando $n = -3, -2, -1, 0, 1, 2, 3$.*

Solução: Se $e^x + y = k$, com $k \in \mathbb{R}$, as curvas de nível serão dadas pelo gráfico da função $y = k - e^x$. A Figura 88 apresenta o esboço das curvas solicitadas.

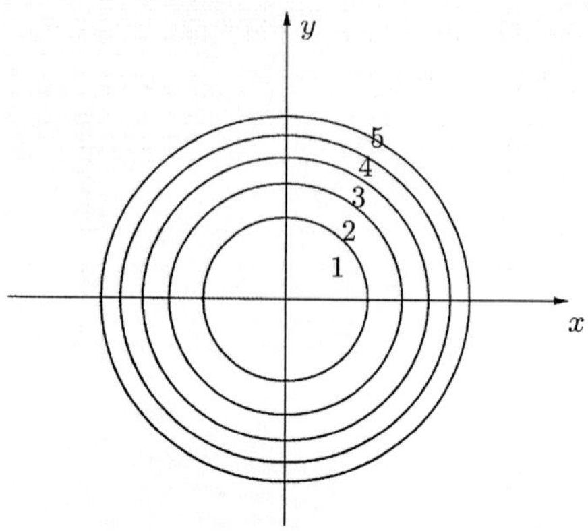

Figura 87 – Esboço das curvas de nível de $f(x, y) = x^2 + y^2$, com $k = 1, 2, 3, 4, 5$.

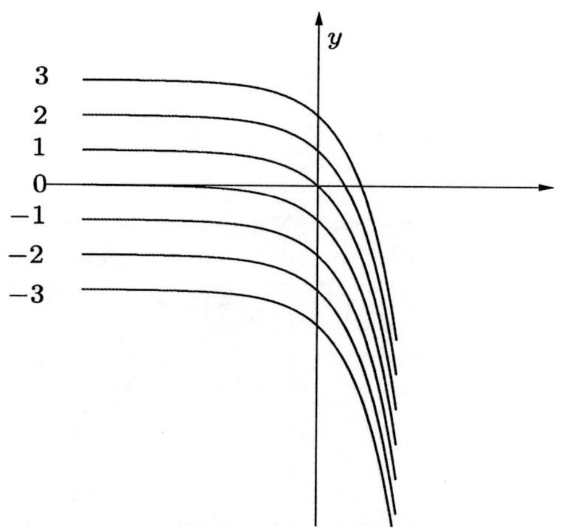

Figura 88 – Esboço das curvas de nível da função $f(x, y) = e^x + y$.

5.1.2 Superfícies de Nível

O gráfico de uma função $w = f(x, y, z)$ é o conjunto $\{(x, y, z, w) \in \mathbb{R}^4 : w = f(x, y, z)\}$. Uma vez que este é um subconjunto de $\mathbb{R}^4$, é impossível que consigamos esboçá-lo graficamente (nossa percepção espacial vai até o espaço $\mathbb{R}^3$). Assim como acontece no estudo das curvas de nível, podemos estudar o que ocorre quando $w = k$, em que k é uma constante. Nesse caso, teremos equações da forma $f(x, y, z) = k$ e estas representam superfícies do espaço $\mathbb{R}^3$. As superfícies de equação $f(x, y, z) = k$ são chamadas **superfícies de nível** da função $w = f(x, y, z)$.

Exemplo 5.5. *Duas das superfícies de nível da função $f(x, y, z) = x^2 + y^2 + z^2$ são representadas na Figura 89.*

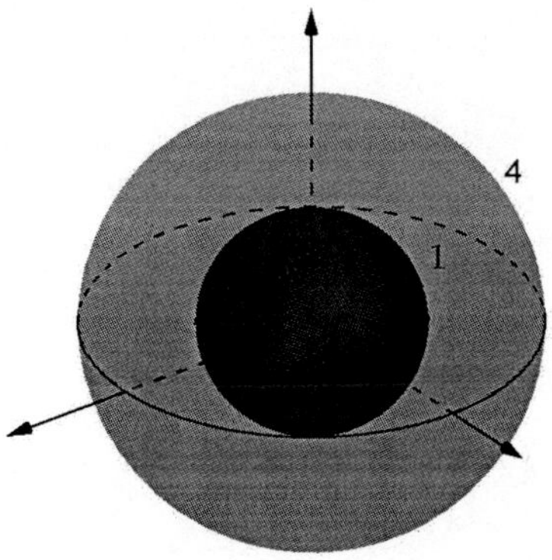

Figura 89 – Esboço das superfícies de nível da função $f(x,y,z) = x^2 + y^2 + z^2$.

EXERCÍCIOS DE AQUECIMENTO

Faça o esboço de algumas curvas/superfícies de nível da função dada.

1. $f(x,y) = y - x^3$;
2. $f(x,y) = x + \text{sen}\, y$;
3. $f(x,y,z) = z^2 - x^2 - y^2$.

Sugestão: Use um software gráfico como o GeoGebra ou algum equivalente para conferir se seus gráficos estão corretos.

5.2 Limites e Continuidade

Antes de apresentar a definição de limite de funções de várias variáveis, precisamos dar uma noção matemática para a ideia de estar próximo de um ponto do espaço. Para dar uma noção precisa, iremos classificar alguns conjuntos do espaço $\mathbb{R}^n$.

Da Geometria Analítica, sabemos que dados dois pontos $P = (x,y)$ e $P_0 = (x_0, y_0)$, a distância entre eles é definida por

$$d(P,P_0) = \|P - P_0\| = \sqrt{(x - x_0)^2 + (y - y_0)^2}.$$

Uma bola aberta de centro P_0 e raio r é o conjunto

$$B(P_0, r) = \{(x,y) \in \mathbb{R}^2 : d(P,P_0) < r\}.$$

Generalizando a ideia de distância para $\mathbb{R}^n$, a distância entre dois pontos $P = (x_1, x_2, \cdots, x_n)$ e $Q = (y_1, y_2, \cdots, y_n)$, é definida por

$$d(P,Q) = \|P - Q\| = \sqrt{(x_1 - y_1)^2 + (x_2 - y_2)^2 + \cdots + (x_n - y_n)^2}.$$

A partir da compreensão do conceito de distância entre dois pontos em $\mathbb{R}^n$, temos a

Definição 5.1 (Conjunto Aberto). *Um subconjunto A de $\mathbb{R}^n$ é dito aberto, se para todo ponto $P \in A$, existir um $r > 0$ tal que $B(P, r) \subset A$.*

A Figura 90 ilustra um conjunto aberto e a Figura 91 representa um conjunto que não é aberto (pois qualquer bola centrada no ponto $P_1 \in A$ da figura não está contida em A).

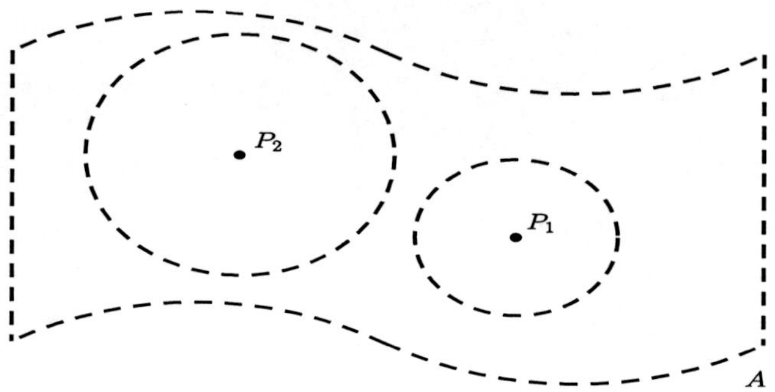

Figura 90 – Ilustração de um conjunto aberto.

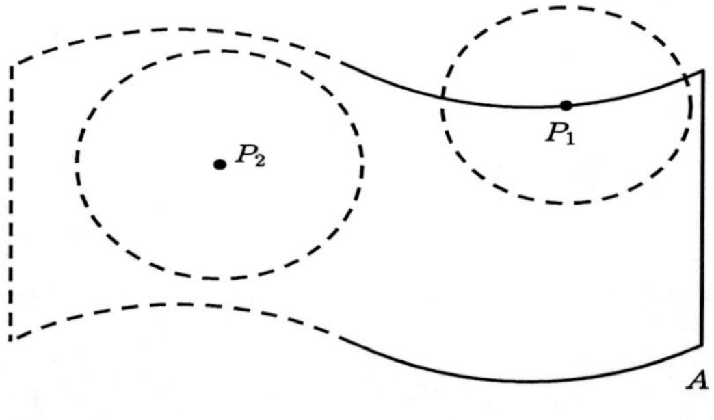

Figura 91 – Ilustração de um conjunto que não é aberto.

Definição 5.2 (Fronteira de um conjunto). *Dado um conjunto $A \subset \mathbb{R}^n$, sua fronteira (denotada por ∂A) é o conjunto dos pontos de $\mathbb{R}^n$ com a seguinte propriedade: toda bola centrada no ponto contém pontos de A e do complementar de A, isto é*

$$\partial A = \{Q \in \mathbb{R}^n : B(Q, r) \text{ possui pontos de } A \text{ e de } \mathbb{R}^n - A\}.$$

Embora os conjuntos das Figuras 90 e 91 sejam diferentes, suas fronteiras são idênticas e é o contorno do conjunto.

Definição 5.3 (Conjunto Fechado). *Um conjunto $A \subset \mathbb{R}^n$ é dito fechado se ele contiver sua fronteira.*

De acordo com a definição acima, os conjuntos apresentados nas Figuras 90 e 91 não são fechados (note que não ser aberto, não é sinônimo de ser fechado). A Figura 92 ilustra um conjunto fechado.

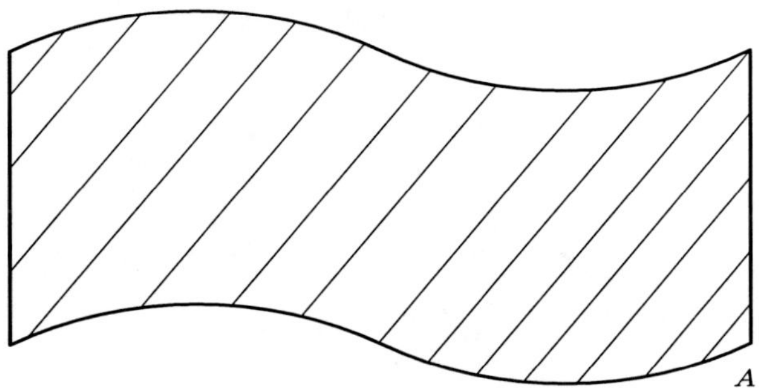

Figura 92 – Ilustração de um conjunto aberto.

5.2.1 Limite de uma Função

Apresentaremos os conceitos em $\mathbb{R}^2$, mas toda a abordagem feita aqui pode ser reescrita para $\mathbb{R}^n$ e iremos utilizá-la sempre que necessário.

Já temos a noção intuitiva de limites desde o Cálculo de funções de uma variável: dada uma função $f : A \subset \mathbb{R}^2 \to \mathbb{R}$, escrevemos

$$\lim_{(x,y)\to(x_0,y_0)} f(x,y) = L,$$

se $f(x,y)$ ficar arbitrariamente próximo de L, à medida que (x,y) fica arbitrariamente próximo de (x_0,y_0). A Definição 5.4 apresenta o conceito formalmente.

Definição 5.4. *Seja $f : A \subset \mathbb{R}^2 \to \mathbb{R}$, em que A é um aberto de $\mathbb{R}^2$, uma função de duas variáveis e $(x_0,y_0) \in A$. Diz-se que*

$$\lim_{(x,y)\to(x_0,y_0)} f(x,y) = L,$$

se para todo $\epsilon > 0$, existir $\delta > 0$ tal que

$$|f(x,y) - L| < \epsilon \text{ sempre que } d\Big((x,y),(x_0,y_0)\Big) = |(x,y) - (x_0,y_0)| < \delta.$$

A Figura 93 ilustra a definição de limite para funções de duas variáveis.

Exemplo 5.6. *Mostre que* $\lim\limits_{(x,y)\to(2,1)} (2x+5y) = 9.$

Solução: Percebe-se, intuitivamente, que a igualdade dada no exemplo é verdadeira. O que faremos é utilizar a Definição 5.4 para mostrar que nossa intuição está correta. Para isso, deve-se verificar que para todo $\epsilon > 0$, irá existir $\delta > 0$ (e nesse caso devemos conseguir exibi-lo ou garantir sua existência) tal que

$$|(2x+5y) - 9| < \epsilon, \text{ se } |(x,y) - (2,1)| < \delta.$$

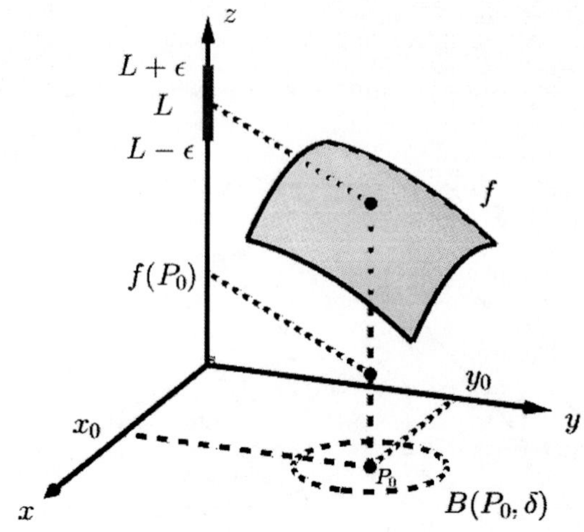

Figura 93 – Ilustração de $\lim_{(x,y)\to(x_0,y_0)} f(x,y) = L$.

Deste modo, analisamos e manipulamos a diferença $|(2x+5y)-9|$ de modo a obter uma relação entre $|(3x+2y)-7|$ e $d\big((x,y),(2,1)\big) = |(x,y)-(2,1)| = \sqrt{(x-2)^2+(y-1)^2}$:

$$\begin{aligned}
|(2x+5y)-9| &= |(2x-4)+(5y-5)| \\
&\leq 2|x-2|+5|y-1| \\
&\leq 2\sqrt{(x-2)^2+(y-1)^2}+5\sqrt{(x-2)^2+(y-1)^2} \\
&= 5\sqrt{(x-2)^2+(y-1)^2}.
\end{aligned}$$

A partir da desigualdade acima, nota-se que se δ for tomado como sendo $\frac{\epsilon}{5}$ (ou seja, $\delta = \frac{\epsilon}{5}$), tem-se que se

$$|(x,y)-(1,2)| = \sqrt{(x-1)^2+(y-2)^2} < \delta = \frac{\epsilon}{5}, \text{ então } |(3x+2y)-7| < \epsilon.$$

Exemplo 5.7. *Mostre que* $\lim_{(x,y)\to(0,0)} \frac{xy}{\sqrt{x^2+y^2}} = 0$.

Solução: Faremos uso da desigualdade:

$$2xy \leq x^2+y^2.$$

A desigualdade decorre de $(x-y)^2 \geq 0$. Assim sendo, podemos dizer que

$$\left|\frac{xy}{\sqrt{x^2+y^2}}\right| \leq \frac{1}{2}\sqrt{x^2+y^2}.$$

Deste modo, dado $\epsilon > 0$, tome $\delta = \frac{1}{2}\epsilon$. Daí, se

$$d((x,y),(0,0)) = \sqrt{x^2+y^2} < \delta, \text{ então } \left|\frac{xy}{\sqrt{x^2+y^2}}\right| < \epsilon.$$

□

No que se refere ao cálculo, o uso da definição para o cálculo de limites não é o melhor caminho. Ela é importante, porém, para demonstrar os resultados que auxiliam no cálculo. Não apresentamos aqui a prova desses resultados, pois fogem do objetivo deste texto, mas os interessados podem consultar, por exemplo, (LIMA, 2002b).

Teorema 5.1. *O limite* $\lim_{(x,y)\to(x_0,y_0)} f(x,y) = L$, *quando existir, é único.*

O uso do teorema acima nos será particularmente útil para identificar quando determinados limites **não** existem. O resultado abaixo é consequência imediata do Teorema 5.1, pois quando o limite existir este deve ser único.

Proposição 5.1. *Seja* $f : A \subset \mathbb{R}^2 \to \mathbb{R}$, *em que* A *é um aberto de* $\mathbb{R}^2$, *uma função de duas variáveis e* $P_0 \in A$. *Considere* $D_1, D_2 \subset A$ *dois subconjuntos de* A *que contém* (x_0, y_0). *Se* $f(x,y)$ *tiver limites diferentes quando* (x,y) *se aproxima de* P_0 *através de* D_1 *e* D_2, *então o limite* $\lim_{P\to P_0} f(x,y)$ *não existe.*

Exemplo 5.8. *Mostre que o limite* $\lim_{(x,y)\to(0,0)} \frac{xy}{x^2+y^2}$ *não existe.*

Solução: De acordo com a Proposição 5.1, basta verificar que o limite assume valores diferentes quando nos aproximamos de $(0,0)$ por diferentes caminhos. Suponha que a aproximação ao ponto $(0,0)$ seja feita ao longo de

- D_1 : eixo y;
- D_2 : reta $y = x$.

Se estamos caminhando em D_1, $x = 0$, o limite toma o formato

$$\lim_{y\to 0} \frac{\cdot 0 \cdot y}{0^2 + y^2} = 0.$$

Se a aproximação for feita ao longo de D_2, $y = x$, e obtém-se

$$\lim_{x\to 0} \frac{x^2}{2x^2} = \frac{1}{2}.$$

Como o limite calculado em D_1 é diferente daquele calculado em D_2, temos, pela Proposição 5.1, que o limite não existe. □

Exemplo 5.9. *Analise se o limite* $\lim_{(x,y)\to(0,0)} \frac{xy^4}{x^2+y^8}$ *existe ou não.*

Solução: Esse é um exemplo bem interessante. Se a aproximação de $(0,0)$ for feita ao longo das curvas $x = 0$, $y = 0$, $y = x$ sempre obtém-se o limite como sendo zero. Mais ainda, se a aproximação for feita por meio de uma curva do tipo $y = mx$, obtém-se

$$\lim_{x\to 0} \frac{x(mx)^4}{x^2 + (mx)^8} = \lim_{x\to 0} \frac{m^4x^5}{x^2 + m^8x^8} = \lim_{x\to 0} \frac{m^4x^3}{1 + m^8x^6} = 0;$$

ou seja, se a aproximação for feita ao longo de qualquer reta que passa pela origem, o limite sempre será zero.

Pergunto ao leitor: A igualdade acima garante que $\lim_{(x,y)\to(0,0)} \frac{xy^2}{x^2+y^4} = 0$? A intuição diria que sim. A situação, porém, para funções de várias variáveis é muito diferente daquela estudada no Cálculo de uma variável. Lá havia apenas duas maneiras de se aproximar de um ponto: direita e esquerda. No caso de funções de várias variáveis, há infinitas maneiras de se aproximar de um ponto (o que impossibilita testar todas). Fazendo a aproximação de $(0,0)$ por meio da curva $x = y^2$, obtém-se

$$\lim_{x\to 0} \frac{y^2 \cdot y^2}{(y^2)^2 + y^4} = \lim_{x\to 0} \frac{1}{2} = \frac{1}{2},$$

o que nos leva a concluir que o limite não existe. □

O último exemplo mostra que tratar limites de funções de várias variáveis é uma tarefa mais complicada, se comparada ao cálculo de limites de funções de uma variável.

Apresentamos a seguir vários resultados que são úteis no cálculo de limites.

Proposição 5.2. [Propridades dos Limites] Sejam $f, g : A \subset \mathbb{R}^2 \to \mathbb{R}$, em que A é um aberto de $\mathbb{R}^2$, funções de duas variáveis e $P_0 \in A$. Suponha que existam

$$\lim_{(x,y)\to P_0} f(x,y) = L \text{ e } \lim_{(x,y)\to P_0} g(x,y) = M.$$

Então existem os limites $\lim_{(x,y)\to P_0} (f+g)(x,y)$ e $\lim_{(x,y)\to P_0} (cf)(x,y)$, em que $c \in \mathbb{R}$, e

$$\lim_{(x,y)\to P_0} (f+g)(x,y) = L + M$$

e

$$\lim_{(x,y)\to P_0} (cf)(x,y) = cL.$$

Além disso, se $M \neq 0$, ainda vale

$$\lim_{(x,y)\to P_0} \frac{f}{g}(x,y) = \frac{L}{M}.$$

Proposição 5.3. *Valem as seguintes propriedades*

(i) Se h for um polinômio nas variáveis x, y, então $\lim_{(x,y)\to(x_0,y_0)} h(x,y) = h(x_0, y_0)$;

(ii) Se $g : \mathbb{R} \to \mathbb{R}$ for uma função contínua e $f : A \subset \mathbb{R}^2 \to \mathbb{R}$ é tal que existe $\lim_{(x,y)\to P_0} f(x,y)$, então existe o limite $\lim_{(x,y)\to P_0} g \circ f(x,y)$ e

$$\lim_{(x,y)\to P_0} g \circ f(x,y) = g\left(\lim_{(x,y)\to P_0} f(x,y)\right).$$

Exemplo 5.10. Use as Proposições anteriores para calcular, se possível,

1. $\lim_{(x,y)\to(1,-1)} (x^3y + x^2y^3)$;
2. $\lim_{(x,y)\to(0,2)} \sqrt{x+y}$;
3. $\lim_{(x,y)\to(1,1)} \ln(x^2y + 2x - y + 1)$;
4. $\lim_{(x,y)\to(1,1)} \dfrac{x^2y + 2x - y + 1}{2x}$.

Solução:

1. Como $(x^3y + x^2y^3)$ é um polinômio, segue-se da Proposição 5.3 que

$$\lim_{(x,y)\to(1,-1)} (x^3y + x^2y^3) = 1^3(-1) + 1^2(-1)^3 = -2;$$

2. Como a função $g(x) = \sqrt{x}$ é contínua e $x + y$ é um polinômio, segue-se da Proposição 5.3:

$$\lim_{(x,y)\to(1,1)} \sqrt{x+y} = \sqrt{\lim_{(x,y)\to(1,1)} (x+y)} = \sqrt{2};$$

3. Como $x^2y+2x-y+1$ é um polinômio que tende para 3 quando $(x, y) \to (1,1)$ e a função $g(x) = \ln x$ é contínua, segue-se da Proposição 5.3 que

$$\lim_{(x,y)\to(1,1)} \ln(x^2y+2x-y+1) = \ln 3.$$

4. Como $\lim\limits_{(x,y)\to(1,1)} (x^2y+2x-y+1) = 3$ e $\lim\limits_{(x,y)\to(1,1)} 2x = 2 \neq 1$, segue-se da Proposição 5.3 que

$$\lim_{(x,y)\to(1,1)} \frac{x^2y+2x-y+1}{2x} = \frac{\lim\limits_{(x,y)\to(1,1)} (x^2y+2x-y+1)}{\lim\limits_{(x,y)\to(1,1)} (2x)} = \frac{3}{1} = 3.$$

Assim como no caso de funções de uma variável, podem ocorrer indeterminações:

Exemplo 5.11. Calcule, se possível, os limites:

1. $\lim\limits_{(x,y)\to(2,1)} \dfrac{x^3-2x^2+xy-2x-2y+4}{x^2+xy-x-2y-2}$

   Solução: Tem-se aqui uma indeterminação do tipo $\frac{0}{0}$. Uma vez que $x = 2$ é raiz tanto do numerador como do denominador, podemos dividi-los por $x-2$ e obter resto zero. Neste caso, tem-se:

$$\begin{aligned}
\lim_{(x,y)\to(2,1)} \frac{x^3+x^2y-2x-2x^2-2xy+4}{xy+x-2y-2} &= \lim_{(x,y)\to(2,1)} \frac{(x-2)(x^2+y-2)}{(x-2)(x+y+1)} \\
&= \lim_{(x,y)\to(2,1)} \frac{x^2+y-2}{x+y+1} \\
&= \frac{4+1-2}{2+1+1} = \frac{3}{4}.
\end{aligned}$$

2. $\lim\limits_{(x,y)\to(0,0)} \dfrac{x^2+y}{\sqrt{x^2+y+4}-2}$.

   Solução: Novamente tem-se uma indeterminação do tipo $\frac{0}{0}$. Como

$$\begin{aligned}
\frac{x^2+y}{\sqrt{x^2+y+4}-2} &= \frac{x^2+y}{\sqrt{x^2+y+4}-2} \cdot \frac{\sqrt{x^2+y+4}+2}{\sqrt{x^2+y+4}+2} \\
&= \frac{(x^2+y)\left(\sqrt{x^2+y+4}+2\right)}{x^2+y+4-4} \\
&= \frac{(x^2+y)\left(\sqrt{x^2+y+4}+2\right)}{x^2+y} \\
&= \sqrt{x^2+y+4}+2,
\end{aligned}$$

tem-se

$$\lim_{(x,y)\to(0,0)} \frac{x^2+y}{\sqrt{x^2+y+4}-2} = \lim_{(x,y)\to(0,0)} \left(\sqrt{x^2+y+4}+2\right) = \sqrt{4}+2 = 2.$$

Proposição 5.4 (Teorema do Sanduíche ou do Confronto). *Sejam f, g e h funções de duas variáveis tais que*

(i) $f(x,y) \le h(x,y) \le g(x,y)$;

(ii) $\lim_{(x,y)\to(x_0,y_0)} f(x,y) = \lim_{(x,y)\to(x_0,y_0)} g(x,y) = L$, *em que* $L \in \mathbb{R}$.

Então existe $\lim_{(x,y)\to(x_0,y_0)} h(x,y)$ *e* $\lim_{(x,y)\to(x_0,y_0)} h(x,y) = L$.

Corolário 5.1. *Se* $\lim_{(x,y)\to(x_0,y_0)} f(x,y) = 0$ *e g for limitada, então*

$$\lim_{(x,y)\to(x_0,y_0)} f(x,y)\cdot g(x,y) = 0.$$

Prova. Como g é limitada, existe $M > 0$ tal que $|g(x,y)| \le M$, daí

$$\left|f(x,y)\cdot g(x,y)\right| \le M|f(x,y)|,$$

ou seja $-Mf(x,y) \le f(x,y)\cdot g(x,y) \le Mf(x,y)$. Uma vez que $\lim_{(x,y)\to(x_0,y_0)} f(x,y) = 0$, segue-se do Teorema do Confronto que $\lim_{(x,y)\to(x_0,y_0)} f(x,y) = 0$.

Exemplo 5.12. *Analise o limite* $\lim_{(x,y)\to(0,0)} \frac{x^2y}{x^2+y^2}$.

Solução: Como $\lim_{(x,y)\to(0,0)} y = 0$ e $\left|\frac{x^2}{x^2+y^2}\right| \le 1$, segue-se do Corolário 5.1 que

$$\lim_{(x,y)\to(0,0)} \frac{x^2y}{x^2+y^2} = 0$$

□

5.2.2 Continuidade

A Definição de continuidade aqui é a mesma apresentada para funções de uma variável real.

Definição 5.5. *Seja $f : A \subset \mathbb{R}^2 \to \mathbb{R}$, em que A é um aberto de $\mathbb{R}^2$, e $(x_0, y_0) \in A$. Dizemos que f é contínua em (x_0, y_0), se*

$$f(x_0,y_0) = \lim_{(x,y)\to(x_0,y_0)} f(x,y),$$

caso o limite exista. Se $\lim_{(x,y)\to(x_0,y_0)} f(x,y)$ *não existir, a função não será contínua no ponto. A função f é dita contínua se for contínua em todos os pontos de A.*

Exemplo 5.13. Analise a continuidade de

$$f(x,y) = \begin{cases} \dfrac{xy}{\sqrt{x^2+y^2}}, & \text{se } (x,y) \ne (0,0) \\ 0, & \text{se } (x,y) = (0,0) \end{cases}$$

no ponto $(0,0)$

Solução: Como $\left|\dfrac{xy}{\sqrt{x^2+y^2}}\right| \leq \dfrac{1}{2}\sqrt{x^2+y^2}$, tem-se, pelo Teorema do Sanduíche, que

$$\lim_{(x,y)\to(0,0)} \frac{xy}{\sqrt{x^2+y^2}} = 0 = f(0,0),$$

o que mostra que f é contínua em $(0,0)$. □

Exemplo 5.14. *Analise a continuidade de*

$$f(x,y) = \begin{cases} 0, & se\ x+y=1 \\ x+y, & se\ x+y \neq 1 \end{cases}$$

nos pontos (x,y) *tais que* $x+y=1$.

Solução: Fixe um ponto (x_0, y_0) tal que $x_0 + y_0 = 1$. Denote por D o conjunto:

$$\{(x,y) \in \mathbb{R}^2 : x+y=1\}.$$

Se tomarmos o limite da função ao longo de D teremos que este será zero, pois f ao longo de D é sempre nulo. Por outro lado, se considerarmos o limite no conjunto $\mathbb{R}^2 - D$, teremos

$$\lim_{(x,y)\to(x_0,y_0)} f(x,y) = \lim_{(x,y)\to(x_0,y_0)} (x+y) = x_0 + y_0 = 1,$$

pois $(x_0, y_0) \in D$.

Uma vez que limite ao longo de D é diferente do limite tomado no conjunto $\mathbb{R}^2 - D$, temos que o limite $\lim\limits_{(x,y)\to(x_0,y_0)} f(x,y)$ não existe e, portanto, a função f não é contínua nos pontos em questão. □

Assim como acontece com funções de uma variável, tem-se as propriedades:

Proposição 5.5. *Seja* $f, g : A \subset \mathbb{R}^2 \to \mathbb{R}$, *em que* A *é um aberto, duas funções contínuas num ponto* (x_0, y_0). *Então também são contínuas em* (x_0, y_0), *as funções* $f \pm g$, $f \cdot g$ *e* $\dfrac{f}{g}$, *se* $g(x_0, y_0) \neq 0$.

Proposição 5.6. *Sejam* $g : A \subset \mathbb{R}^2 \to \mathbb{R}$, *em que* A *é um aberto, e* $f : (a,b) \to \mathbb{R}$ *duas funções (*g *é uma função de duas variáveis e* f *é uma função de uma variável). Suponha*

(i) g *contínua em* (x_0, y_0);

(ii) f *contínua em* $g(x_0, y_0)$;

então $f \circ g$ *é contínua em* (x_0, y_0).

Exemplo 5.15. *De acordo com as Proposições 5.5 e 5.6 temos que*

1. $f(x,y) = \dfrac{x^2+y^2}{x^2+1}$ *é contínua para todo* $(x,y) \in \mathbb{R}^2$, *pois* $x^2+1 \neq 0$;
2. $g(x,y) = \operatorname{sen}(x^2+y^2)$ *é contínua, pois* sen$x$ *é uma função contínua, assim como* x^2+y^2.

EXERCÍCIOS DE AQUECIMENTO

1. Classifique os conjuntos como aberto, fechado ou nenhuma das opções. Marque também na figura a fronteira do conjunto.

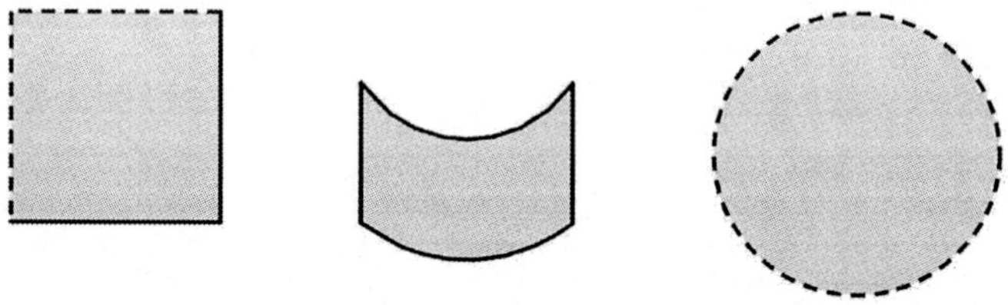

2. Faça um esboço do conjunto A e classifique-o como aberto, fechado ou nenhuma das opções:

a) $A = \{(x, y) \in \mathbb{R}^2 : y < x^2\}$;

b) $A = \{(x, y) \in \mathbb{R}^2 : x \leq y < x^2\}$;

c) $A = \{(x, y) \in \mathbb{R}^2 : x^2 + y^2 \leq 1\}$;

d) $A = \{(x, y) \in \mathbb{R}^2 : 1 < x^2 + y^2 \leq 4\}$;

e) $A = \left\{(x, y) \in \mathbb{R}^2 : \frac{x^2}{4} + \frac{y^2}{9} \geq 1\right\}$;

f) $A = \left\{(x, y) \in \mathbb{R}^2 : y^2 - \frac{x^2}{4} < 4\right\}$;

g) $A = \left\{(x, y) \in \mathbb{R}^2 : 1 \leq y^2 - \frac{x^2}{4} < 4\right\}$

3. Determine se o limite existe ou não. Caso exista, diga seu valor, do contrário, justifique o porquê da não existência.

a) $\lim_{(x,y)\to(1,3)} (x^2y - y^2x)$;

b) $\lim_{(x,y)\to(1,2)} \frac{xy}{x^2 + y^2}$;

c) $\lim_{(x,y)\to(0,0)} \frac{\text{sen}(xy)}{x^2 + y^2}$;

d) $\lim_{(x,y)\to(1,1)} \frac{xy - x - y + 1}{xy^2 - x - 3y + 3}$.

Respostas:

1. O Primeiro não é aberto nem fechado, o segundo é fechado e o terceiro é aberto.

3.

a) -6;

b) $\frac{2}{5}$;

c) não existe;

d) 0.

5.3 Derivadas Parciais

Suponha que a temperatura, medida em graus, em uma certa região seja dada por

$$T(t, h) = 16 - t^2 - h^2,$$

em que t é o tempo em segundos e h é a altitude medida em centímetros. A temperatura no instante $t = 1s$ e altitude $h = 2cm$ é $T(1,2) = 11C^{\circ}$.

Como varia a temperatura nesse ponto, à medida que o tempo varia?

Essa é uma questão típica do Cálculo Diferencial. O que está sendo perguntado é qual a taxa de variação da temperatura T, no ponto $(1,2)$, em relação ao tempo. Como estamos interessados em analisar o que acontece quando a temperatura varia em torno do ponto $(1,2)$, podemos pensar que queremos analisar a variação da função

$$g(t) = T(t,2), \text{ quando } t = 1.$$

Lembre-se (do Cálculo de funções de uma variável) que a taxa de variação de g no ponto $t = 1$ é dada por

$$\begin{aligned} g'(1) &= \lim_{t\to 0} \frac{g(1+t) - g(1)}{t} \\ &= \lim_{t\to 0} \frac{f(1+t,2) - f(1,2)}{t} = \lim_{t\to 1} \frac{16 - (1+t)^2 - 4 - (16 - 1 - 4)}{t} = -2. \end{aligned}$$

Fisicamente, isso significa que quando o tempo varia em torno do ponto $(1,2)$, a temperatura cai (a taxa de variação é negativa) a uma taxa de -2 graus por segundo. Essa taxa de variação é denominada **derivada parcial de T em relação a t** no ponto $(1,2)$. O mesmo raciocínio poderia ter sido empregado se desejássemos conhecer a taxa de variação de T em relação a altitude h.

Definição 5.6. *Seja $f : A \subset \mathbb{R}^2 \to \mathbb{R}$, em que A é um aberto de $\mathbb{R}^2$. Dado $(x_0, y_0) \in A$, define-se a derivada parcial de f em relação a x no ponto (x_0, y_0), como*

$$\frac{\partial f}{\partial x}(x_0, y_0) = \lim_{t\to 0} \frac{f(x_0 + t, y_0) - f(x_0, y_0)}{t},$$

caso o limite exista. Analogamente, define-se a derivada parcial de f em relação da y no ponto (x_0, y_0):

$$\frac{\partial f}{\partial y}(x_0, y_0) = \lim_{t\to 0} \frac{f(x_0, y_0 + t) - f(x_0, y_0)}{t}.$$

Na prática, o cálculo das derivadas parciais não difere daquele feito para funções de uma variável. Voltemos ao problema apresentado no início desta seção:

$$. \; T(t,h) = 16 - t^2 - h^2.$$

Como vimos, a taxa de variação de T em relação a t no ponto $(1,2)$ é -2. Isso foi feito via definição (o limite apresentado acima). Podemos, porém, efetuar os cálculos diretamente com o seguinte raciocínio: Como deseja-se a taxa de variação em relação a t, no ponto $(1,2)$, entendemos a variável h (altitude) como constante. Nesse caso, procedemos como no cálculo de funções de uma variável:

$$\frac{\partial T}{\partial t}(t,h) = \frac{\partial}{\partial t}(16 - t^2 - h^2) = -2t,$$

pois 16 e h são constantes nesse caso. Daí, $\dfrac{\partial T}{\partial t}(1,2) = -2$ como já havíamos calculado. Para calcular a taxa de variação de T em relação a h no ponto $(1,2)$, procede-se da mesma maneira:

$$\frac{\partial T}{\partial h}(t,h) = \frac{\partial}{\partial h}(16 - t^2 - h^2) = -2h,$$

o que nos leva a

$$\frac{\partial T}{\partial h}(1,2) = -2 \cdot 2 = -4.$$

Com isso em mente, tem-se que as regras de derivação de funções de uma variável (soma, produto e quociente) são naturalmente herdadas pelas derivadas parciais.

Se uma função possui mais de duas variáveis, a definição de derivadas parciais é análoga.

Exemplo 5.16. *Calcule todas as derivadas parciais das funções*

1. $f(x,y) = x^2y - 3xy^2 + 10$;
2. $z = \cos(3x+2y)$;
3. $g(x,y) = \sqrt{x^2+y^2-4}$.

Solução: Lembrando do fato que consideramos y constante quando derivamos em relação a x (e vice-versa) temos

1. $\dfrac{\partial f}{\partial x} = \dfrac{\partial}{\partial x}(x^2y - 3xy^2 + 10) = 2xy - 3y^2$ e $\dfrac{\partial f}{\partial y} = \dfrac{\partial f}{\partial y}(x^2y - 3xy^2 + 10) = x^2 - 6xy$.

2.
$$\frac{\partial z}{\partial x} = \frac{\partial}{\partial x}(\cos(3x+2y)) = -\text{sen}(3x+2y)\frac{\partial}{\partial x}(3x+2y) = -3\text{sen}(3x+2y)$$
e
$$\frac{\partial z}{\partial y} = \frac{\partial}{\partial y}(\cos(3x+2y))) = -\text{sen}(3x+2y)\frac{\partial}{\partial y}(3x+2y) = -2\text{sen}(3x+2y).$$

3. $\dfrac{\partial g}{\partial y} = \dfrac{\partial}{\partial y}\left(\sqrt{x^2+y^2-4}\right) = \dfrac{y}{\sqrt{x^2+y^2-4}}$ e
$$\begin{aligned}\frac{\partial g}{\partial x} &= \frac{\partial}{\partial x}(\sqrt{x^2+y^2-4}) = \frac{1}{2\sqrt{x^2+y^2-4}} \cdot \frac{\partial}{\partial x}(x^2+y^2-4) \\ &= \frac{2x}{2\sqrt{x^2+y^2-4}} = \frac{x}{\sqrt{x^2+y^2-4}};\end{aligned}$$

Exemplo 5.17. *Calcule todas as derivadas parciais de*

$$f(x,y) = \begin{cases} \dfrac{xy}{2x^2+3y^2}, & se\ (x,y) \neq (0,0), \\ 0, & se\ (x,y) = (0,0). \end{cases}$$

Solução: Esse é o típico caso de funções definidas por pedaços; sua lei de formação assume formatos diferentes em diferentes regiões do plano. Note que se $(x,y) \neq (0,0)$, então $f(x,y) = \dfrac{2xy}{3x^2+5y^2}$ e a regra do quociente fornece

$$\frac{\partial f}{\partial x}(x,y) = \frac{y(3x^2+5y^2) - 4x(xy)}{(2x^2+3y^2)^2} = \frac{-2x^2y+3y^3}{(2x^2+3y^2)^2}$$

e

$$\frac{\partial f}{\partial y}(x,y) = \frac{x(2x^2+3y^2) - 6y(xy)}{(2x^2+3y^2)^2} = \frac{2x^3-3xy^2}{(2x^2+3y^2)^2}.$$

Para calcular $\frac{\partial f}{\partial x}(0,0)$ e $\frac{\partial f}{\partial y}(0,0)$ **não** podemos usar a expressão dada por f no ponto, pois o conjunto $\{(0,0)\}$ não é um aberto (qualquer perturbação em (0,0) faz a função mudar de comportamento). Em casos como esse, é inevitável utilizar a definição:

$$\begin{aligned}\frac{\partial f}{\partial x}(0,0) &= \lim_{t\to 0}\frac{f(t,0)-f(0,0)}{t}\\ &= \lim_{t\to 0}\frac{0}{t}=0\end{aligned}$$

e

$$\begin{aligned}\frac{\partial f}{\partial y}(0,0) &= \lim_{t\to 0}\frac{f(0,t)-f(0,0)}{t}\\ &= \lim_{t\to 0}\frac{0}{t}=0.\end{aligned}$$

Deste modo, tem-se

$$\frac{\partial f}{\partial x}(x,y)=\begin{cases}\dfrac{-2x^2y+3y^3}{(2x^2+3y^2)^2}, & \text{se } (x,y)\neq(0,0),\\ 0, & \text{se } (x,y)\neq(0,0)\end{cases}$$

e

$$\frac{\partial f}{\partial y}(x,y)=\begin{cases}\dfrac{2x^3-3xy^2}{(2x^2+3y^2)^2}, & \text{se } (x,y)\neq(0,0),\\ 0, & \text{se } (x,y)\neq(0,0).\end{cases}$$

EXERCÍCIOS DE AQUECIMENTO

1. Calcule todas as derivadas parciais de $z=\text{sen}(2x+y^2)$;

2. Calcule todas as derivadas parciais de $f(x,y,z)=z^2-x^2-y^2$.

Respostas:

1. $\frac{\partial z}{\partial x}=2\cos(2x+y^2)$ e $\frac{\partial z}{\partial y}=2y\cos(2x+y^2)$;

2. $\frac{\partial f}{\partial x}=-2x$, $\frac{\partial f}{\partial y}=-2y$ e $\frac{\partial f}{\partial z}=2z$.

5.4 Plano Tangente ao Gráfico de uma Função

Para funções de uma variável, a derivada pode ser interpretada como o coeficiente angular da reta tangente. Uma interpretação semelhante é possível para derivadas parciais. Considere a função

$$f(x,y)=z=16-x^2-y^2,$$

cujo gráfico é dado pela Figura 94 (um Paraboloide com concavidade para baixo).

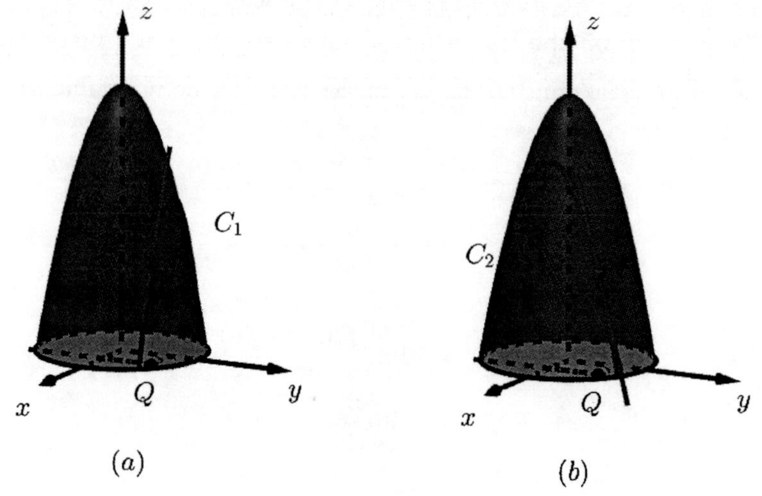

Figura 94 – Esboço do gráfico de $z = 16 - x^2 - y^2$ e C_1.

O ponto $P = (1,2,11)$ da figura pertence ao gráfico de f. Imagine uma reta paralela ao eixo x passando pelo ponto $Q = (1,2)$ - conforme Figura 94 (a). O vetor diretor dessa reta é $(1,0)$ e sua equação paramétrica é

$$r(t) = (x(t), y(t)) = (1,2) + t(1,0) = (1+t, 2).$$

O gráfico de $g(t) := f(r(t)) = f(1+t,2)$ é uma curva C_1 que faz parte do Paraboloide (observe que o ponto P também pertence a C_1). Pergunto ao leitor:

Como encontrar a inclinação da reta tangente à curva C_1 no ponto P?

Utilizando nosso conhecimento do Cálculo Diferencial de funções de uma variável, essa inclinação é dada por $g'(0) = \frac{\partial f}{\partial x}(1,2) = -1$.

Podemos aplicar raciocínio análogo se imaginarmos uma reta paralela ao eixo y passando pelo ponto $Q = (1,2)$. Nesse caso obter-se-ia uma nova função de uma variável dada por $h(t) = f(1, 2+t)$, cujo gráfico seria uma curva C_2 sob o gráfico de f e a inclinação seria dada por $h'(0) = \frac{\partial f}{\partial y}(1,2) = -4$ (veja Figura 94 (b)).

Imagine agora um plano tangente à superfície de equação $z = 16 - x^2 - y^2$ no ponto P (veja Figura 95).

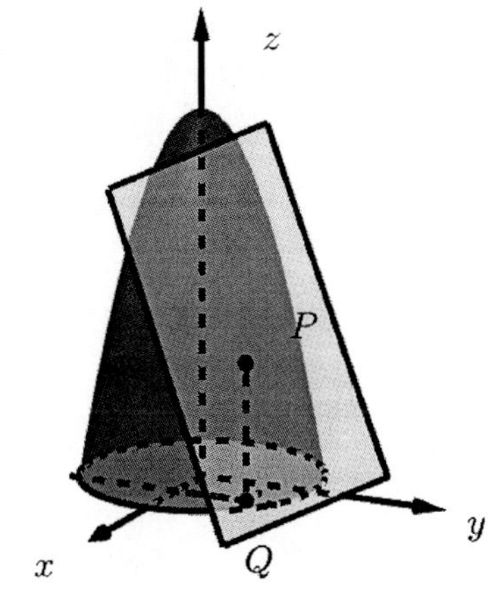

Figura 95 – Plano tangente ao paraboloide no ponto P.

Como encontrar a equação do plano tangente ao Paraboloide no ponto P? Faremos aqui uma abordagem mais geral do que a apresentada no exemplo. No lugar de considerar os pontos $Q = (1,2)$ e $P = (1,2,11)$, pense em pontos genéricos $Q = (x_0, y_0)$ e $P = (x_0, y_0, f(x_0, y_0))$, e considere a função $z = f(x, y)$. A equação de um plano é dada por

$$z = ax + by + c, \text{ em que } a, b, c \text{ são números reais.}$$

As inclinações em relação ao eixo x e ao eixo y são, respectivamente,

$$\frac{\partial z}{\partial x} = a \text{ e } \frac{\partial z}{\partial y} = b.$$

Note que as inclinações do plano são as mesmas das curvas C_1 e C_2 da Figura 94. Deste modo, obtém-se

$$\frac{\partial f}{\partial x}(x_0, y_0) = a \text{ e } \frac{\partial f}{\partial y}(x_0, y_0) = b,$$

de modo que a equação do plano tangente é escrita como

$$z = \frac{\partial f}{\partial x}(x_0, y_0)x + \frac{\partial f}{\partial y}(x_0, y_0)y + c.$$

Note que se $(x, y) = (x_0, y_0)$, então $z_0 = f(x_0, y_0)$ e substituindo-se na equação acima, tem-se:

$$f(x_0, y_0) = \frac{\partial f}{\partial x}(x_0, y_0)x_0 + \frac{\partial f}{\partial y}(x_0, y_0)y_0 + c, \tag{5.1}$$

ou seja

$$c = f(x_0, y_0) - \frac{\partial f}{\partial x}(x_0, y_0)x_0 - \frac{\partial f}{\partial y}(x_0, y_0)y_0. \tag{5.2}$$

Substituindo-se (5.2) em (5.1), obtém-se a equação do plano tangente dada por

$$z - z_0 = \frac{\partial f}{\partial x}(x_0, y_0)(x - x_0) + \frac{\partial f}{\partial y}(x_0, y_0)(y - y_0). \tag{5.3}$$

Exemplo 5.18. *Encontre a equação do plano tangente ao gráfico da função* $z = f(x, y) = 16 - x^2 - y^2$ *no ponto* $P = (1, 2)$.

Solução: O primeiro fato que deve ser verificado é se o ponto em questão pertence ao gráfico de f. Como $f(1, 2) = 11$, tem-se que $P \in \text{Graf} f$. Como $\frac{\partial f}{\partial x}(1, 2) = -2$ e $\frac{\partial f}{\partial y}(1, 2) = -4$, tem-se, por (5.3), que a equação do plano tangente é dada por

$$z - 11 = -2(x - 1) - 4(y - 2),$$

ou, simplificando,

$$2x + 4y + z = 21.$$

O raciocínio que empregamos acima pode, naturalmente, ser aplicado a qualquer função diferenciável $z = f(x, y)$. A Figura 96 ilustra o plano tangente ao gráfico de uma função $z = f(x, y)$ no ponto $(x_0, y_0, f(x_0, y_0))$.

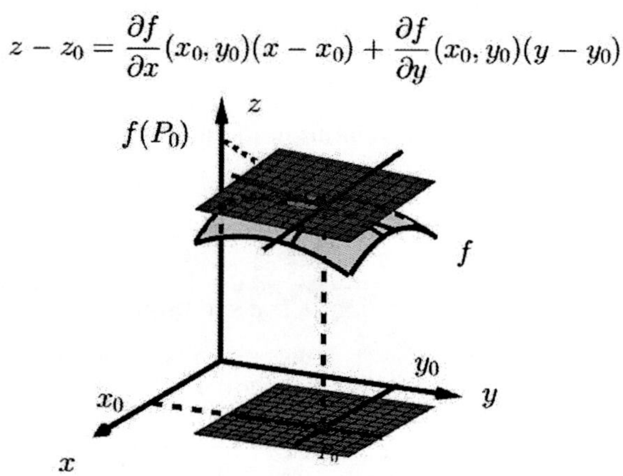

Figura 96 – Plano tangente ao gráfico de $z = f(x, y)$ no ponto $P = (x_0, y_0, f(x_0, y_0))$.

EXERCÍCIOS DE AQUECIMENTO

1. Determine a equação do plano tangente à superfície dada pelos gráficos das funções abaixo nos pontos indicados:

   a) $z = \sqrt{x^2 + 2y^2}, P = (-3, 2)$;

   b) $z = e^{(-x^2 - y^2)}, P = (1, -2)$;

   Respostas:

   a) $-4y + 3z = 0$;

   b) $2x - 4y + e^5 z = 11$

5.5 Aproximação Linear e Funções Diferenciáveis

Considere a função $f : A \to \mathbb{R}$, em que $A \subset \mathbb{R}^2$ é um aberto. A equação do plano tangente ao gráfico de f no ponto $(x_0, y_0) = (x_0, y_0, f(x_0, y_0))$ é, como vimos,

$$z - z_0 = \frac{\partial f}{\partial x}(x_0, y_0)(x - x_0) + \frac{\partial f}{\partial y}(x_0, y_0)(y - y_0),$$

em que $z_0 = f(x_0, y_0)$.

Podemos considerar a função

$$L(x, y) = f(x_0, y_0) + \frac{\partial f}{\partial x}(x_0, y_0)(x - x_0) + \frac{\partial f}{\partial y}(x_0, y_0)(y - y_0), \tag{5.4}$$

cujo gráfico é exatamente o plano tangente ao gráfico de f no ponto (x_0, y_0). A função L é denominada **linearização de** f em torno do ponto (x_0, y_0). O objetivo é ter-se

$$f(x, y) \approx L(x, y) \text{ em torno do ponto } (x_0, y_0).$$

A aproximação acima é dita **aproximação linear** de f em torno do ponto (x_0, y_0). A Figura 97 ilustra a ideia da aproximação linear.

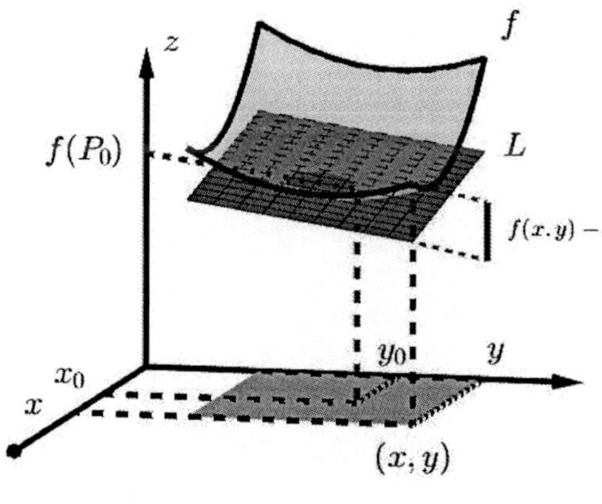

Figura 97 – $f(x, y) \approx L(x, y)$, se (x, y) estiver próximo de (x_0, y_0).

Primeira observação que devemos fazer é que nem sempre f pode ser aproximada por L. A aproximação acontecerá quando f for **diferenciável** (veja definição abaixo).

Definição 5.7. *Uma função $z = f(x, y)$ é diferenciável no ponto (x_0, y_0) se existirem $\frac{\partial f}{\partial x}(x_0, y_0)$, $\frac{\partial f}{\partial y}(x_0, y_0)$ e*

$$\lim_{(x,y)\to(x_0,y_0)} \frac{f(x, y) - L(x, y)}{|(x, y) - (x_0, y_0)|} = 0, \tag{5.5}$$

em que L é dada em (5.4). A função f é dita diferenciável quando é diferenciável em todos os pontos de seu domínio.

A expressão (5.5) nos diz que nas proximidades do ponto (x_0, y_0), a função L aproxima a função f.

Exemplo 5.19. *Utilize a definição para verificar que a função*

$$f(x,y) = \begin{cases} \dfrac{xy}{x^2+y^2}, & se\ (x,y) \neq (0,0), \\ 0, & se\ (x,y) = (0,0), \end{cases}$$

não é diferenciável.

Solução: Para que f seja diferenciável no ponto $(0,0)$, precisamos verificar se existem as derivadas parciais $\dfrac{\partial f}{\partial x}(0,0)$ e $= \dfrac{\partial f}{\partial y}(0,0)$ e se a Equação (5.5) é satisfeita. Assim como fizemos no Exemplo (5.17), não é difícil verificar que $\dfrac{\partial f}{\partial x}(0,0) = \dfrac{\partial f}{\partial y}(0,0) = 0$. Como as derivadas parciais são nulas em $(0,0)$ e $f(0,0) = 0$, tem-se, por (5.4),

$$L(x,y) = 0 \text{ para todo } (x,y).$$

Daí

$$\lim_{(x,y)\to(0,0)} \frac{f(x,y) - L(x,y)}{|(x,y)|} = \lim_{(x,y)\to(0,0)} \frac{\dfrac{xy}{x^2+y^2}}{\sqrt{x^2+y^2}} = \lim_{(x,y)\to(0,0)} \frac{xy}{(x^2+y^2)^{\frac{3}{2}}}.$$

O limite acima não existe e para verificar isso, basta considerarmos a curva $y = x$. Daí

$$\lim_{x\to 0} \frac{1}{2^{\frac{3}{2}}} \frac{1}{|x|}$$

e o limite acima não existe. Em particular, tem-se

$$\lim_{(x,y)\to(x_0,y_0)} \frac{f(x,y) - L(x,y)}{|(x,y) - (x_0,y_0)|} \neq 0$$

e a função não é diferenciável. □

Exemplo 5.20. *Utilize a definição para mostrar que a função f, dada por $f(x,y) = x^2 + y^2$, é diferenciável.*

Solução: Considere $(x_0, y_0) \in \mathbb{R}^2$, vamos provar que f é diferenciável nesse ponto. Para isso, devemos mostrar que

$$\lim_{(x,y)\to(x_0,y_0)} \frac{f(x,y) - L(x,y)}{|(x,y) - (x_0,y_0)|} = 0.$$

Uma vez que $\dfrac{\partial f}{\partial x} = 2x$ e $\dfrac{\partial f}{\partial y} = 2y$, temos

$$L(x,y) = x_0^2 + y_0^2 + 2x_0(x - x_0) + 2y_0(y - y_0).$$

Daí

$$\begin{aligned} f(x,y) - L(x,y) &= x^2 + y^2 - x_0^2 - y_0^2 - 2x_0(x - x_0) - 2y_0(y - y_0) \\ &= x^2 - 2x_0x + x_0^2 + y^2 - 2y_0y + y_0^2 \\ &= (x - x_0)^2 + (y - y_0)^2, \end{aligned}$$

o que nos permite escrever

$$\frac{f(x,y) - L(x,y)}{|(x,y) - (x_0,y_0)|} = \frac{(x - x_0)^2 + (y - y_0)^2}{\sqrt{(x - x_0)^2 + (y - y_0)^2}} = \sqrt{(x - x_0)^2 + (y - y_0)^2}$$

e obter

$$\lim_{(x,y)\to(x_0,y_0)} \frac{f(x,y)-L(x,y)}{|(x,y)-(x_0,y_0)|} = \lim_{(x,y)\to(x_0,y_0)} \sqrt{(x-x_0)^2+(y-y_0)^2} = 0.$$

□

Assim como acontece no caso dos limites, a definição de diferenciabilidade é extremamente importante para a prova de diversos resultados, porém o seu uso para garantir a diferenciabilidade ou não de uma função pode ser tarefa árdua. Os resultados a seguir decorrem da definição e apresentamos demonstração de apenas alguns deles.

Teorema 5.2. *Se f for diferenciável em (x_0, y_0), então f é contínua nesse ponto.*

Prova. Para mostrar que f é contínua, precisamos mostrar que

$$\lim_{(x,y)\to(x_0,y_0)} (f(x,y)-f(x_0,y_0)) = 0.$$

Como

$$\lim_{(x,y)\to(x_0,y_0)} \frac{f(x,y)-L(x,y)}{\sqrt{(x-x_0)^2+(y-y_0)^2}} = 0,$$

pois f é diferenciável, e

$$\lim_{(x,y)\to(x_0,y_0)} \sqrt{(x-x_0)^2+(y-y_0)^2} = 0,$$

tem-se

$$\lim_{(x,y)\to(x_0,y_0)} (f(x,y)-L(x,y)) = \lim_{(x,y)\to(x_0,y_0)} \left(\frac{f(x,y)-L(x,y)}{\sqrt{(x-x_0)^2+(y-y_0)^2}} \cdot \sqrt{(x-x_0)^2+(y-y_0)^2} \right) = 0.$$

□

Teorema 5.3. *Se $p(x,y)$ for um polinômio nas variáveis x, y, então p é diferenciável em todos os ponto de $\mathbb{R}^2$.*

Proposição 5.7. *Seja $f, g : A \to \mathbb{R}$, em A é um aberto de $\mathbb{R}^2$ duas funções diferenciáveis em (x_0, y_0), então*

(i) *$f+g$ é diferenciável em (x_0, y_0);*

(ii) *fg é diferenciável em (x_0, y_0);*

(iii) *$\dfrac{f}{g}$ é diferenciável em (x_0, y_0), se $g(x_0, y_0) \neq 0$.*

Utilizando os resultados acima, pode-se ver, por exemplo, que $q(x,y) = \dfrac{x^4-y^3}{x^2+y^2}$ é diferenciável em todos os pontos (x,y) tais que $x^2+y^2 \neq 0$, isto é $(x,y) \neq (0,0)$.

Teorema 5.4. *Considere as funções $f : \mathbb{R} \to \mathbb{R}$ e $g : A \to \mathbb{R}$, em que A é um aberto de $\mathbb{R}^2$. Suponha*

(i) *g diferenciável em (x_0, y_0) e*

(ii) *f diferenciável em $g(x_0, y_0)$.*

Então $f \circ g$ é diferenciável em (x_0, y_0).

Um outro resultado muito útil é o

Teorema 5.5. [Condição suficiente para diferenciabilidade] Seja $f : A \to \mathbb{R}$, em que A é um aberto de $\mathbb{R}^2$, uma função de duas variáveis e $(x_0, y_0) \in A$. Se

(i) as derivadas parciais de f existirem numa vizinhança aberta de (x_0, y_0);

(ii) $\dfrac{\partial f}{\partial y}$ e $\dfrac{\partial f}{\partial y}$ forem contínuas em (x_0, y_0);

então f é diferenciável em (x_0, y_0).

Prova. Devemos mostrar que

$$\lim_{(x,y)\to(x_0,y_0)} \frac{f(x,y) - L(x,y)}{\sqrt{(x-x_0)^2 + (y-y_0)^2}} = 0,$$

em que L é dado por (5.4) (aproximação linear). Note que, pelo Teorema do Valor Médio para funções de uma variável[1], existem $\overline{x}$ e $\overline{y}$ tais que:

$$\begin{aligned} f(x,y) - f(x_0,y_0) &= f(x,y) - f(x,y_0) + f(x,y_0) - f(x_0,y_0) \\ &= \frac{\partial f}{\partial y}(x_0,\overline{y})(y-y_0) + \frac{\partial f}{\partial x}(\overline{x},y_0)(x-x_0). \end{aligned}$$

Na expressão acima, $\overline{x}$ pertence ao intervalo de extremos x_0 e x, e $\overline{y}$ pertence ao intervalo de extremos y_0 e y.

Assim sendo, podemos escrever

$$\begin{aligned} f(x,y) - L(x,y) &= f(x,y) - f(x_0,y_0) - \frac{\partial f}{\partial x}(x_0,y_0)(x-x_0) - \frac{\partial f}{\partial y}(x_0,y_0)(y-y_0) \\ &= \frac{\partial f}{\partial y}(x_0,\overline{y})(y-y_0) + \frac{\partial f}{\partial x}(\overline{x},y_0)(x-x_0) \\ &- \frac{\partial f}{\partial x}(x_0,y_0)(x-x_0) - \frac{\partial f}{\partial y}(x_0,y_0)(y-y_0) \\ &= \left(\frac{\partial f}{\partial y}(x_0,\overline{y}) - \frac{\partial f}{\partial y}(x_0,y_0)\right)(y-y_0) \\ &+ \left(\frac{\partial f}{\partial x}(\overline{x},y_0) - \frac{\partial f}{\partial y}(x_0,y_0)\right)(x-x_0). \end{aligned}$$

Para concluir a prova, observe que

(i) $\left|\dfrac{x-x_0}{\sqrt{(x-x_0)^2+(y-y_0)^2}}\right| \leq \left|\dfrac{x-x_0}{\sqrt{(x-x_0)^2}}\right| = 1;$

(ii) $\displaystyle\lim_{(x,y)\to(x_0,y_0)} \frac{\partial f}{\partial x}(\overline{x},y_0) = \frac{\partial f}{\partial x}(x_0,y_0)$, pois $\dfrac{\partial f}{\partial x}$ é contínua e se $x \to x_0$, então $\overline{x} \to x_0$ (lembre-se que $\overline{x}$ está no intervalo de extremidades x_0 e x).

---

[1] Lembre-se que o Teorema do Valor Médio diz que se f for contínua no intervalo $[a,b]$ e diferenciável em (a,b), então existe $c \in (a,b)$ tal que $f'(c) = \dfrac{f(b)-f(a)}{b-a}$.

Combinando (i) e (ii), temos

$$\lim_{(x,y)\to(x_0,y_0)} \frac{\left(\frac{\partial f}{\partial x}(\overline{x},y_0) - \frac{\partial f}{\partial y}(x_0,y_0)\right)(x-x_0)}{\sqrt{(x-x_0)^2+(y-y_0)^2}} = 0. \tag{5.6}$$

Analogamente, prova-se a igualdade:

$$\lim_{(x,y)\to(x_0,y_0)} \frac{\left(\frac{\partial f}{\partial y}(x_0,\overline{y}) - \frac{\partial f}{\partial y}(x_0,y_0)\right)(y-y_0)}{\sqrt{(x-x_0)^2+(y-y_0)^2}} = 0. \tag{5.7}$$

Combinando (5.6) e (5.7), temos

$$\lim_{(x,y)\to(x_0,y_0)} \frac{f(x,y)-L(x,y)}{\sqrt{(x-x_0)^2+(y-y_0)^2}} = 0,$$

e, portanto, f é diferenciável no ponto (x_0, y_0). □

O teorema acima nos permite verificar a diferenciabilidade de uma função num ponto, verificando se suas derivadas parciais são contínuas no ponto em questão.

Exemplo 5.21. *Analise a diferenciabilidade das funções dadas:*

a) $f(x,y) = 3xy^2 + 7y^2 + 2xy;$

b) $f(x,y) = \dfrac{x}{x^2+y^2};$

c) $f(x,y) = sen(xy);$

d) $f(x,y) = \sqrt{x^2+y^2};$

e) $f(x,y) = \begin{cases} \dfrac{xy}{x^2+y^2}, & se\ (x,y) \neq (0,0), \\ 0, & se\ (x,y) = (0,0). \end{cases}$

Solução:

a) Como f é um polinômio, tem-se, pelo Teorema 5.3 (todo polinômio é diferenciável), que f é diferenciável em todos os pontos $(x, y) \in \mathbb{R}^2$.

b) Neste exemplo, tem-se um quociente de polinômios. Como cada um desses polinômios é diferenciável, segue-se do Teorema 5.7(iii) que f será diferenciável em todos os pontos em que seu denominador é não nulo, isto é $x^2 + y^2 \neq 0$. Conclui-se assim que f é diferenciável em todos os pontos $(x, y) \in \mathbb{R}^2 - \{(0,0)\}$.

c) Observe que aqui temos uma composição de funções: a função $h(x) = \text{sen}x$ está composta com a função $g(x, y) = xy$, de modo que $f(x, y) = \text{sen}(xy) = h \circ g(x, y)$. Como h e g são diferenciáveis todos os pontos (por quê?), o Teorema 5.4 garante que f é diferenciável em todos os pontos $(x, y) \in \mathbb{R}^2$.

d) Este exemplo requer um pouco mais de cuidado. Embora a expressão dentro do radicando seja um polinômio, não pode-se dizer que f é diferenciável em todos pontos. Note que se $(x, y) \neq (0,0)$, então

$$\frac{\partial f}{\partial x}(x,y) = \frac{x}{\sqrt{x^2+y^2}} \text{ e } \frac{\partial f}{\partial y}(x,y) = \frac{y}{\sqrt{x^2+y^2}}.$$

Essas duas funções são contínuas em todos os pontos $(x, y) \neq (0,0)$, de modo que, pelo Teorema 5.5, f é diferenciável em todos os pontos $(x, y) \neq (0,0)$.

Por outro lado, no ponto $(0,0)$, as expressões dadas acima não podem ser usadas, pois são válidas apenas para $(x,y) \neq (0,0)$. Nesse caso, deve-se utilizar a definição. Como

$$\frac{\partial f}{\partial x}(0,0) = \lim_{h\to 0} \frac{f(h,0)-f(0,0)}{h} = \lim_{h\to 0} \frac{|h|}{h}$$

não existe, tem-se diretamente pela definição de diferenciabilidade que f não é diferenciável em $(x,y) = (0,0)$ — observe que na definição, pede-se a existência das derivadas parciais.

e) Note que $\lim_{(x,y)\to(0,0)} f(x,y)$ não existe, de modo que f não é contínua em $(0,0)$. O Teorema 5.2 garante que f é não diferenciável em $(0,0)$ (o teorema diz que se f for diferenciável, então será contínua no ponto). Caso $(x,y) \neq (0,0)$, tem-se que f é diferenciável, pois é o quociente de dois polinômios e, nesse caso, o denominador nunca se anulará. □

Os exemplos a seguir ilustram o uso da noção de diferenciabilidade e linearidade para obter aproximações.

Exemplo 5.22. Considere a função $T(x,y) = x^3 + x^2y$. Utilize aproximação linear para estimar o valor de $T(1,01;3,02)$ e compare com o valor real.

Solução: Lembre-se que a aproximação linear em torno do ponto (x_0,y_0) é dada por

$$L(x,y) = T(x_0,y_0) + \frac{\partial T}{\partial x}(x_0,y_0)(x-x_0) + \frac{\partial T}{\partial y}(x_0,y_0)(y-y_0).$$

Escolhemos (x_0,y_0) próximo de $(1,01;3,02)$ e que nos permita obter o valor de T facilmente. No caso, tomaremos $(x_0,y_0) = (1,3)$ e calculamos $T(1,3) = 1^3 + 1^2 \cdot 3 = 4$. Por outro lado, como $\frac{\partial T}{\partial x} = 3x^2 + 2xy$ e $\frac{\partial T}{\partial y} = x^2$, então $\frac{\partial T}{\partial x}(1,3) = 3\cdot 1^2 + 2\cdot 1\cdot 3 = 9$ e $\frac{\partial T}{\partial y}(1,3) = 1^2 = 1$. Deste modo, a aproximação linear em torno do ponto $(1,3)$ é dada por

$$L(x,y) = 4 + 9(x-1) + (y-3).$$

Daí $L(1,01;3,02) = 4 + 9(0,01) + (0,02) = 4,11$ e este valor aproximado de $T(1,01;3,02)$ é $3,11$. O valor real é dado por $T(1,01;3,02) = 1,01^3 + 1,01^2 \cdot 3,02 = 4,111$. Os valores obtidos nos dão um erro de $4,111 - 4,11 = 0,001$, o que em termos percentuais representa um erro de

$$\frac{4,111-4,11}{4,111} = 0,00024,$$

ou seja, um erro de $0,024\%$ □

Exemplo 5.23. *Um artesão planejava construir caixas cilíndricas com tampa e fundo, de raio $3cm$ e altura $h = 8cm$ para vender a um cliente. O custo do material para confecção de cada caixa é de oito centavos de real cm^2. O cliente, entretanto, acabou optando por uma caixa cilíndrica com dimensões diferentes. Em relação à ideia original do artesão, as dimensões sofreram um acréscimo de 10 % no raio e 5 % na altura. Use aproximação linear para dizer qual o valor aproximado do acréscimo no custo da caixa.*

Solução: Uma vez que a área total de um cilindro é dada por $2\pi r^2 + 2\pi rh = 2\pi(r^2 + rh)$ em que r é o raio e h a altura, e o custo é de *R$* 0,08 por cm^2, então o custo total de fabricação é

$$C(r,h) = 2\pi(r^2 + rh)\cdot 0,08 = 0,16\pi(r^2 + rh).$$

Lembrando que $C(r,h) \approx L(r,h)$ nas vizinhanças de um ponto, podemos pensar na seguinte aproximação para a variação no custo:

$$\Delta C \approx L(3,3;8,4) - C(3,8).$$

Por (5.4), temos

$$L(r,h) - C(3,8) = \frac{\partial C}{\partial r}(3,8)(r-3) + \frac{\partial C}{\partial h}(3,8)(h-8).$$

Efetuando o cálculo das derivadas parciais obtemos:

$$\frac{\partial C}{\partial r} = 0,16\pi(2r+h) \text{ e } \frac{\partial C}{\partial h} = 0,16\pi r,$$

de modo que $\frac{\partial C}{\partial r}(3,8) = 0,16\pi(2\cdot 3+8) = 2,24\pi$ e $\frac{\partial C}{\partial h} = 0,16\pi\cdot 3 = 0,48\pi$.

A variação nas dimensões foram: de 3 para 3,3 (10%) e de 8 para 8,4 (5%), daí a variação será, aproximadamente, dada por

$$\begin{aligned} L(3,3;8,4) - C(3,8) &= \frac{\partial C}{\partial r}(3,8)(3,3-3) + \frac{\partial C}{\partial h}(3,8)(8,4-8) \\ &= 2,24\pi\cdot 0,3 + 0,48\pi\cdot 0,4 \\ &= 0,864\pi \approx= 2,714 \end{aligned}$$

de modo que a variação no custo é aproximada por $\Delta C \approx R\$2,71$ (arredondado com duas casas decimais). □

Observação 5.1. *Note que o real valor de ΔC é $R\$3,52$ (arredondado com duas casas decimais), de modo que o erro é de $R\$0,81$ o que em termos percentuais representa um erro de 23%.*

EXERCÍCIOS DE AQUECIMENTO

1. Suponha que f seja uma função diferenciável no ponto $(2,3)$ e que $f(2,3) = 2$, $\frac{\partial f}{\partial x}(2,3) = 1$ e $\frac{\partial f}{\partial y}(2,3) = 3$. Encontre um valor aproximado para $f(2,2;2,9)$.

2. A função $f(x,y) = \frac{x^2+y^2}{x^3+y^3}$ é diferenciável para todo $(x,y) \neq (0,0)$?

3. Verifique se a função
$$f(x,y) = \begin{cases} \frac{xy}{\sqrt{x^2+y^2}} & \text{se} \quad (x,y) \neq (0,0) \\ 0 & \text{se} \quad (x,y) = (0,0) \end{cases}$$
é diferenciável.

4. A função $f(x,y) = x^3 + y^3 + x^2$ é diferenciável?

Respostas:

1. 1,9.
2. Sim.
3. Diferenciável para todo $(x,y) \neq (0,0)$);
4. Sim.

5.6 Regra da Cadeia

Lembre-se do Cálculo de funções de uma variável que, se $f : \mathbb{R} \to \mathbb{R}$ for uma função diferenciável em x_0, então

$$f'(x_0) = \lim_{x \to x_0} \frac{f(x) - f(x_0)}{x - x_0},$$

ou seja

$$f(x) \approx f(x_0) + f'(x_0)(x - x_0). \tag{5.8}$$

Por outro lado,

$$L(x, y) = f(x_0, y_0) + \frac{\partial f}{\partial x}(x_0, y_0)(x - x_0) + \frac{\partial f}{\partial y}(x_0, y_0)(y - y_0)$$

e

$$\lim_{(x,y)\to(x_0,y_0)} \frac{f(x, y) - L(x, y)}{|(x, y) - (x_0, y_0)|} = 0,$$

se f for diferenciável no ponto (x_0, y_0). Neste caso, $f(x, y) \approx L(x, y)$ quando $(x, y) \approx (x_0, y_0)$, ou seja, quando (x, y) está próximo de (x_0, y_0) tem-se

$$f(x, y) \approx f(x_0, y_0) + \frac{\partial f}{\partial x}(x_0, y_0)(x - x_0) + \frac{\partial f}{\partial y}(x_0, y_0)(y - y_0).$$

A última expressão pode ser reescrita em termos de produto escalar:

$$f(x, y) \approx f(x_0, y_0) + \left(\frac{\partial f}{\partial x}(x_0, y_0), \frac{\partial f}{\partial y}(x_0, y_0)\right) \cdot (x - x_0, y - y_0). \tag{5.9}$$

Se denotarmos $\left(\frac{\partial f}{\partial x}, \frac{\partial f}{\partial y}\right)$ por $f'(x, y)$ pode-se reescrever a igualdade (5.9) como

$$f(x, y) \approx f(x_0, y_0) + f'(x, y) \cdot (x - x_0, y - y_0). \tag{5.10}$$

Definição 5.8. *Se f for uma função diferenciável em (x, y), define-se*

$$f'(x, y) = \left(\frac{\partial f}{\partial x}, \frac{\partial f}{\partial y}\right).$$

Observe que, escrevendo dessa maneira, as igualdades (5.8) e (5.10) são muito similares. Vamos explorar essa similaridade um pouco mais. No Cálculo Diferencial de uma variável, se $y = f(x)$ e $x = x(t)$ (ou seja, x é uma função de t), então a regra da cadeia nos permite escrever

$$\frac{dy}{dt} = f'(x) \cdot x'(t).$$

A expressão acima também vale para funções de várias variáveis. Precisamos, porém, fazer alguma adaptações. Suponha $z = f(x, y)$ e que as variáveis x e y também dependam de um parâmetro t, isto é $x = x(t)$ e $y = y(t)$. Copiando a ideia da regra da cadeia para funções de várias variáveis tem-se

$$\frac{dz}{dt} = f'(x, y) \cdot \frac{d}{dt}\big(x(t), y(t)\big) = f'(x, y) \cdot \left(\frac{dx}{dt}, \frac{dy}{dt}\right).$$

O produto acima é na verdade o produto escalar entre os vetores $f'(x, y) = \left(\frac{\partial z}{\partial x}, \frac{\partial z}{\partial y}\right)$ e $\left(\frac{dx}{dt}, \frac{dy}{dt}\right)$. Calculando esse produto escalar, obtém-se

$$\frac{dz}{dt} = \frac{\partial z}{\partial x}\frac{dx}{dt} + \frac{\partial z}{\partial y}\frac{dy}{dt}.$$

Teorema 5.6. *[Regra da Cadeia - Caso 1] Suponha que x e y sejam funções de uma variável t, isto é: $x = x(t)$ e $y = y(t)$. Seja $z = f(x, y)$ uma função de duas variáveis — que pode ser escrita como $z = f(x(t), y(t)))$ —, então*

$$\frac{dz}{dt} = f'(x,y)\cdot\left(\frac{dx}{dt},\frac{dy}{dt}\right) = \frac{\partial z}{\partial x}\frac{dx}{dt} + \frac{\partial z}{\partial y}\frac{dy}{dt}.$$

Exemplo 5.24. *Suponha que $f(x, y) = xy + x^2$, $x(t) = \cos t$ e $y(t) = sen t$.*

1. *Use a regra da cadeia para encontrar $\frac{dz}{dt}$;*
2. *Determine $\frac{dz}{dt}\left(\frac{\pi}{2}\right)$.*

Solução:

1. Pela Regra da Cadeia,
$$\frac{dz}{dt} = \frac{\partial z}{\partial x}\frac{dx}{dt} + \frac{\partial z}{\partial y}\frac{dy}{dt}.$$
Uma vez que $\frac{\partial z}{\partial x} = y + 2x$, $\frac{\partial z}{\partial y} = x$, $\frac{\partial x}{\partial t} = -\text{sen}t$, $\frac{\partial z}{\partial y} = \cos t$, tem-se
$$\frac{dz}{dt} = (y+2x)(-\text{sen}t) + x\cos t = -(y+2x)(\text{sen}t) + x\cos t;$$
2. Pelo item anterior
$$\frac{dz}{dt}\left(\frac{\pi}{2}\right) = -(y+2x)\text{sen}\frac{\pi}{2} + x\cos\frac{\pi}{2} = -(y+2x).$$
Se $t = \frac{\pi}{2}$, então $x = \cos\left(\frac{\pi}{2}\right) = 0$ e $y = \text{sen}\left(\frac{\pi}{2}\right) = 1$, logo
$$\frac{dz}{dt}\left(\frac{\pi}{2}\right) = -(1+2\cdot 0)\text{sen}\frac{\pi}{2} + 0\cdot\cos\frac{\pi}{2} = 1.$$

□

A regra da cadeia é particularmente útil na resolução de problemas que envolvem taxas relacionadas.

Exemplo 5.25. Determine a que taxa está aumentando a área de uma caixa retangular se seu comprimento é de 10 cm e está aumentando a $2cm/s$, sua largura é de $4cm$ e está aumentando a $3cm/s$.

Solução: Denotando o comprimento por x e a largura por y, temos que a área é uma função de duas variáveis dada por $A(x, y) = xy$. Tanto x como y variam com o tempo, deste modo, $x = x(t)$ e $y = y(t)$ (isto é, x e y são funções de t). Dito isto, A também depende de t. A regra da cadeia fornece:

$$\frac{dA}{dt} = A'(x,y)\cdot\left(\frac{dx}{dt},\frac{dy}{dt}\right) = \frac{\partial A}{\partial x}\frac{dx}{dt} + \frac{\partial A}{\partial y}\frac{dy}{dt}.$$

Como $\frac{\partial A}{\partial x} = y$ e $\frac{\partial A}{\partial y} = x$, e as taxas do comprimento e largura são dados no problema (a saber: $\frac{dx}{dt} = 2cm/s$ e $\frac{dy}{dt} = 3cm/s$), temos

$$\frac{dA}{dt} = 2y + 3x.$$

Quando $x = 10$ e $y = 4$ (dados pelo problema), obtemos

$$\frac{dA}{dt} = 2 \cdot 4 + 3 \cdot 10 = 38cm/s.$$

□

Assim como fizemos para o primeiro caso da Regra da Cadeia (veja Teorema 5.6), poderíamos ter assumido $x = x(u, v)$ e $y = y(u, v)$ (funções de duas variáveis) e ter obtido

$$\frac{\partial z}{du} = f'(x, y) \cdot \left(\frac{\partial x}{\partial u}, \frac{\partial y}{\partial u}\right) \text{ e } \frac{\partial z}{dv} = f'(x, y) \cdot \left(\frac{\partial x}{\partial v}, \frac{\partial y}{\partial v}\right).$$

Esse é o conteúdo do segundo caso da Regra da Cadeia.

Teorema 5.7 (Regra da Cadeia - Caso 2). Suponha que x e y sejam funções das variáveis u e v, isto é: $x = x(u, v)$ e $y = y(u, v)$. Seja $z = f(x, y)$ uma função de duas variáveis — que pode ser vista como $z = f(x(u, v), y(u, v))$ —, então

$$\frac{\partial z}{\partial u} = f'(x, y) \cdot \left(\frac{\partial x}{\partial u}, \frac{\partial y}{\partial u}\right) = \frac{\partial z}{\partial x}\frac{\partial x}{\partial u} + \frac{\partial z}{\partial y}\frac{\partial y}{\partial u}.$$

e

$$\frac{\partial z}{\partial v} = f'(x, y) \cdot \left(\frac{\partial x}{\partial v}, \frac{\partial y}{\partial v}\right) = \frac{\partial z}{\partial x}\frac{\partial x}{\partial v} + \frac{\partial z}{\partial y}\frac{\partial y}{\partial v}.$$

Observação 5.2. Na verdade, os Casos 1 e 2 da Regra da Cadeia podem ser compreendidos como um só. O fundamental é o entendimento da expressão $f'(x, y)$. Caso tenhamos uma função $y = f(x_1, x_2, \cdots, x_k)$ e cada x_i, $1 \leq i \leq k$, dependendo de outras m variáveis, digamos $x_i = x_i(u_1, u_2, \cdots, u_m)$, a regra da cadeia continua valendo no formato:

$$\frac{\partial y}{\partial x_i} = f'(x_1, x_2, \cdots, x_k) \cdot \left(\frac{\partial x_a}{\partial u_1}, \frac{\partial x_2}{\partial u_2}, \cdots, \frac{\partial x_k}{\partial u_m},\right),$$

em que

$$f'(x_1, x_2, \cdots, x_k) = \left(\frac{\partial f}{\partial x_1}, \frac{\partial f}{\partial x_2}, \cdots, \frac{\partial f}{\partial x_m}\right).$$

Exemplo 5.26. Suponha $z = y^2 - x^2$, $x = r\cos\theta$ e $y = r\text{sen}\theta$. Utilize a Regra da Cadeia para calcular $\frac{\partial z}{\partial r}$ e $\frac{\partial z}{\partial \theta}$.

Solução: Utilizando o segundo caso da Regra da Cadeia, tem-se:

$$\frac{\partial z}{\partial r} = (2x, -2y) \cdot (\cos\theta, \text{sen}\theta) = 2x\cos\theta - 2y\text{sen}\theta.$$

e

$$\frac{\partial z}{\partial \theta} = (2x, -2y) \cdot (-r\text{sen}\theta, r\cos\theta) = -2rx\text{sen}\theta - 2ry\cos\theta.$$

EXERCÍCIOS DE AQUECIMENTO

1. Encontre da regra da cadeia que fornece $\frac{\partial z}{\partial u}$, $\frac{\partial z}{\partial v}$ e $\frac{\partial z}{\partial w}$, em que $z = f(x, y)$, $x = x(u, v, w)$ e $y = y(u, v, w)$;

2. Calcule $\frac{\partial z}{\partial u}$ e $\frac{\partial z}{\partial v}$ em que $z = \text{sen}(xy)$, $x = u^2 + v^2$ e $y = u^2 - v^2$;

3. Uma chapa num formato de triângulo retângulo está se dilatando. Supondo que cada cateto esteja se dilatando a uma taxa de $2cm/s$ e $1cm/s$ respectivamente, determine uma expressão — em termo dos catetos — que fornece a taxa que está aumentando a área da chapa.

Respostas:

1. $\dfrac{\partial z}{\partial u} = \dfrac{\partial z}{\partial x}\dfrac{\partial x}{\partial u} + \dfrac{\partial z}{\partial y}\dfrac{\partial y}{\partial u}$, $\dfrac{\partial z}{\partial v} = \dfrac{\partial z}{\partial x}\dfrac{\partial x}{\partial v} + \dfrac{\partial z}{\partial y}\dfrac{\partial y}{\partial v}$ e $\dfrac{\partial z}{\partial w} = \dfrac{\partial z}{\partial x}\dfrac{\partial x}{\partial w} + \dfrac{\partial z}{\partial y}\dfrac{\partial y}{\partial w}$.

2. $\dfrac{\partial z}{\partial u} = 2u\cos(xy)(y+x)$ e $\dfrac{\partial z}{\partial v} = 2v\cos(xy)(y-x)$.

3. Se x e y representam as medidas dos catetos, temos que $\dfrac{dx}{dt} = 2$ e $\dfrac{dy}{dt} = 1$. Neste caso, a taxa é dada por $\dfrac{1}{2}(2x+y)$.

5.7 Derivada Direcional, Gradiente e Plano Tangente

Seja $u = (a,b)$ um vetor unitário e $P = (x_0, y_0)$ um ponto qualquer do plano $\mathbb{R}^2$. As derivadas parciais nos fornecem a taxa de variação de uma função na direção de cada eixo coordenado. Imagine agora uma reta passando pelo ponto P e com vetor diretor u (veja Figura 98). Qual seria a taxa de variação de uma função diferenciável $z = f(x,y)$ no ponto P ao longo da reta citada? Da Geometria Analítica, sabemos que a equação paramétrica dessa reta é

$$r(t) = (x(t), y(t)) = (x_0 + at, y_0 + bt).$$

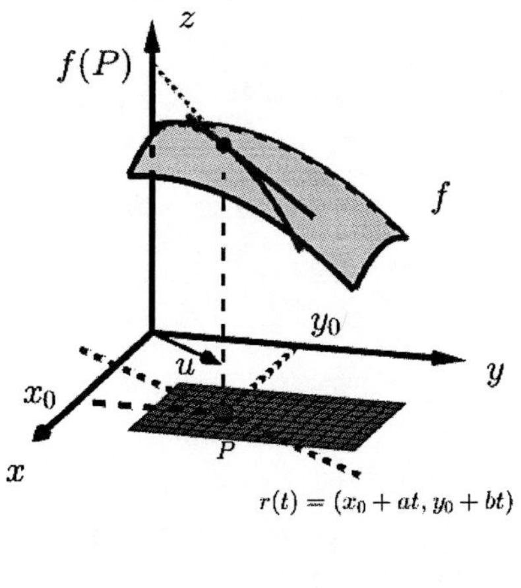

Figura 98 – Ilustração da Derivada Direcional.

Se considerarmos a função $g(t) = f(x_0 + at, y_0 + bt)$, a taxa de variação de f no ponto P e ao longo da reta $r(t)$ coincide com a taxa de variação de g no ponto $t = 0$ (observe que $g(0) = f(x_0, y_0)$). Denota-se essa taxa de variação por **derivada direcional de f no ponto P e na direção do vetor unitário u**. Para determinar essa taxa de variação, utiliza-se a Regra da Cadeia:

$$g'(t) = f'(x,y)\cdot\left(\frac{dx}{dt}, \frac{dy}{dt}\right), \text{ ou seja } g'(t) = \frac{\partial f}{\partial x}\frac{dx}{dt} + \frac{\partial f}{\partial y}\frac{dy}{dt}.$$

Substituindo o ponto $t = 0$, obtemos $x(0) = x_0$, $y(0) = y_0$, $\frac{\partial f}{\partial x}(x,y) = \frac{\partial f}{\partial x}(x_0,y_0)$ e $\frac{\partial f}{\partial y}(x,y) = \frac{\partial f}{\partial y}(x_0,y_0)$. Observando que $\frac{dx}{dt} = a$ e $\frac{dy}{dt} = b$, obtemos

$$g'(0) = \frac{\partial f}{\partial x}(x_0,y_0)a + \frac{\partial f}{\partial y}(x_0,y_0)b.$$

É comum denotar na literatura a derivada direcional de f no ponto $P = (x_0, y_0)$, na direção do vetor unitário $u = (a,b)$ por $\frac{\partial f}{\partial u}(x_0,y_0)$ ou $D_u f((x_0,y_0))$. De maneira geral — neste texto —, optamos por usar $D_u f((x_0,y_0))$ para não correr o risco de confusão com derivada parciais de f em relação a u. Pelos cálculos acima, tem-se

$$D_u f((x_0,y_0)) = \frac{\partial f}{\partial u}(x_0,y_0) = \frac{\partial f}{\partial x}(x_0,y_0)a + \frac{\partial f}{\partial y}(x_0,y_0)b. \tag{5.11}$$

Antes de passarmos a um exemplo, façamos um pequeno comentário a respeito da fórmula acima. A expressão dada nos diz que para calcular a derivada direcional num ponto P basta conhecermos o vetor unitário u (que dá a direção em que desejamos calcular a derivada) e as derivadas parciais no ponto P em questão.

Definição 5.9. *Seja $z = f(x,y)$ uma função diferenciável, o **vetor gradiente** de f no ponto (x,y) é definido por*

$$\nabla f(x,y) = \left(\frac{\partial f}{\partial x}(x,y), \frac{\partial f}{\partial y}(x,y)\right).$$

O vetor gradiente nada mais é do que a derivada que definimos na Seção 6.5:

$$f'(x,y) = \nabla f(x,y) = \left(\frac{\partial f}{\partial x}(x,y), \frac{\partial f}{\partial y}(x,y)\right).$$

Esse vetor possui propriedades geométricas importantes e desempenha relevante papel na derivada direcional, como veremos ao longo dessa seção. Vale observar que, se o símbolo "$\cdot$" denota o produto escalar entre dois vetores, a expressão (5.11) pode ser reescrita como

$$\frac{\partial f}{\partial u}(x_0,y_0) = \nabla f(x_0,y_0)\cdot u, \tag{5.12}$$

uma expressão mais compacta e simples que (5.11), em que $\cdot$ significa produto escalar entre os vetores $\nabla f(x_0,y_0)$ e u.

Observação 5.3. *De maneira geral, mesmo se f não for diferenciável em um ponto, podemos definir sua derivada direcional como*

$$D_u f(x_0,y_0) = \lim_{t\to 0}\frac{f((x_0,y_0)+tu) - f(x_0,y_0)}{t}.$$

Exemplo 5.27. Calcule a derivada direcional de $f(x,y) = \ln(xy)$ em $(2,2)$ na direção e sentido do vetor $v = (1,1)$.
Solução: Note que o vetor gradiente é dado por $\nabla f(x,y) = \left(\frac{1}{x}, \frac{1}{y}\right)$, logo $\nabla f(2,2) = \left(\frac{1}{2}, \frac{1}{2}\right)$. Como o vetor v não é unitário (observe que na definição de derivada direcional se pede um vetor unitário), consideramos sua normalização:

$$u = \frac{v}{\|v\|} = \frac{1}{\sqrt{2}}(1,1) = \left(\frac{1}{\sqrt{2}}, \frac{1}{\sqrt{2}}\right)$$

e obtemos

$$D_u f(2,2) = \nabla f(2,2) \cdot \left(\frac{1}{\sqrt{2}}, \frac{1}{\sqrt{2}}\right) = \left(\frac{1}{2}, \frac{1}{2}\right) \cdot \left(\frac{1}{\sqrt{2}}, \frac{1}{\sqrt{2}}\right) = \frac{1}{2\sqrt{2}} + \frac{1}{2\sqrt{2}} = \frac{2}{2\sqrt{2}} = \frac{1}{\sqrt{2}}.$$

□

Exemplo 5.28. Calcule $\frac{\partial f}{\partial u}(x,y) = D_u f(x,y)$, em que $f(x,y) = x^3 - 3xy + 4y^2$ e u é o vetor unitário que faz um ângulo de $\frac{\pi}{6}$ radianos com o eixo x.
Solução: O vetor gradiente é dado por $\nabla f(x,y) = \left(3x^2 - 3y, -3x + 8y\right)$. Lembre-se que o vetor unitário que faz um ângulo de θ com o eixo x é dado por $(\cos\theta, \operatorname{sen}\theta)$; daí $u = \left(\cos\frac{\pi}{6}, \operatorname{sen}\frac{\pi}{6}\right) = \left(\frac{\sqrt{3}}{2}, \frac{1}{2}\right)$. Deste modo,

$$D_u f(x,y) = \left(3x^2 - 3y, -3x + 8y\right) \cdot \left(\frac{\sqrt{3}}{2}, \frac{1}{2}\right) = \frac{3\sqrt{3}}{2}x^2 - \frac{3}{2}x + \left(4 - \frac{3\sqrt{3}}{2}\right)y.$$

□

5.7.1 Direção em que a Derivada Direcional é Máxima

Dada uma função diferenciável $z = f(x,y)$, seu gradiente é $\nabla f(x,y) = \left(\frac{\partial f}{\partial x}(x,y), \frac{\partial f}{\partial y}(x,y)\right)$. Observe que ∇f é um vetor no plano xy e assim, podemos calcular a derivada direcional de f na direção e sentido de ∇f. Suponha que $\nabla f(x,y) \neq (0,0)$ e tome $u = \frac{\nabla f}{|\nabla f|}$. Logo, por (5.12),

$$D_u f(x,y) = \frac{\partial f}{\partial u}(x,y) = \nabla f(x,y) \cdot u = \nabla f \cdot \frac{\nabla f}{|\nabla f|} = \frac{|\nabla f|^2}{|\nabla f|} = |\nabla f|,$$

ou seja a derivada direcional de f no ponto (x,y) na direção e sentido do vetor gradiente é dada por $|\nabla f|$. Façamos uma discussão mais ampla a respeito do papel do vetor ∇f.

Dado um vetor unitário u, seja ϕ o ângulo formado entre u e $\nabla f(x,y)$, então utilizando um pouco de Geometria Analítica, tem-se

$$D_u f(x,y) = \frac{\partial f}{\partial u}(x,y) = \nabla f(x,y) \cdot u = |\nabla f| \cdot |u| \cos\phi = |\nabla f| \cdot \cos\phi,$$

pois u é unitário. Observe que, uma vez fixado o ponto $P = (x,y)$, a derivada direcional $\frac{\partial f}{\partial u}(x,y)$ terá seu maior valor possível quando $\cos\phi = 1$, ou seja $\phi = 0$, o que nos leva a concluir que $|\nabla f|$ é o maior valor possível que a derivada direcional assume no ponto $P = (x,y)$. Por outro lado, se o valor máximo é assumido quando $\phi = 0$, então u é paralelo a ∇f; como u é unitário, deve-se ter $u = \frac{\nabla f}{|\nabla f|}$. Podemos sintetizar essas informações no

Teorema 5.8. *Seja $z = f(x,y)$ uma função diferenciável, então*

- *a direção em que $D_u f(x,y) =$ é máxima é dada pelo vetor ∇f;*
- *o maior valor de $D_u f(x,y) =$ é $|\nabla f|$;*
- *a direção em que $D_u f(x,y) =$ é mínima é dada pelo vetor $-\nabla f$;*
- *o menor valor de $D_u f(x,y) =$ é $-|\nabla f|$.*

Exemplo 5.29. Dada $f(x,y) = \ln(xy)$. Determine:

1. o valor máximo entre as derivadas direcionais em $(1,1)$;
2. o vetor unitário, u, cuja direção e sentido fornece o máximo valor de $D_u f$.

Solução:

1. Conforme o Teorema 5.8, o maior valor possível para $D_u f$ é $\|\nabla f(1,1)\|$. Como $\nabla f(x,y) = \left(\frac{1}{x}, \frac{1}{y}\right)$, segue-se que $\nabla f(x,y) = (1,1)$ e $\|\nabla f(1,1)\| = \sqrt{2}$;
2. Conforme o Teorema 5.8, o vetor u é dado por
$$\frac{D_u f(1,1)}{\|D_u f(1,1)\|} = \left(\frac{1}{\sqrt{2}}, \frac{1}{\sqrt{2}}\right).$$

□

Exemplo 5.30. Seja $z = f(x,y) = xe^y$.

1. Determine a taxa de variação de f no ponto $P = (1,0)$ na direção do vetor que sai de P a $Q = (2,5)$;
2. Em que direção f tem a máxima taxa de variação? Qual é a máxima taxa de variação?

Solução:

1. A direção é dada pelo vetor $\vec{PQ} = (2-0, 5-0) = (1,5)$, o vetor unitário correspondente é $u = \frac{\vec{PQ}}{|\vec{PQ}|} = \frac{1}{\sqrt{26}}(1,5) = \left(\frac{1}{\sqrt{26}}, \frac{5}{\sqrt{26}}\right)$. Por outro lado,
$$\nabla f = \left(e^y, xe^y\right).$$
Logo
$$\frac{\partial f}{\partial u}(1,0) = \nabla f(1,0)\cdot u = (e^0, 1\cdot e^0).\left(\frac{1}{\sqrt{26}}, \frac{5}{\sqrt{26}}\right) = (1,1)\left(\frac{1}{\sqrt{26}}, \frac{5}{\sqrt{26}}\right) = \frac{6}{\sqrt{26}}.$$
2. A direção na qual a derivada direcional é máxima é dada pelo vetor gradiente: $\nabla f(1,0) = (1,1)$. A derivada direcional máxima é dada por $|\nabla f(1,0)| = \sqrt{26}$.

5.7.2 Plano Tangente à uma Superfície

Vimos na Seção 5.4 que a equação do plano tangente ao gráfico de uma função diferenciável $z = f(x, y)$ no ponto (x_0, y_0) é, caso exista, dada por

$$z - z_0 = \frac{\partial f}{\partial x}(x_0, y0)(x - x_0) + \frac{\partial f}{\partial y}(x_0, y0)(y - y_0),$$

em que $z_0 = f(x_0, y_0)$.

Note que a expressão acima pode ser manipulada de modo a obter a expressão

$$\left(\frac{\partial f}{\partial x}(x_0, y0), \frac{\partial f}{\partial y}(x_0, y0), -1\right) \cdot (x - x_0, y - y_0, z - z_0) = 0. \tag{5.13}$$

Observação 5.4. Da Geometria Analítica, sabemos que se $ax + by + cz = d$ é a equação de um plano, então $N = (a, b, c)$ é um vetor normal a esse plano. Utilizando esse fato, é fácil perceber que $\left(\frac{\partial f}{\partial x}(x_0, y_0), \frac{\partial f}{\partial y}(x_0, y_0), -1\right)$ é um vetor normal ao plano tangente mencionado. □

Se escrevermos $g(x, y, z) = f(x, y) - z$, temos que $\nabla g(x, y, z) = \left(\frac{\partial f}{\partial x}, \frac{\partial f}{\partial y}, -1\right)$ e, de (5.13), podemos escrever a equação do plano tangente como:

$$\nabla g(x_0, y_0, z_0) \cdot (x - x_0, y - y_0, z - z_0) = 0.$$

De maneira geral, se uma superfície for da forma $g(x, y, z) = 0$ (não necessariamente um gráfico de função), em que g é uma função diferenciável, seu vetor gradiente no ponto (x_0, y_0, z_0) é perpendicular ao plano tangente à superfície no ponto (x_0, y_0, z_0). A Figura 99 ilustra esse fato.

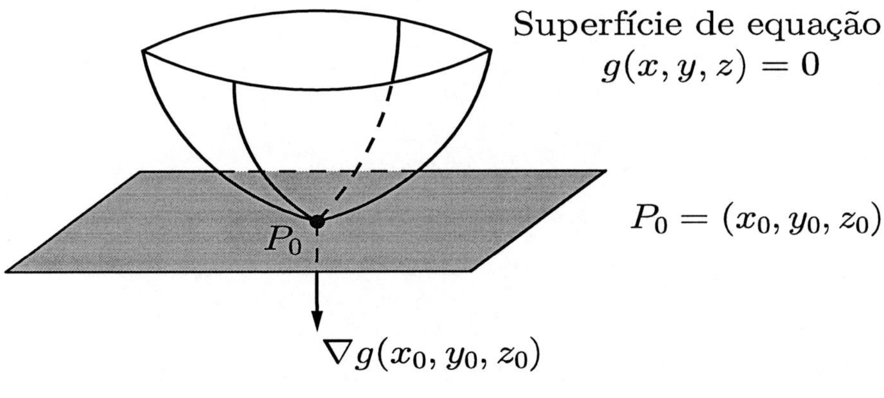

Figura 99 – $\nabla g(x_0, y_0, z_0)$ é perpendicular ao gráfico do plano tangente no ponto.

Teorema 5.9. Seja S a superfície de equação $g(x, y, z) = 0$, em que g é uma função diferenciável de três variáveis. Então $\nabla g(x_0, y_0, z_0)$ é perpendicular ao plano tangente à superfície no ponto (x_0, y_0, z_0). Deste modo, a equação do plano tangente a S em (x_0, y_0, z_0) é dada por

$$\nabla g(x_0, y_0, z_0) \cdot (x - x_0, y - y_0, z - z_0) = 0.$$

Prova. Para provar a validade desse resultado, precisa-se utilizar resultados de Cálculo Vetorial que não são tratados neste texto. O leitor interessado pode consultar, por exemplo, (ANTON; BIVENS; DAVIS, 2007b).

Exemplo 5.31. Encontre a equação do plano tangente ao gráfico da superfície de equação $\ln(xz) - \text{sen}(xy) = 0$ no ponto $\left(1, \frac{\pi}{2}, e\right)$.

Solução: Primeira coisa que devemos notar é que o ponto $\left(1, \frac{\pi}{2}, e\right)$ pertence à superfície. De fato o ponto pertence à superfície, pois $\ln(1 \cdot e) - \text{sen}\left(1 \cdot \frac{\pi}{2}\right) = 0$. Se g denota a função $g(x,y,z) = \ln(xz) - \text{sen}(xy)$, temos $\nabla g(x,y,z) = \left(\frac{1}{x} - y\cos(xy), -x\cos(xy), \frac{1}{z}\right)$, o que nos fornece

$$g\left(1, \frac{\pi}{2}, e\right) = \left(1, 0, \frac{1}{e}\right).$$

Assim, a equação do plano tangente é dada por

$$\left(1, 0, \frac{1}{e}\right) \cdot \left(x - 1, y - \frac{\pi}{2}, z - e\right) = 0.$$

Manipulando a expressão acima, obtém-se

$$x + \frac{1}{e}z - 2 = 0.$$

□

Exemplo 5.32. *Encontre a equação do plano tangente ao gráfico da função* $z = f(x,y) = 16 - x^2 - y^2$ *no ponto* $P = (1,2,11)$.

Solução: Esse exemplo foi resolvido no Seção 5.4. Podemos obter o mesmo resultado procedendo da seguinte maneira: defina $g(x,y,z) = 16 - x^2 - y^2 - z$, logo $\nabla g = (-2x, -2y, -1)$ e $\nabla g(1,2,11) = (-2,-4,-1)$. Assim, a equação do plano tangente é

$$(-2,-4,-1) \cdot (x-1, y-2, z-11) = 0.$$

Manipulando a expressão acima, obtemos $2x + 4y + z = 21$. □

EXERCÍCIOS DE AQUECIMENTO

1. Calcule o gradiente da função $f(x,y) = x^2 + y^2$;

2. Calcule a derivada direcional da função $f(x,y) = x^2 + y^2$, na direção do vetor $v = (1,2)$ avaliada no ponto $P = (1,1)$. Dentre todas as direções possíveis no ponto P, qual a que fornece a maior derivada direcional possível?

3. Encontre a equação do plano tangente à superfície de equação $2x^2 - y^2 + z^2 = 1$ no ponto $\left(\frac{1}{\sqrt{2}}, 1, 1\right)$.

Respostas:

1. $\nabla f(x,y) = (2x, 2y)$.
2. $\dfrac{6}{\sqrt{5}}$.
3. $\sqrt{2}x - y + z = 1$.

5.8 Derivadas Parciais de ordem mais alta

Se $z = f(x,y)$ for uma função diferenciável, então suas derivadas parciais $\dfrac{\partial f}{\partial x}$ e $\dfrac{\partial f}{\partial y}$, também funções de (x,y), podem ser diferenciáveis. Por exemplo, se $z = f(x,y) = xe^y$, então as funções $\dfrac{\partial z}{\partial x} = e^y$ e $\dfrac{\partial f}{\partial y} = xe^y$ também são diferenciáveis. Assim sendo, podemos calcular as derivadas

$$\frac{\partial}{\partial x}\left(\frac{\partial f}{\partial x}\right) := \frac{\partial^2 f}{\partial x^2}, \ \frac{\partial}{\partial y}\left(\frac{\partial f}{\partial x}\right) := \frac{\partial^2 f}{\partial y \partial x}$$

e

$$\frac{\partial}{\partial y}\left(\frac{\partial f}{\partial y}\right) := \frac{\partial^2 f}{\partial y^2}, \ \frac{\partial}{\partial x}\left(\frac{\partial f}{\partial y}\right) := \frac{\partial^2 f}{\partial x \partial y}.$$

As derivadas acima são as de segunda ordem de f. Naturalmente, se essas derivadas de segunda ordem forem funções diferenciáveis, então poderemos calcular suas derivadas parciais e obter, assim, derivadas de terceira ordem (e assim sucessivamente). Denotamos por derivadas mistas aquelas de ordem maior que um em que se deriva em duas ou mais variáveis. Numa função de duas variáveis $z = f(x,y)$, as derivadas parciais de segunda ordem mistas são $\dfrac{\partial^2 f}{\partial x \partial y}$ e $\dfrac{\partial^2 f}{\partial y \partial x}$.

Exemplo 5.33. *Calcule todas as derivadas de segunda ordem de $z = f(x,y) = xe^y$.*

Solução: Veja:

$$\begin{aligned}
\frac{\partial z}{\partial x} &= \frac{\partial}{\partial x}(xe^y) = e^y; \\
\frac{\partial z}{\partial y} &= \frac{\partial}{\partial y}(xe^y) = xe^y; \\
\frac{\partial^2 z}{\partial x^2} &= \frac{\partial}{\partial x}\left(\frac{\partial}{\partial x}(xe^y)\right) = \frac{\partial}{\partial x}e^y = 0; \\
\frac{\partial^2 z}{\partial y^2} &= \frac{\partial}{\partial y}\left(\frac{\partial}{\partial y}(xe^y)\right) = \frac{\partial}{\partial y}xe^y = xe^y; \\
\frac{\partial^2 z}{\partial x \partial y} &= \frac{\partial}{\partial x}\left(\frac{\partial}{\partial y}(xe^y)\right) = \frac{\partial}{\partial x}xe^y = e^y; \\
\frac{\partial^2 z}{\partial y \partial x} &= \frac{\partial}{\partial y}\left(\frac{\partial}{\partial x}(xe^y)\right) = \frac{\partial}{\partial y}e^y = e^y.
\end{aligned}$$

Observe que, no exemplo acima, as derivadas $\dfrac{\partial^2 z}{\partial y \partial x}$ e $\dfrac{\partial^2 z}{\partial x \partial y}$ são iguais. Surge a pergunta se esse é um fato geral, isto é,

as derivadas de segunda ordem mistas são sempre iguais?

Antes de responder a essa questão, vamos explorar o exemplo a seguir.

Exemplo 5.34. *Calcule todas as derivadas mistas de segunda ordem de*

$$f(x,y) = \begin{cases} \dfrac{xy^3}{x^2+y^2} & se\ (x,y) \neq (0,0) \\ 0 & se\ (x,y) = (0,0) \end{cases}$$

Solução: Este é um exemplo mais trabalhoso, pois a função é definida por partes (ela tem uma lei de formação para $(x,y) \neq (0,0)$ e outra em $(x,y) = (0,0)$), procedendo como no Exemplo 5.17, temos para $(x,y) \neq (0,0)$:

$$\frac{\partial f}{\partial x}(x,y) = \begin{cases} \dfrac{y^3(-x^2+y^2)}{(x^2+y^2)^2}, & \text{se } (x,y) \neq (0,0), \\ 0, & \text{se } (x,y) = (0,0), \end{cases}$$

e

$$\frac{\partial f}{\partial y}(x,y) = \begin{cases} \dfrac{x(3x^2y^2+y^4)}{(x^2+y^2)^2}, & \text{se } (x,y) \neq (0,0), \\ 0, & \text{se } (x,y) = (0,0). \end{cases}$$

Além disso,

$$\begin{aligned} \frac{\partial f}{\partial x}(0,0) &= \lim_{t\to 0} \frac{f(t,0)-f(0,0)}{t} \\ &= \lim_{t\to 0} \frac{0}{t} = 0 \end{aligned}$$

e

$$\begin{aligned} \frac{\partial f}{\partial y}(0,0) &= \lim_{t\to 0} \frac{f(0,t)-f(0,0)}{t} \\ &= \lim_{t\to 0} \frac{0}{t} = 0. \end{aligned}$$

De modo que

$$\frac{\partial f}{\partial x}(x,y) = \begin{cases} \dfrac{y^3(-x^2+y^2)}{(x^2+y^2)^2}, & \text{se } (x,y) \neq (0,0), \\ 0, & \text{se } (x,y) = (0,0) \end{cases}$$

e

$$\frac{\partial f}{\partial y}(x,y) = \begin{cases} \dfrac{x(3x^2y^2+y^4)}{(x^2+y^2)^2}, & \text{se } (x,y) \neq (0,0), \\ 0, & \text{se } (x,y) = (0,0). \end{cases}$$

Passemos agora ao cálculo das derivadas mistas de segunda ordem. Para $(x,y) \neq (0,0)$ temos

$$\frac{\partial^2 f}{\partial y \partial x} = \frac{\partial}{\partial y}\left(\frac{y^3(-x^2+y^2)}{(x^2+y^2)^2}\right) = \frac{-3x^4y^2+6x^2y^4+y^6}{(x^2+y^2)^3}$$

e

$$\frac{\partial^2 f}{\partial x \partial y} = \frac{\partial}{\partial x}\left(\frac{x(3x^2y^2+y^4)}{(x^2+y^2)^2}\right) = \frac{-3x^4y^2+6x^2y^4+y^6}{(x^2+y^2)^3}.$$

Observe que se $(x,y) \neq (0,0)$, então $\dfrac{\partial^2 f}{\partial y \partial x} = \dfrac{\partial^2 f}{\partial x \partial y}$. O que acontece quando $(x,y) = (0,0)$? Vejamos:

$$\begin{aligned} \frac{\partial^2 f}{\partial y \partial x}(0,0) &= \lim_{t\to 0} \frac{\dfrac{\partial f}{\partial x}(0,t) - \dfrac{\partial f}{\partial x}(0,0)}{t} \\ &= \lim_{t\to 0} \frac{\dfrac{t^3(-0^2+t^2)}{(t^2+t^2)^2}}{t} = \lim_{t\to 0} \frac{t^5}{t^5} = 1. \end{aligned}$$

Por outro lado

$$\begin{aligned}\frac{\partial^2 f}{\partial x \partial y}(0,0) &= \lim_{t \to 0} \frac{\dfrac{\partial f}{\partial y}(t,0) - \dfrac{\partial f}{\partial y}(0,0)}{t} \\ &= \lim_{t \to 0} \frac{0}{t} = 0,\end{aligned}$$

ou seja

$$\frac{\partial^2 f}{\partial y \partial x}(0,0) \neq \frac{\partial^2 f}{\partial x \partial y}(0,0).$$

□

Assim, no exemplo discutido acima, as derivadas parciais de ordem mista coincidem em pontos $(x, y) \neq (0,0)$ e diferem em $(x, y) = (0,0)$. Isso ocorre porque as funções $\dfrac{\partial^2 f}{\partial x \partial y}$ e $\dfrac{\partial^2 f}{\partial y \partial x}$ não são contínuas em $(0,0)$ (os limites $\displaystyle\lim_{(x,y)\to(0,0)} \frac{\partial^2 f}{\partial x \partial y}$ e $\displaystyle\lim_{(x,y)\to(0,0)} \frac{\partial^2 f}{\partial y \partial x}$ não existem - como o leitor pode verificar). Note que, quando essas funções são contínuas, ou seja $(x, y) \neq (0,0)$, as derivadas mistas possuem o mesmo valor. Esse é o conteúdo do próximo resultado:

Teorema 5.10 (Schwartz-Clairaut). *Seja A um subconjunto aberto de $\mathbb{R}^2$ e suponha que $f : A \to \mathbb{R}$ possua derivadas de segunda em ordem. Se $\dfrac{\partial^2 f}{\partial x \partial y}$ e $\dfrac{\partial^2 f}{\partial y \partial x}$ forem contínuas em $(a, b) \in A$, então*

$$\frac{\partial^2 f}{\partial x \partial y}(a,b) = \frac{\partial^2 f}{\partial y \partial x}(a,b).$$

De acordo com o Teorema de Schwartz-Clairaut, se tivermos uma função *bem comportada*, basta calcular uma derivada de segunda ordem mista, pois a outra irá coincidir com a calculada.

EXERCÍCIOS DE AQUECIMENTO

1. Calcule todas as derivadas parciais de segunda ordem das funções abaixo. O Teorema de Schwartz-Clairaut pode ser aplicado?

   a) $f(x, y) = \text{sen}(3x^2 - y^2)$;

   b) $f(x, y) = x^2 y - \cos(xy)$;

2. Considere a função $f : \mathbb{R}^2 \to \mathbb{R}$ dada por

$$f(x,y) = \begin{cases} \dfrac{xy^2}{x^2 + y^2}, & \text{se } (x,y) \neq (0,0), \\ 0, & \text{se } (x,y) = (0,0) \end{cases}$$

   a) A função f possui todas as derivadas parciais de primeira ordem $\mathbb{R}^2$?

   b) É correto dizer que f possui derivadas parciais de segunda ordem mistas iguais em qualquer ponto $(x, y) \neq (0,0)$?

Respostas:

1. Em todos o teorema é válido.

   a) $f_{xx} = -36x^2\text{sen}(3x^2 - y^2) + 6\cos(3x^2 - y^2)$, $f_{yy} = -4y^2\text{sen}(3x^2 - y^2) - 2\cos(3x^2 - y^2)$ e $f_{xy} = f_{yx} = 12xy\text{sen}(3x^2 - y^2)$;

   b) $f_{xx} = y^2\cos(xy) + 2y$, $f_{yy} = x^2\cos(xy)$ e $f_{xy} = f_{yx} = xy\cos(xy) + \text{sen}(xy) + 2x$.

2.

   a) Sim; b) Não.

5.9 Máximos e Mínimos

Suponha que um artesão deseje construir, para um cliente, uma caixa retangular e sem tampa feita de certo material. A única exigência feita é que a caixa tenha volume $32cm^3$. No sentido de diminuir custos, o artesão decidiu planejar a caixa com a menor área de superfície possível. Quais devem ser as dimensões da caixa para que ela atenda ao desejo do artesão?

A Figura 100 ilustra uma caixa retangular sem tampa com dimensões x, y e z.

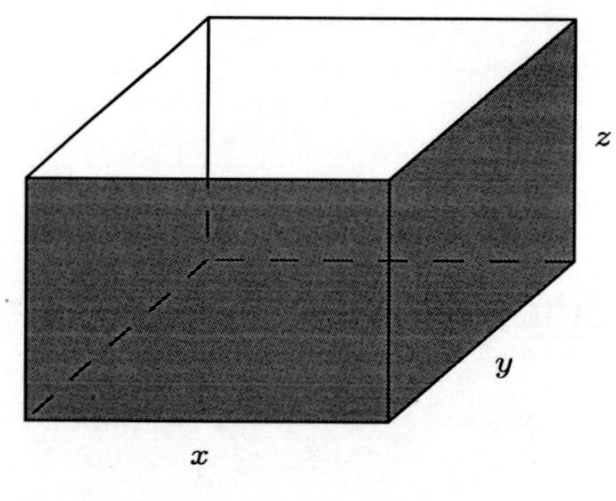

Figura 100 – Caixa retangular sem tampa

Como a caixa é sem tampa, a área de sua superfície é

$$S(x, y) = xy + 2xz + 2yz.$$

Uma vez que o volume da caixa é $V = xyz = 32$, pode-se escrever $z = \dfrac{32}{xy}$ e, portanto, S pode ser reescrita por

$$S(x, y) = xy + 2x \cdot \frac{32}{xy} + 2y \cdot \frac{32}{xy} = xy + \frac{64}{y} + \frac{64}{x}.$$

Para resolver o problema do artesão, deve-se minimizar a função de duas variáveis S. No presente capítulo veremos como abordar um problema desse tipo.

Definição 5.10. Seja $z = f(x, y)$ uma função diferenciável, um ponto (x_0, y_0) é dito um ponto de mínimo local (ou relativo) se existir uma bola aberta $B \subset \mathrm{Dom} f$ tal que

$$f(x_0, y_0) \leq f(x, y) \text{ para todo } (x, y) \in B,$$

e é dito global, se

$$f(x_0, y_0) \leq f(x, y) \text{ para todo } (x, y) \in \mathrm{Dom} f.$$

A definição de pontos de máximo local (ou relativo) e global é análoga e sugerimos ao leitor que a escreva. Quando nos referirmos a um ponto de máximo ou mínimo, escreveremos simplesmente extremo local ou global. A Figura 101 ilustra tais pontos.

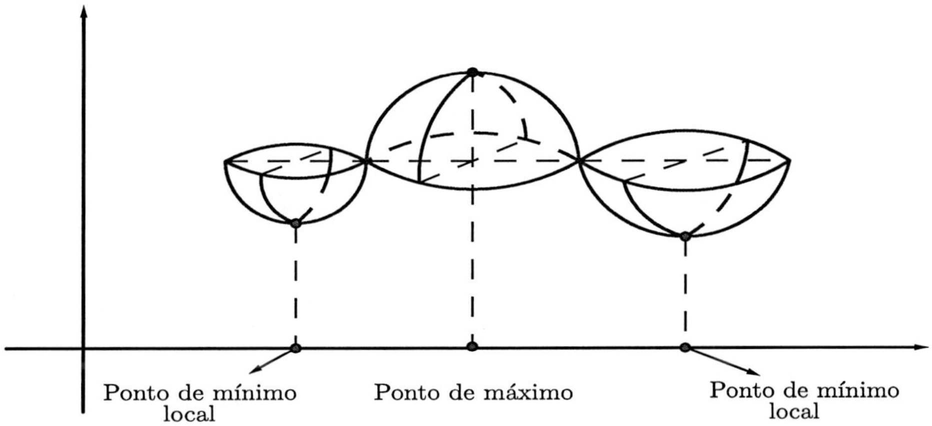

Figura 101 – Ilustração de Pontos de Máximo e Mínimo locais.

Proposição 5.8. Se (x_0, y_0) for um extremo relativo de uma função diferenciável $z = f(x, y)$, então $\nabla f(x_0, y_0) = (0, 0)$.

Prova. Para fixar as ideias, suponha que (x_0, y_0) é um ponto de mínimo relativo de f. Se considerarmos uma função de uma variável $g(t) = f(x_0 + t, y_0)$, teremos $g(t) \geq f(x_0, y_0)$ para t suficientemente pequeno. Uma vez que $g(0) = f(x_0, y_0)$, tem-se $g(t) \geq g(0)$ para t suficientemente pequeno. Isso significa que $t = 0$ é um ponto de mínimo local de g. Da teoria de funções de uma variável, temos que $t = 0$ deve ser um ponto crítico de g, isto é $g'(0) = 0$. Uma vez que $g'(0) = \frac{\partial f}{\partial x}(x_0, y_0)$, temos que $\frac{\partial f}{\partial x}(x_0, y_0) = 0$. Para obter $\frac{\partial f}{\partial y}(x_0, y_0) = 0$, basta repetir o raciocínio acima para a função $h(t) = f(x_0, t + y_0)$. □

Definição 5.11. *Seja $z = f(x, y)$ uma função diferenciável, um ponto (x_0, y_0) é dito ponto crítico de f, quando f* $\nabla f(x_0, y_0) = (0, 0)$.

Uma primeira consequência da definição acima e da Proposição 5.8 é que um extremo relativo de uma função diferenciável, f, é um ponto crítico de f.

Observação 5.5. *Uma vez que todo extremo relativo de uma função diferenciável é um ponto crítico, é natural perguntar: todo ponto crítico é um extremo relativo? O que pensa o leitor? A resposta para questão é não, pois a função* $z = y^2 - x^2$ *possui* $(0,0)$ *como ponto crítico, mas este não é um extremo relativo.*

Figura 102 – Ponto crítico que não é extremo relativo: Ponto de Sela.

Definição 5.12. Seja $z = f(x,y)$ uma função diferenciável um ponto crítico (x_0, y_0) que não é extremo relativo de f é dito **ponto de sela**. □

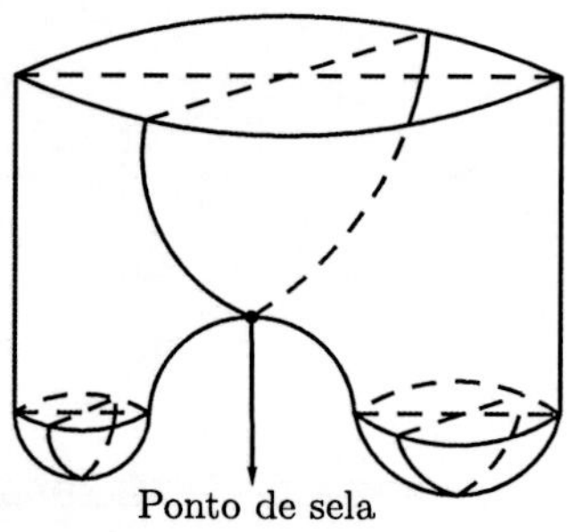

Figura 103 – "Calça": ilustração de um ponto de sela.

De acordo com a definição acima, $(0,0)$ é um ponto de sela da função $z = y^2 - x^2$. De maneira geral, se (x_0, y_0) for um ponto de sela de f, então em qualquer bola aberta B, centrada em (x_0, y_0), existem pontos P e Q tais que $f(P) \leq f(x_0, y_0) \leq f(Q)$.

Assim como acontece no Cálculo Diferencial de funções de uma variável, existe uma espécie de teste da derivada segunda para pontos críticos.

Definição 5.13. *Seja* $z = f(x,y)$ *uma função duas vezes diferenciável com derivadas parciais de segunda ordem contínuas. A* ***Hessiana*** *de* f *no ponto* (x,y) *é a matriz*

$$H(x,y) = \begin{pmatrix} \dfrac{\partial^2 f}{\partial x^2} & \dfrac{\partial^2 f}{\partial y \partial x} \\ \dfrac{\partial^2 f}{\partial x \partial y} & \dfrac{\partial^2 f}{\partial y^2} \end{pmatrix} = \begin{pmatrix} f_{xx} & f_{xy} \\ f_{yx} & f_{yy} \end{pmatrix} = \begin{pmatrix} f_{xx} & f_{xy} \\ f_{xy} & f_{yy} \end{pmatrix}.$$

Teorema 5.11 (Teste da Derivada Segunda). Seja $z = f(x, y)$ uma função duas vezes diferenciável com derivadas parciais de segunda ordem contínuas. Denotando $D(x, y) = \det H(x, y)$, tem-se:

(i) se $D(x_0, y_0) > 0$ e $\dfrac{\partial^2 f}{\partial x^2}(x_0, y_0) > 0$, então (x_0, y_0) é ponto de mínimo local;

(ii) se $D(x_0, y_0) > 0$ e $\dfrac{\partial^2 f}{\partial x^2}(x_0, y_0) < 0$, então (x_0, y_0) é ponto de máximo local;

(iii) se $D(x_0, y_0) < 0$, então (x_0, y_0) é ponto de sela;

(iv) se $D(x_0, y_0) = 0$, nada se pode afirmar a respeito de (x_0, y_0).

Prova. A prova desse teorema é apresentada no Apêndice 5.11. □

Antes de resolvermos o problema proposto no início dessa seção, façamos alguns exemplos.

Exemplo 5.35. O item (iv) do Teste da Derivada segunda nos diz que se $D(x_0, y_0) = 0$, nada se pode afirmar a respeito de (x_0, y_0). De fato, seja $f(x, y) = x^4 + y^4$ e $g(x, y) = -(x^4 + y^4)$; $(0, 0)$ é ponto crítico tanto de f como de g (verifique). Além disso, não é difícil verificar que $D(0, 0) = 0$. Por outro lado

$$f(x, y) \geq 0 \text{ e } g(x, y) \leq 0.$$

Uma vez que $f(0, 0) = g(0, 0) = 0$, segue-se que $(0, 0)$ é ponto de mínimo (global) de f e é máximo (global) de g.

Exemplo 5.36. Classifique, se possível, os pontos críticos de $f(x, y) = 3x^2y + y^3 - 3y$.

Solução: O primeiro passo é procurar pelos pontos críticos, ou seja, devemos resolver a equação vetorial

$$\nabla f(x, y) = (0, 0).$$

Como $f_x = 6xy$ e $f_y = 3y^2 + 3x^2 - 3$, tem-se o sistema (não linear)

$$\begin{cases} 6xy & = & 0 \\ 3y^2 + 3x^2 - 3 & = & 0. \end{cases}$$

- Pela primeira linha, concluímos que $x = 0$ ou $y = 0$;
- Se $x = 0$, temos, substituindo na primeira linha do sistema: $y^2 = 1$ o que implica em $y = \pm 1$, e obtemos os pontos críticos $(0, \pm 1)$;
- Se $y = 0$, temos, substituindo na primeira linha do sistema: $x^2 = 1$ o que implica em $x = \pm 1$, e obtemos os pontos críticos $(\pm 1, 0)$.

Temos, portanto, quatro pontos críticos. A Hessiana de f é dada por

$$H(x, y) = \begin{pmatrix} 6y & 6x \\ 6x & 6y \end{pmatrix}$$

e daí

$$D(x, y) = 36(y^2 - x^2).$$

Para simplificar a análise, montamos uma tabela com os valores necessários para a classificação, conforme o teste da Derivada Segunda

(x,y)	$D(x,y)$	$f_{xx}(x,y)$	Classificação
(0,1)	36	6	Ponto de mínimo
(0,-1)	36	-6	Ponto de máximo
(1,0)	-36	-	Ponto de Sela
(-1,0)	-36	-	Ponto de Sela

Exemplo 5.37. Classifique, se possível, os pontos críticos de $f(x,y) = 5xy^4 + x^5 - 5x$.

Solução: Como $f_x = 5y^4 + 5x^4 - 5$ e $f_y = 20xy^3$, a equação vetorial

$$\nabla f(x,y) = (0,0)$$

é equivalente ao sistema não linear:

$$\begin{cases} 5y^4 + 5x^4 - 5 & = 0 \\ 20xy^3 & = 0. \end{cases}$$

Pela segunda linha, concluímos que $x = 0$ ou $y = 0$.

Se $x = 0$, temos, substituindo na primeira linha do sistema: $y^4 = 1$ o que implica em $y = \pm 1$, e obtemos os pontos críticos $(0, \pm 1)$.

Se $y = 0$, temos, substituindo na primeira linha do sistema: $x^4 = 1$ o que implica em $x = \pm 1$, e obtemos os pontos críticos $(\pm 1, 0)$.

Temos, portanto, quatro pontos críticos. A Hessiana de f é dada por

$$H(x,y) = \begin{pmatrix} 20x^3 & 20y^3 \\ 20y^3 & 60xy^2 \end{pmatrix}$$

e

$$D(x,y) = 400(3x^4y^2 - y^6).$$

Para simplificar a análise, montamos uma tabela com os valores necessários para a classificação:

(x,y)	$D(x,y)$	$f_{xx}(x,y)$	Classificação
(0,1)	-400	-	Ponto de sela
(0,-1)	-400	-	Ponto de sela
(1,0)	0	-	Não é possível classificar
(-1,0)	0	-	Não é possível classificar

Os extremos relativos obtidos no Exemplo 5.36 são locais (se você fixar o valor de y e fazer x tender para ∞ ou $-\infty$ perceberá que a função **não** admite máximo ou mínimo global). Isso ocorre pela particularidade da função, mas também pelo fato dela estar definida em todo $\mathbb{R}^2$. Se a restringirmos a um conjunto limitado e fechado, ela assumirá extremos absolutos.

Teorema 5.12 (Weiestrass). *Seja $z = f(x,y)$, em que $f : F \subset \mathbb{R}^2 \to \mathbb{R}^2$ é uma função contínua. Se F for fechado e limitado, então existem P_1 e P_2 pertencentes a A, tais que $f(P_1) \leq f(P) \leq f(P_2)$ para todo $P \in F$, ou seja, f assume máximo e mínimo globais em F.*

Exemplo 5.38. *Seja* $f(x,y) = x^3 + y^3 - x - y$ *e* D *o triângulo dado na Figura. Determine os pontos de máximo e mínimo absolutos de* f *no conjunto* D.

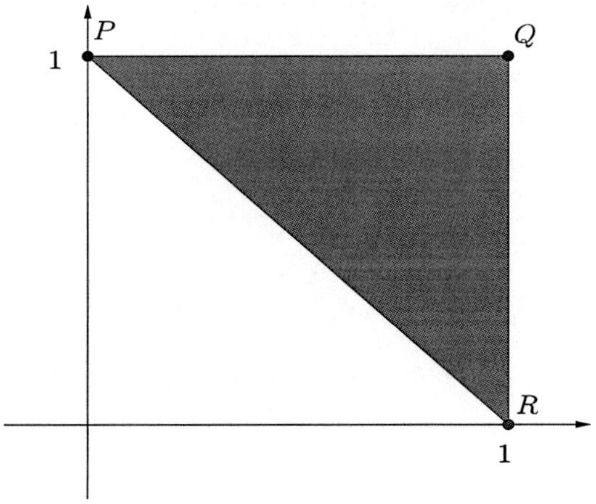

Figura 104 –

Solução: Como D é um conjunto fechado e limitado, o Teorema de Weiestrass garante que f assume máximo e mínimo em D. Os pontos críticos da função f (calcule-os) são:

$$\left(\frac{1}{\sqrt{3}}, \frac{1}{\sqrt{3}}\right), \left(-\frac{1}{\sqrt{3}}, \frac{1}{\sqrt{3}}\right), \left(\frac{1}{\sqrt{3}}, -\frac{1}{\sqrt{3}}\right) \text{ e } \left(-\frac{1}{\sqrt{3}}, -\frac{1}{\sqrt{3}}\right).$$

Entre eles apenas $\left(\frac{1}{\sqrt{3}}, \frac{1}{\sqrt{3}}\right)$ pertence ao conjunto D e é um ponto de mínimo local (verifique). Para encontrar os pontos de máximo e mínimo globais, devemos analisar a fronteira de D (que é composta por três segmentos):

- Ao longo do segmento $\overline{PQ}$, temos $y = 1$ e, nesse caso, temos:

  $$g_1(x) = f(x,1) = x^3 + 1 - x - 1 = x^3 - x \text{ e } 0 \le x \le 1.$$

  A função dada é de uma única variável e assume máximo em $x = -\frac{1}{\sqrt{3}}$; já o ponto de mínimo ao longo do segmento $\overline{PQ}$ ocorre quando $x = \frac{1}{\sqrt{3}}$. Como $y = 1$, temos os pontos $\left(-\frac{1}{\sqrt{3}}, 1\right)$ e $\left(\frac{1}{\sqrt{3}}, 1\right)$. Note que o ponto $\left(-\frac{1}{\sqrt{3}}, 1\right)$ não pertence a D e é, portanto, descartado. Deste modo, ao longo do segmento $\overline{PQ}$, f possui o ponto de mínimo: $\left(\frac{1}{\sqrt{3}}, 1\right)$.

  Como o intervalo $[0,1]$ é fechado e limitado, também devemos analisar seus extremos $x = 0$ e $x = 1$. Nesse caso $g_1(0) = 0$ e $g_1(1) = 0$, logo g_1 assume máximo quando $x = 0$ e quando $x = 1$. Como $y = 1$, temos para g_1:

$(0,1)$	é	ponto de máximo local
$(1,1)$	é	ponto de máximo local
$\left(\frac{1}{\sqrt{3}}, 1\right)$	é	ponto de mínimo local

- Ao longo do segmento $\overline{QR}$, temos $x = 1$ e, nesse caso, temos:

$$g_2(y) = f(1, y) = 1 + y^3 - 1 - y = y^3 - y \text{ e } 0 \leq y \leq 1.$$

Com a mesma análise feita acima, temos que g_2 assume um mínimo no ponto $\left(1, \frac{1}{\sqrt{3}}\right)$ e ponto de máximo quando $y = 0$ e $y = 1$. Nesse caso $g_1(0) = 0$ e $g_1(1) = 0$, logo g_1 assume máximo quando $x = 0$ e quando $x = 1$. Como $y = 1$, temos para g_1:

$$\begin{array}{ccl} (1,0) & \text{é} & \text{ponto de máximo local} \\ (1,1) & \text{é} & \text{ponto de máximo local} \\ \left(1, \frac{1}{\sqrt{3}}\right) & \text{é} & \text{ponto de mínimo local} \end{array}$$

- Ao longo do segmento $\overline{PR}$, temos $y = -x + 1$ (equação da reta suporte de $\overline{PR}$) e, nesse caso, temos:

$$f(x, -x+1) = x^3 + (-x+1)^3 - x - (-x+1) = 3(x^2 - x) \text{ e } 0 \leq x \leq 1.$$

A função $g(x) = 3(x^2 - x)$, assume máximo em $x = 0$ e $x = 1$; e mínimo em $x = \frac{1}{2}$. Como $y = -x + 1$, temos

$$\begin{array}{ccl} (0,1) & \text{é} & \text{ponto de mínimo local} \\ (1,0) & \text{é} & \text{ponto de mínimo local} \\ \left(\frac{1}{2}, \frac{1}{2}\right) & \text{é} & \text{ponto de máximo local} \end{array}$$

Para analisar entre os pontos listados acima quais são o de máximo e de mínimo absoluto, montamos uma tabela e comparamos os valores de $f(x, y)$:

(x, y)	Localização	$f(x, y)$
$\left(\frac{1}{\sqrt{3}}, \frac{1}{\sqrt{3}}\right)$	interior de D	$-\frac{4}{3\sqrt{3}}$
$(0,1)$	fronteira de D	0
$(1,1)$	fronteira de D	0
$\left(\frac{1}{\sqrt{3}}, 1\right)$	fronteira de D	$-\frac{2}{3\sqrt{3}}$
$(1,0)$	fronteira de D	0
$\left(1, \frac{1}{\sqrt{3}}\right)$	fronteira de D	$-\frac{2}{3\sqrt{3}}$
$\left(\frac{1}{2}, \frac{1}{2}\right)$	fronteira de D	$-\frac{3}{4}$

Analisando a tabela, percebe-se que os pontos de máximo global são: $(0,1), (1,0), (0,0)$ e $(1,1)$; e o ponto de mínimo global é $\left(\frac{1}{\sqrt{3}}, \frac{1}{\sqrt{3}}\right)$.

Estamos, agora, em condições de resolver o problema proposto no início desta seção: *Suponha que um artesão deseje construir, para um cliente, uma caixa retangular e sem tampa feita de certo material. A única exigência feita é que a caixa tenha volume* $64cm^3$. *No sentido de diminuir custos, o artesão decidiu planejar a caixa com a menor área de superfície possível. Quais devem ser as dimensões da caixa para que ela atenda ao desejo do artesão?*

O problema foi modelado de modo que seja necessário minimizar a função S dada por:

$$S(x,y) = xy + 2x\cdot\frac{32}{xy} + 2y\cdot\frac{32}{xy} = xy + \frac{64}{y} + \frac{64}{x}.$$

Naturalmente deve-se ter $0 < x, y < \infty$. Calculando o gradiente e a Hessiana de S obtemos:

$$\nabla S = \left(y - \frac{64}{x^2}, x - \frac{64}{y^2}\right)$$

e

$$H(x,y) = \begin{pmatrix} \dfrac{128}{x^3} & 1 \\ 1 & \dfrac{128}{y^3} \end{pmatrix}$$

e, portanto, $D(x,x) = \det H(x,y) = \dfrac{16384}{x^2y^2}$. Resolvendo a equação $\nabla S = (0,0)$, obtemos o único ponto crítico: $(x,y) = (4,4)$. Uma vez que

- $D(4,4) = 63 > 0$ e
- $\dfrac{\partial^2 f}{\partial x^2}(4,4) = 8 > 0$,

segue-se que $(4,4)$ é um ponto de mínimo local. Fica a dúvida se esse ponto é mínimo global. Como o conjunto

$$A = \{(x,y) : 0 < x, y < \infty\}$$

não é fechado e limitado, não podemos aplicar o Teorema de Weiestrass. Por outro lado, observe:

$$\lim_{x\to 0} S(x,y) = \lim_{y\to 0} S(x,y) = \lim_{x\to\infty} S(x,y) = \lim_{y\to\infty} S(x,y) = \infty,$$

ou seja, na fronteira do conjunto A, a função S possui uma *explosão*. Como $(4,4)$ é o único ponto crítico de S, conclui-se que este mínimo local é na verdade global. Deste modo, a menor área de superfície é obtida quando $x = y = 4$ e $z = \dfrac{64}{4\cdot 4} = 4$.

EXERCÍCIOS DE AQUECIMENTO

1. Encontre os pontos críticos de $f(x,y) = (x-1)^2 + (x-1)(y-2) + (y-2)^2$ e classifique-os, se possível, como ponto de máximo, mínimo ou de sela;

2. Determine os pontos de máximo e mínimo absoluto da função $f(x,y) = x^2 + xy$ restrita ao conjunto

$$D = \{(x,y) : 0 \le x \le 2, 1 \le y \le 3\}.$$

Respostas:

1. $(1,2)$: ponto de mínimo (global);

2. Os pontos onde ocorrem o mínimo absoluto são da forma $(0,y)$ em que $1 \le y \le 3$; Já o máximo absoluto ocorre no ponto $(2,3)$.

5.10 Multiplicadores de Lagrange

Considere a função $f(x,y) = x^2 + y^2 + 1$. Naturalmente, $(0,0)$ é ponto de mínimo de f. Imagine a restrição de f ao conjunto $V = \{(x,y) : x + y - 1 = 0\}$. Como determinar o ponto de mínimo de f restrita a esse conjunto? Na Figura 105 percebemos claramente que o ponto de mínimo de f não coincide com o ponto de mínimo de f restrita ao conjunto V.

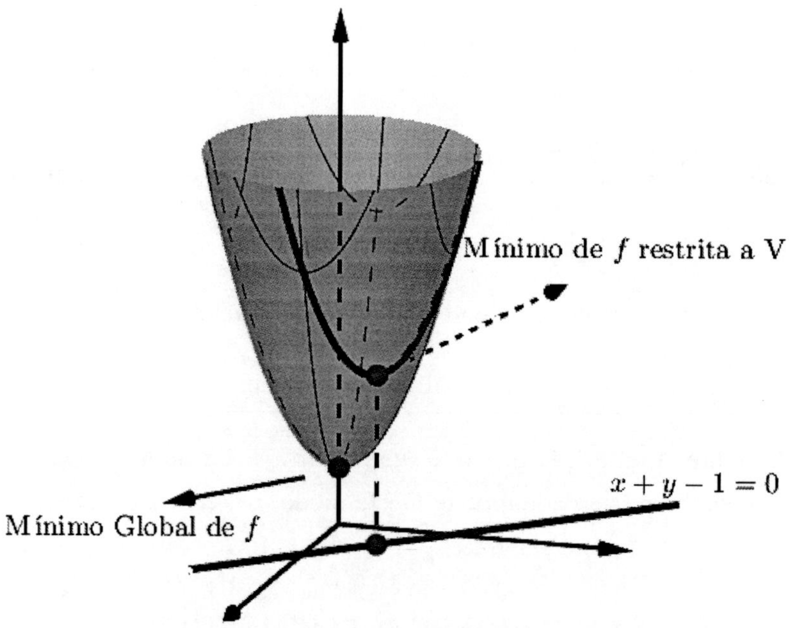

Figura 105 – Mínimo de f restrita a V.

Vamos explorar um pouco mais à situação descrita. Esbocemos no plano xy a curva $g(x,y) = 0$, em que $g(x,y) = x + y - 1$ e as curvas de nível $f(x,y) = k$ com $k = \frac{1}{2}, 1, \frac{3}{2}, 2$ (veja Figura 106).

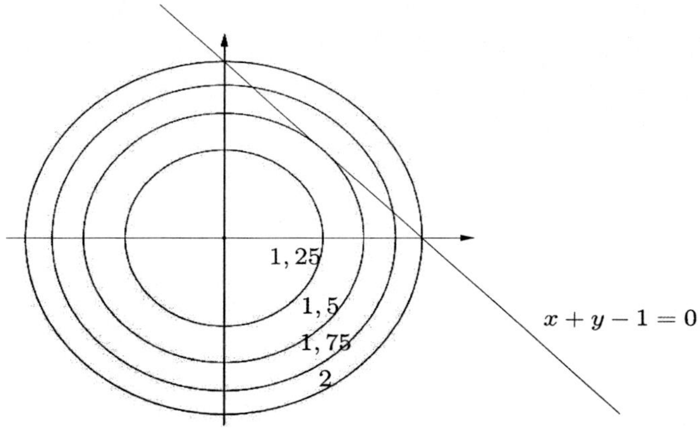

Figura 106 – Curvas de nível da função $f(x, y) = x + y - 1$.

A Figura 106 apresenta algumas curvas de nível $f(x, y) = k$ (com valores de k indicados na figura) e $g(x, y) = 0$. Vale observar que as curvas $f(x, y) = \dfrac{3}{2}$ e $g(x, y) = 0$ são tangentes num ponto que é exatamente aquele em que f restrita a V assume seu mínimo. Nessa altura temos condições de determinar quem é esse mínimo. Lembre-se que $\nabla f(x, y)$ é perpendicular às curvas de nível $f(x, y) = k$ e, portanto, $\nabla f(x, y)$ e $\nabla g(x, y)$ serão paralelos no ponto de tangência. Deste modo, existe $\lambda \in \mathbb{R}$, chamado **multiplicador de Lagrange**, tal que

$$\nabla f(x, y) = \lambda \nabla g(x, y),$$

isto é

$$(2x, 2y) = \lambda(1, 1). \tag{5.14}$$

Combinando a equação vetorial (5.14) com $g(x, y) = 0$, obtém-se o sistema linear

$$\begin{cases} 2x - \lambda &= 0, \\ 2y - \lambda &= 0, \\ x + y &= 1, \end{cases}$$

cujo conjunto solução é $x = \dfrac{1}{2}$, $y = \dfrac{1}{2}$ e $\lambda = 1$.

Deste modo, o ponto de mínimo da restrição de f a V é $\left(\dfrac{1}{2}, \dfrac{1}{2}\right)$ e o valor mínimo correspondente é $f\left(\dfrac{1}{2}, \dfrac{1}{2}\right) = \dfrac{3}{2}$.

A dedução feita acima vale para uma classe maior de funções. Mais precisamente temos o

Teorema 5.13. *Sejam $f, g : U \subset \mathbb{R}^2 \to \mathbb{R}$ funções diferenciáveis, g com derivadas parciais contínuas e*

$$V = \{(x, y) \in \mathbb{R}^2 : g(x, y) = 0\}.$$

Suponha que $\nabla g(x, y) \neq (0, 0)$ para todo $(x, y) \in V$. Então, se (x_0, y_0) é um ponto de máximo ou mínimo de f restrita a V, então

$$\nabla f(x_0, y_0) = \lambda \nabla g(x_0, y_0).$$

De maneira geral, podemos considerar $w = f(x,y,z)$ restrita ao conjunto $\{(x,y,z) : g(x,y,z) = 0\}$ e o teorema descrito acima vale num contexto mais geral:

Teorema 5.14. *Sejam $f, g : U \subset \mathbb{R}^3 \to \mathbb{R}$ funções diferenciáveis, g com derivadas parciais contínuas e*

$$V = \{(x,y,z) \in \mathbb{R}^3 : g(x,y,z) = 0\}.$$

Suponha que $\nabla g(x,y,z) \neq (0,0)$ para todo $(x,y,z) \in V$. Então, se (x_0, y_0, z_0) é um ponto de máximo ou mínimo de f restrita a V, então

$$\nabla f(x_0, y_0, z_0) = \lambda \nabla g(x_0, y_0, z_0).$$

Os dois últimos teoremas apresentados, nos fornecem uma maneira de procurar os extremos relativos de uma função f restrita a um conjunto V.

Exemplo 5.39. *Determine os pontos da esfera de raio 1 e centro no ponto $(2,2,2)$ que estão mais próximos e mais distantes da origem.*

Solução: A Figura 107 ilustra a situação do problema. Note que, de fato, existem pontos que realizam a maior e a menor distância.

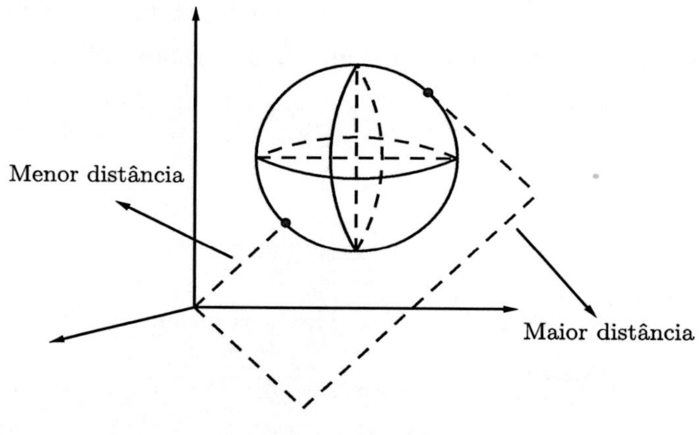

Figura 107 –

A distância de um ponto $(x,y,z) \in \mathbb{R}^3$ até a origem é dada por

$$d(x,y,z) = \sqrt{x^2 + y^2 + z^2}.$$

Os pontos que maximizam ou minimizam d, também maximizam ou minimizam $f(x,y,z) = x^2 + y^2 + z^2$. Uma vez que procuramos por pontos que satisfazem $\nabla g = (2(x-2), 2(y-2), 2(z-2))$ e $\nabla f = (2x, 2y, 2z)$, temos o sistema não linear

$$\begin{cases} 2(x-2) &= \lambda 2x \\ 2(y-2) &= \lambda 2y \\ 2(z-2) &= \lambda 2z \\ (x-2)^2 + (y-2)^2 + (z-2)^2 &= 1. \end{cases}$$

Isolando λ nas três primeiras equações obtemos as igualdades

$$\frac{x-2}{x} = \frac{y-2}{y} = \frac{z-2}{z}.$$

Das igualdades $\frac{x-2}{x} = \frac{y-2}{y}$ e $\frac{x-2}{x} = \frac{z-2}{z}$, obtemos $x = y = z$. Como $(x-2)^2 + (y-2)^2 + (z-2)^2 = 1$, temos

$$(x-2)^2 + (x-2)^2 + (x-2)^2 = 1,$$

o que nos leva a $3(x-2)^2 = 1$ e, portanto,

$$x = 2 \pm \frac{1}{\sqrt{3}}.$$

Concluímos, assim, que o ponto de mínimo é $\left(2 - \frac{1}{\sqrt{3}}, 2 - \frac{1}{\sqrt{3}}, 2 - \frac{1}{\sqrt{3}}\right)$, e o de máximo é $\left(2 + \frac{1}{\sqrt{3}}, 2 + \frac{1}{\sqrt{3}}, 2 + \frac{1}{\sqrt{3}}\right)$.

Exemplo 5.40. *Determine os pontos da esfera de equação* $x^2 + y^2 + z^2 = 36$ *que estão mais próximos e mais distantes do ponto* $(1, 2, 2)$.

Solução: A distância de qualquer ponto do espaço $\mathbb{R}^3$ até $(1, 2, 2)$ é dada pela função

$$d(x, y, z) = \sqrt{(x-1)^2 + (y-2)^2 + (z-2)^2}.$$

Observe que os extremos de d são os mesmos de $f(x, y, z) = (x-1)^2 + (y-2)^2 + (z-2)^2$. Como queremos encontrar os extremos de f (que são os mesmos de d), quando f é restrita ao conjunto $V = \{(x, y, z) \in \mathbb{R}^3 : g(x, y, z) = 36\}$, em que $g(x, y, z) = x^2 + y^2 + z^2$, utilizamos o Teorema 5.13. De acordo com esse Teorema, deve-se ter $\nabla f = \lambda \nabla g$, isto é

$$\big(2(x-1), 2(y-1), 2(z-1)\big) = \lambda(2x, 2y, 2z).$$

Como $g(x, y, z) = 36$, temos o sistema não linear

$$\begin{cases} 2(x-1) &= \lambda 2x \\ 2(y-1) &= \lambda 2y \\ 2(z-1) &= \lambda 2z \\ x^2 + y^2 + z^2 &= 36. \end{cases}$$

Resolvendo o sistema acima, obtemos os pontos $(2, 4, 4)$ e $(-2, -4, -4)$. Como $f(2, 4, 4) = 9$ e $f(-2, -4, -4) = 81$, temos que $(2, 4, 4)$ é o ponto de mínimo e $(-2, -4, -4)$ é o ponto de máximo. Naturalmente, se desejarmos saber qual é a maior e a menor distância, devemos calcular d nos pontos em questão e obter 3 e 9 como as distâncias mínima e máxima, respectivamente, do ponto $(1, 2, 2)$ até a esfera de equação $x^2 + y^2 + z^2 = 36$.

EXERCÍCIOS DE AQUECIMENTO

1. Utilize multiplicadores de Lagrange para determinar o ponto do plano $x + y + z = 4$ mais próximo da origem.

Resposta: $\left(\frac{4}{3}, \frac{4}{3}, \frac{4}{3}\right)$.

5.11 Exercícios

EXERCÍCIOS GERAIS

1. Encontre o domínio das funções abaixo e faça um esboço desse conjunto:

a) $f(x,y) = \dfrac{1}{x+y}$;

b) $f(x,y) = \sqrt{\dfrac{y^2}{4} - \dfrac{x^2}{9} - 1}$;

c) $f(x,y) = \ln(xy)$;

d) $f(x,y) = \dfrac{1}{\sqrt{y-x^2}}$;

e) $f(x,y) = \dfrac{x}{\sqrt{x^2-y^2}}$;

f) $f(x,y) = \dfrac{1}{\sqrt{4x^2-y^2}}$.

2. Faça um esboço do gráfico das funções:

a) $f(x,y) = \sqrt{\dfrac{x^2}{4} + \dfrac{y^2}{9} + 1}$;

b) $f(x,y) = \sqrt{x^2 - \dfrac{y^2}{4}}$;

c) $f(x,y) = 3\sqrt{4 - x^2 - y^2}$;

d) $f(y,z) = \sqrt{y - z^2}$;

e) $f(x,y) = -\sqrt{-\dfrac{x^2}{4} - \dfrac{y^2}{9} + 1}$

f) $f(x,y) = 3\sqrt{\dfrac{x^2}{4} + y^2 - 1}$.

3. A Figura 108 ilustra as curvas de nível de uma função f. Estime ou diga o valor exato de f calculada nos pontos:

a) $\left(-1, \dfrac{1}{2}\right)$;

b) $(-1, 1)$;

c) $(-2, 1)$;

d) $(1, 1)$.

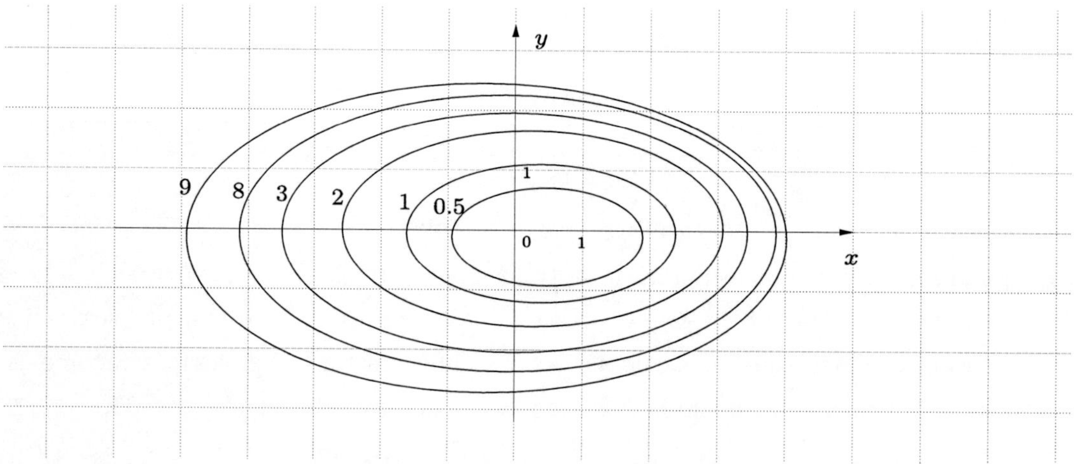

Figura 108 – Curvas de nível da função f.

4. Esboce a curva de nível $z = k$ para os valores especificados de k:

a) $z = x^2 - y^2$, com $k = 0, 1, 3, 5$

b) $z = \dfrac{y}{x}$, com $k = 1, 2, 3, 4, 5$;

c) $z = x^2 + y$, com $k = 0, 1, 2$.

5. Seja $f(x,y) = x^2 - 2y^3 + 7xy$. Determine uma equação da curva de nível que passa pelo ponto $(-1,1)$.

6. Seja $f(x,y) = x\ln y$. Determine uma equação da curva de nível que passa pelo ponto $(2, e^3)$.

7. Faça um esboço do conjunto A e classifique-o como aberto, fechado ou nenhuma das opções:

   a) $A = \{(x,y) \in \mathbb{R}^2 : y < x^2\}$;

   b) $A = \{(x,y) \in \mathbb{R}^2 : x \le y < x^2\}$;

   c) $A = \{(x,y) \in \mathbb{R}^2 : x^2 + y^2 \le 1\}$;

   d) $A = \{(x,y) \in \mathbb{R}^2 : 1 < x^2 + y^2 \le 4\}$;

   e) $A = \left\{(x,y) \in \mathbb{R}^2 : \dfrac{x^2}{4} + \dfrac{y^2}{9} \ge 1\right\}$;

   f) $A = \left\{(x,y) \in \mathbb{R}^2 : y^2 - \dfrac{x^2}{4} < 4\right\}$;

   g) $A = \left\{(x,y) \in \mathbb{R}^2 : 1 \le y^2 - \dfrac{x^2}{4} < 4\right\}$.

8. Considere a função $f(x,y) = \dfrac{x^2y}{x^4 + y^2}$. Mostre que $f(x,y)$ tende a zero ao longo de qualquer reta de equação $y = mx$. Isso implica que $\lim\limits_{(x,y)\to(0,0)} f(x,y) = 0$? Justifique sua resposta.

9. Determine se o limite existe ou não. Caso exista, diga seu valor, do contrário, justifique o porquê da não existência.

   a) $\lim\limits_{(x,y)\to(1,-2)} (x^2 + y^2 - 3xy)$;

   b) $\lim\limits_{(x,y)\to(0,0)} \dfrac{x^2 + \operatorname{sen}^3 y}{2x + y^3}$;

   c) $\lim\limits_{(x,y)\to(0,0)} \dfrac{x^4 - y^4}{x^2 - y^2}$;

   d) $\lim\limits_{(x,y)\to(0,0)} \dfrac{xy^2}{x^4 + y^2}$;

   e) $\lim\limits_{(x,y)\to(0,0)} \dfrac{x^2 + y^2}{\sqrt{x^2 + y^2 + 1} - 1}$;

   f) $\lim\limits_{(x,y)\to(1,0)} \dfrac{y^2 - xy^2 + x^4 - x^3 + 2x + 2}{y^4 - xy^4 + 2x^2 - x - 1}$.

10. Verifique se as funções abaixo são contínuas:

    a) $f(x,y) = \begin{cases} \dfrac{\operatorname{sen}(x^2 + y^2)}{x^2 + y^2}, & \text{se } (x,y) \neq (0,0), \\ 1, & \text{se } (x,y) = (0,0). \end{cases}$

    b) $f(x,y) = \begin{cases} \dfrac{\operatorname{sen}(xy)}{x^2 + y^2}, \text{ se } (x,y) \neq (0,0), \\ 0, \text{ se } (x,y) = (0,0). \end{cases}$

11. Seja $f(x,y) = \dfrac{x^4 + y^4}{x^2 + y^2}$.

    a) Utilize o software livre Geogebra para fazer um esboço do gráfico de f e intua, caso exista, o valor do limite $\lim\limits_{(x,y)\to(0,0)} f(x,y)$;

    b) Calcule $\lim\limits_{(x,y)\to(0,0)} f(x,y)$.
    Sugestão: Note que $x^4 + y^4 = (x^2 + y^2)(x^2 - y^2) + 2y^4$.

12. Um estudante tentava calcular o limite $\lim_{(x,y)\to(0^+,0^+)} \dfrac{x+\operatorname{sen} y}{x+y}$. Para tanto, ele testou várias curvas do tipo $y = f(x)$ e $x = g(y)$ e intuiu que o limite é igual a 1 (lembre-se que isso não garante a existência do limite).

    a) Verifique o valor do limite ao longo das curvas $y = mx$, $y = x^2$;

    b) Nesse item, você vai verificar que o limite realmente é 1. Para isso, você mostrará que

    $$\lim_{(x,y)\to(0^+,0^+)} \left(\frac{x+\operatorname{sen} y}{x+y} - 1\right) = 0.$$

    Siga os passos:

    i. manipule a expressão $\dfrac{x+\operatorname{sen} y}{x+y} - 1$ e conclua que ela é igual a

    $$\frac{y}{x+y}\left(\frac{\operatorname{sen} y}{y} - 1\right);$$

    ii. verifique que $\dfrac{y}{x+y}$ é limitada e conclua que

    $$\lim_{(x,y)\to(0^+,0^+)} \frac{y}{x+y}\left(\frac{\operatorname{sen} y}{y} - 1\right) = 0,$$

    isto é,

    $$\lim_{(x,y)\to(0^+,0^+)} \frac{x+\operatorname{sen} y}{x+y} = 1.$$

13. (ENADE 2014 ADAPTADA) Considere $f : \mathbb{R}^2 \to \mathbb{R}$ dada por

    $$f(x,y) = \begin{cases} \dfrac{x^2y^2}{x^4+y^4}, & \text{se } (x,y) \neq (0,0), \\ 0, & \text{se } (x,y) = (0,0) \end{cases}$$

    e as afirmações:

    (i) Ao longo das retas $y = cx$, o valor da função é constante;

    (ii) A função f é descontínua em $(0,0)$;

    (iii) A função satisfaz $|f(x,y)| \leq \dfrac{1}{2}$ para quaisquer $(x,y) \in \mathbb{R}^2$ com $x \neq y$.

    Diga quais das afirmações dadas são corretas e justifique sua resposta.

14. Utilize a Definição de Derivada parcial (ou seja, o limite que define a derivada parcial) para mostrar que

    $$\frac{\partial}{\partial x}(x^2y^3) = 2xy^3.$$

15. Calcule as derivadas parciais de primeira ordem.

a) $f(x,y)=\sqrt{1-x^2-y^2}$;

b) $f(x,y,z)=ze^{(x+2y+z)}\cos(xy)$;

c) $G(x,y)=e^{\frac{x}{y}}$;

d) $z=\arctan(x^2+y^2)$;

e) $f(x,y)=\dfrac{x}{y}+\dfrac{y}{x}$.

16. Calcule todas as derivadas de segunda ordem das funções dadas:

a) $z=e^x \text{sen} y$;

b) $G(x,y)=e^{\frac{x}{y}}$;

c) $z=\ln(xy)$;

d) $f(x,y)=\sqrt{1-x^2-y^2}$.

17. Calcule, se possível, as derivadas parciais de primeira ordem de f na origem:

a) $f(x,y)=\sqrt{|xy|}$ (Lembre-se que se $h(t)=|t|$, então $h'(t)=\dfrac{t}{|t|}$ para todo $t\neq 0$);

b) $f(x,y)=\begin{cases}\dfrac{x^2y^2}{x^3+y^3} & \text{se} \quad (x,y)\neq(0,0)\\ 0 & \text{se} \quad (x,y)\neq(0,0)\end{cases}$

18. No Cálculo I você aprendeu derivação implícita. Neste exercício,você encontrará uma expressão para dy/dx. Suponha que a equação da forma $F(x,y)=0$ defina y implicitamente como função diferenciável de x, ou seja, $y=f(x)$, em que $F(x,f(x))=0$. Utilize o caso I da regra da Cadeia para provar que

$$\frac{dy}{dx}=-\frac{F_x}{F_y}.$$

Utilize esta fórmula para encontrar y' se

a) $x^3+y^3=6xy$;

b) $\cos(x-y)=xe^y$.

19. Na tabela abaixo, a primeira linha representa os valores de y, e a primeira coluna os valores de x. Os demais valores são os de $f(x,y)$. Estime o valor de $\dfrac{\partial f}{\partial x}(1,2)$ e $\dfrac{\partial f}{\partial y}(1,2)$

x/y	1,7	2	2,3
0,5	12	10	8
1	14	13	9
1,5	16	16	11

20. Verifique que $z=\ln(xy)$ satisfaz a Equação Diferencial

$$x\frac{\partial z}{\partial x}-y\frac{\partial z}{\partial y}=0.$$

21. Seja $u: A \subset \mathbb{R}^2 \to \mathbb{R}$ uma função duas vezes diferenciável. Suponha $x = r\cos\theta$, $y = r\text{sen}\theta$ e

$$v(r,\theta) = u(r\cos\theta, \text{sen}\theta).$$

Verifique que

$$\frac{\partial^2 v}{\partial r^2} + \frac{1}{r^2}\frac{\partial^2 v}{\partial \theta^2} = \frac{\partial^2 u}{\partial x^2} + \frac{\partial^2 u}{\partial y^2} = \Delta u$$

22. Seja f uma função diferenciável de uma variável e seja $z = f(x+4y)$. Mostre que

$$4\frac{\partial z}{\partial x} - \frac{\partial z}{\partial y} = 0.$$

23. Seja f uma função diferenciável de uma variável e seja $z = f(x^2 + y^2)$. Mostre que

$$y\frac{\partial z}{\partial x} - x\frac{\partial z}{\partial y} = 0.$$

24. Verifique se a função $f(x,t) = e^{-4a^2t}\text{sen}(2x)$ é solução da Equação Diferencial parcial

$$\frac{\partial f}{\partial t} = a^2\frac{\partial^2 f}{\partial x^2}.$$

25. Seja $f: \mathbb{R} \to \mathbb{R}$ uma função diferenciável e $u(x,y) = f(2x-y)$. Verifique que u satisfaz a Equação Diferencial parcial

$$\frac{\partial u}{\partial x} + 2\frac{\partial u}{\partial y} = 0.$$

26. Mostre que f e g são funções duas vezes diferenciáveis, então

$$z = f(x+at) + g(x-at)$$

é uma solução da Equação

$$\frac{\partial^2 z}{\partial t^2} = a^2\frac{\partial^2 z}{\partial x^2}.$$

27. Seja $f(x,y) = x^2 + y^2$

    a) Use uma calculadora para calcular o valor exato de $f(3,01;4,01)$;

    b) Use a imagem do ponto $(3,4)$ e aproximação linear para obter uma aproximação para $f(3,01;4,01)$;

    c) Analise o erro obtido entre o valor real calculado no item a e o aproximado do item b.

28. Utilize aproximações lineares para encontrar um valor aproximado para $2,01^{1,001}$ e analise o erro obtido.

29. Um estudante mediu a temperatura em alguns pontos de uma placa quadrangular cujos lados medem 1 metro cada. Para montar sua tabela de valores, ele imaginou a placa no primeiro quadrante de um plano cartesiano, de modo que um dos vértices da placa retangular ficasse na origem. A tabela obtida foi

$y\backslash x$	0	0,2	0,4	0,6	0,8	1
0	7	8	9	8	7	3
0,2	8	10	11	10	7	5
0,4	8	11	14	11	8	6
0,6	8	10	11	10	8	5
0,8	7	8	9	8	7	4
1	8	8	8	8	7	3

A primeira linha representa os valores de x, já, a primeira coluna, os valores de y, e os demais valores são os de $T(x,y)$, em que T é a função temperatura. Após uma análise dos dados o aluno fez as afirmações:

a) No ponto $(0,4;1)$ a taxa de variação em relação a x deve ser zero;

b) $\dfrac{\partial T}{\partial y}(0,2;0,6)$ é positiva;

c) Possivelmente deve-se ter $\dfrac{\partial T}{\partial x}(0,4;0,4) = \dfrac{\partial T}{\partial y}(0,4;0,4) = 0$;

Diga quais destas afirmações são verdadeiras, quais são falsas e justifique.

30. Considere a situação descrita no exercício anterior e responda aos itens a seguir.

    a) Encontre um valor aproximado para $\dfrac{\partial T}{\partial x}(0,6;0,4)$ e $\dfrac{\partial T}{\partial y}(0,6;0,4)$;

    b) Use aproximação linear para estimar o valor da temperatura no ponto $(0,7;0,5)$.

31. Após uma exposição ao calor, um cilindro circular sofre uma pequena dilatação. Seu raio variou de $4cm$ para $4,1cm$ e sua altura variou de $30cm$ para $30,2cm$. Use aproximação linear para dar uma aproximação para a **variação** do volume desse cilindro.

32. Use uma regra da cadeia para determinar o valor de $\dfrac{dz}{dt}(4)$ quando $z = r^2 - r\sec\theta; r = \dfrac{t}{2}, \theta = \pi\sqrt{t}$.

33. Use uma regra da cadeia para determinar o valor de $\dfrac{\partial f}{\partial u}(1,-2)$ e $\dfrac{\partial f}{\partial v}(1,-2)$ se $f(x,y) = x^2y^2 - x + 2y; x = \sqrt{u}, y = uv^3$.

34. Use uma regra da cadeia para determinar o valor de $\dfrac{\partial z}{\partial r}\left(3,\dfrac{\pi}{4}\right)$ e $\dfrac{\partial z}{\partial \theta}\left(3,\dfrac{\pi}{4}\right)$, se

$$z = x\ln\frac{x}{y}, \quad x = r\cos\theta \text{ e } y = r\text{sen}\theta.$$

35. Use uma regra da cadeia para determinar o valor de $\dfrac{dz}{dt}(1)$ se $z = xy^2; x = 1 - t^2, y = 3t + 2$.

36. Seja $f(x,y)$ uma função diferenciável de duas variáveis tal que $f(0,-1) = 1$, $\dfrac{\partial f}{\partial x}(0,-1) = 2$ e $\dfrac{\partial f}{\partial y}(0,-1) = 3$.

    a) Qual o vetor unitário que dá a direção e o sentido em que a derivada direcional de f é máxima no ponto $(0,-1)$? Qual o valor dessa derivada?

b) Utilize aproximação linear para determinar um valor aproximado para $f\left(\frac{1}{2}, -\frac{1}{2}\right)$.

c) Defina $g(u, v) = f(u\cos u + \operatorname{sen} v, \cos v + \operatorname{sen} u)$ e calcule $\frac{\partial g}{\partial u}(0, \pi)$ e $\frac{\partial g}{\partial v}(0, \pi)$.

37. O Laplaciano de uma função duas vezes diferenciável $u(x, y)$ é definido por

$$\Delta u = \frac{\partial^2 u}{\partial x^2} + \frac{\partial^2 u}{\partial y^2}.$$

Calcule o Laplaciano das funções abaixo:

a) $u(x, y) = y^2 - x^2$;

b) $u(x, y) = \sqrt{x + y}$.

38. Encontre o gradiente de f no ponto indicado:

a) $f(x, y) = (x + x^2 y)^3$, $(1, 2)$;

b) $f(x, y, z) = ye^{(x+y+z)}$; $(1, -1, 0)$.

39. Calcule as derivadas direcionais das funções abaixo nas direções indicadas, nos pontos dados:

a) $z = x^2 - 3y$, $v = (1, 2)$, $P = (0, 0)$;

b) $z = \cos xy$, $v = (v_1, v_2)$, $P = (x, y)$;

c) $z = e^{(x^2 - \cos y)}$, $v = (2, 3)$, $P = (x, y)$.

40. Encontre a derivada direcional de f em P na direção e sentido de um vetor que faça, no sentido anti-horário, um ângulo θ com o eixo x positivo.

a) $f(x, y) = \sqrt{x + y}$; $P = (3, 1)$; $\theta = \frac{\pi}{6}$;

b) $f(x, y) = \operatorname{tg}\frac{x}{y}$; $P = \left(\frac{\pi}{4}, 1\right)$; $\theta = \frac{\pi}{4}$.

41. Determine a equação do plano tangente à superfície dada pelos gráficos das funções abaixo nos pontos indicados:

a) $z = \sqrt{x^2 + 2y^2}, P = (-3, 2)$;

b) $z = e^{(-x^2 - y^2)}, P = (1, -2)$;

c) $z = e^{(x\cos y)}, P = \left(-1, \frac{\pi}{2}\right)$.

42. Determine a equação do plano tangente à superfície de equação dada nos pontos indicados:

a) $x^2 - \frac{y^2}{4} + z^2 = 1$, $P = \left(\frac{1}{2}, 1, 1\right)$;

b) $z^2 - \ln(xy)$, $P = (e, 1, 1)$.

43. Determine os pontos críticos das funções abaixo e verifique quais são de máximo, de mínimo ou pontos de sela

a) $f(x,y) = x^2 - xy + y^2$;

b) $f(x,y) = x^2 - y^2 - 4x + 4y$;

c) $f(x,y) = y\text{sen}x$;

d) $f(x,y) = x^3 + xy$;

e) $48 - \sqrt{(1 + (x-2)^2 + (y-4)^2)}$

44. Determine três números positivos cuja soma seja 51 e tais que seu produto seja o maior possível.

45. Se $a > 0$, determine os pontos da superfície $z^2 - yz = a^2$ que estão mais próximos da origem.

46. Entre os triângulos de perímetro 12, quais as dimensões daquele que possui a maior área? Que tipo de triângulo é esse?
Sugestão: Use a fórmula de Heron para a área de um triângulo: $\sqrt{p(p-a)(p-b)(p-c)}$, em que p é o semiperímetro do triângulo e a, b, c são as medidas dos lados.

47. Entre os triângulos de perímetro $2p$, quais as dimensões daquele que possui a maior área? Que tipo de triângulo é esse?

48. A figura 109 apresenta curvas de nível de uma função f.

a) Qual(is) é (são), caso exista(m), o(s) ponto(s) de máximo, mínimo ou de sela de f;

b) O ponto $x = (0,0)$ é um ponto de sela?

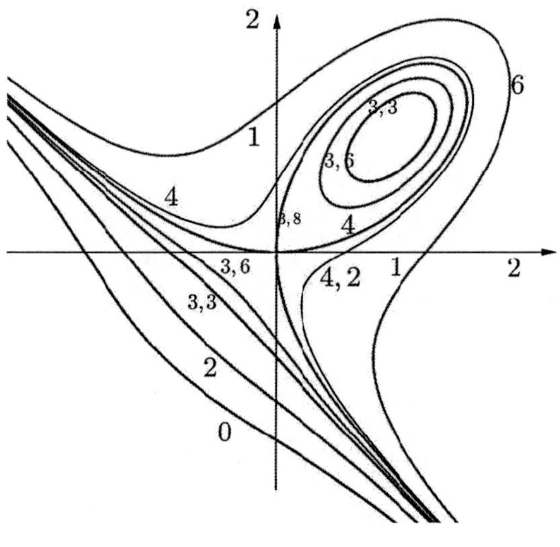

Figura 109 – Curvas de nível de f.

49. a) Se f é uma função contínua de uma variável, é possível que ela possua dois pontos de mínimo e não possua pontos de máximo?

b) Considere agora uma função contínua f de duas variáveis. É possível que f possua dois pontos de mínimos e não possua ponto de máximo?

50. Uma empresa recebeu uma encomenda para fabricar caixas retangulares sem tampa de volume $8000cm^3$. O custo para fabricar a base é de 10 centavos por cm^2 e o das laterais é de 5 centavos por cm^2. Levando em consideração que a empresa deseja fabricar as caixas com o menor custo possível, diga quais serão as dimensões das caixas encomendadas.

51. Encontre os pontos de máximo e mínimo absoluto de $f : D \to \mathbb{R}$ em que

$$D = \{(x, y) : -1 \leq x \leq 1, -2 \leq y \leq 2\} \text{ e } f(x, y) = 2xy.$$

Use o software Geogebra para visualizar onde ocorrem os pontos de máximo e mínimo de f para confirmar seus cálculos.

52. Seja L uma haste de ferro retilínea com 3 metros de comprimento. Coloque-a sobre o eixo x de modo que uma de suas pontas fique na origem e toda a haste fique sobre o lado direito da origem. A temperatura, em graus celsius, ao longo de L na posição x e instante t (dado em segundos) é dada por

$$T(x, t) = xe^{-t} - x.$$

Diga qual o valor máximo e mínimo atingido pela temperatura decorridos 10 segundos.

53. Considere $f(x, y) = 16 - x^2 - y^4$. Determine os pontos de máximo e mínimo absolutos de f sobre o retângulo $R = [-1, 1] \times [-1, 1]$.

54. Determine os pontos de máximo e mínimo da função $z = f(x, y)$ ou $w = f(x, y, z)$ restrita ao conjunto V dado.

a) $z = 1 + 2x + 2y$ e $V = \{(x, y) : x^2 + y^2 = 1\}$;

b) $w = xyz$ e $V = \{(x, y, z) : x^2 + y^2 + z^2 = 1\}$;

c) $w = x^2 + y^2 + z^2$ e $V = \{(x, y, z) : x + y + z = 1\}$.

55. Considere a função $f(x, y) = x^3 + y$ e a equação $2x^2 + y^2 = 1$.

a) Utilize o software Geogebra para esboçar o gráfico das curvas $x^3 + y = k$, em que $k \in \mathbb{R}$, e $2x^2 + y^2 = 1$. Para qual(is) valor(es) de k as duas curvas se tangenciam?

b) Qual o significado dos valores de k encontrados no item anterior?

c) Utilize multiplicadores de Lagrange para determinar os valores máximo e mínimo de f restrita ao conjunto $V = \{(x, y) : 2x^2 + y^2 = 1\}$.

56. Utilize multiplicadores de Lagrange para mostrar que entre todos os triângulos de perímetro $2p$, aquele que possui área máxima é o equilátero.

57. Quais os pontos do Paraboloide hiperbólico de equação $z = y^2 - x^2$ estão mais próximos do ponto $(1, 1, 1)$?

58. (ENADE 2017 ADAPTADA). Uma construtora, com o objetivo de valorizar as áreas verdes, apresentou um projeto de loteamento, com terrenos, retangulares, onde cada residência construída terá um jardim ao seu redor. Em cada terreno deverão ser reservados 3 metros na frente, 3 metros no fundo e 2 metros em cada lateral para jardinagem, conforme ilustra a figura a seguir.

Considerando-se que a área disponível para construção é de 600 m^2, determine a área mínima do terreno que atende às especificações exigidas pela construtora.

59. (ENADE 2008 ADAPTADA) Analisando a função $f(x, y) = x^2(x-1) + y(2x-y)$ definida no domínio $D = \{(x, y) \in \mathbb{R}^2 : -1 \leq x \leq 1, -1 \leq y \leq 1\}$, um estudante de cálculo fez as seguintes afirmações

I A função f tem um ponto de mínimo global em D;
porque

II o ponto $(0, 0)$ é um ponto crítico de f.

A respeito da afirmação feita pelo estudante, assinale a opção correta:

a) As duas afirmações são proposições verdadeiras, e a segunda é uma justificativa correta da primeira;

b) As duas afirmações são proposições verdadeiras, mas a segunda não é uma justificativa correta da primeira;

c) A primeira afirmação é uma proposição verdadeira, e a segunda é falsa;

d) A primeira afirmação é uma proposição falsa, e a segunda é verdadeira.

e) Ambas as afirmações são proposições falsas.

60. (ENADE 2005 ADAPTADA) A figura abaixo ilustra parte do gráfico da função $f(x, y) = e^{-x^2-y^2}$, definida para $(x, y) \in \mathbb{R}^2$.

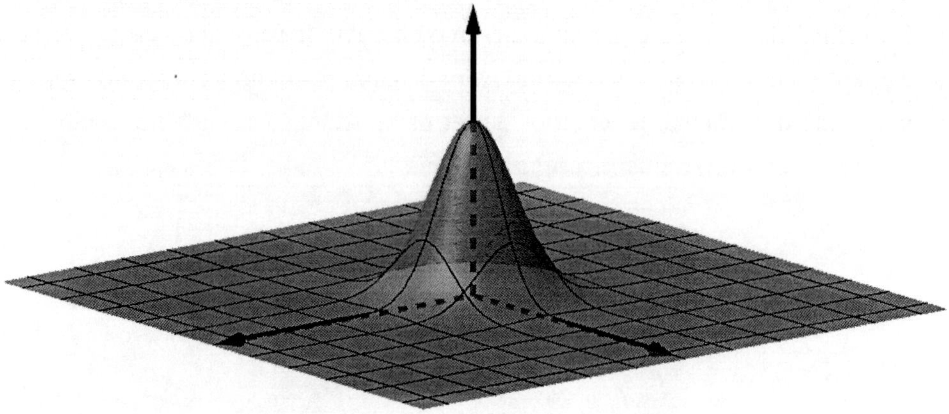

Sabendo que se $a > 0$, então

$$\iint_D e^{-x^2-y^2}\,dxdy = \pi(1-e^{-a^2}),$$

em que $D = \{(x,y) \in \mathbb{R}^2 : x^2 + y^2 \leq a\}$, julgue os itens a seguir.

I Os conjuntos $C_k = \{(x,y) \in \mathbb{R}^2 : f(x,y) = k, 0 < k < 1\}$, que representam curvas de nível da função f, são circunferências de centro na origem;

II $\lim\limits_{x^2+y^2 \to \infty} f(x,y) = 0$;

III A função f é limitada superiormente, mas não é limitada inferiormente.

IV $\iint_{\mathbb{R}^2} e^{-x^2-y^2} = \pi.$

Estão corretos apenas os itens

a) I e III;

b) II e IV;

c) III e IV;

d) I, II e III;

e) I, II e IV.

EXERCÍCIOS TEÓRICOS

61. Use a definição para mostrar que $f(x,y) = x^3 + y^3$ é uma função diferenciável.
Sugestão: Note que

$$f(x,y) - L(x,y) = 3x_0(x-x_0)^2 + 3y_0(y-y_0)^2 + (x-x_0)^3 + (y-y_0)^3.$$

62. Use a definição de limite para mostrar que $\lim\limits_{(x,y)\to(0,0))} (x^3 + y^3) = 0.$

63. Seja A um conjunto aberto de $\mathbb{R}^2$ e suponha que $f : A \subset \mathbb{R}^2 \to \mathbb{R}$ seja uma função contínua. É correto afirmar que $f(A)$ é aberto?

64. Sejam $f, g : A \subset \mathbb{R}^n \to \mathbb{R}$ funções diferenciáveis, em que A é um aberto. Mostre que

$$\nabla(fg) = f\nabla g + g\nabla f.$$

65. Seja $f : A \subset \mathbb{R}^2 \to \mathbb{R}$ uma função diferenciável, em que A é um aberto e (a, b) um ponto de máximo (ou de mínimo) de f. Mostre que $\nabla f(a, b) = (0, 0)$.

66. Verifique que $f(x, y) = \sqrt{|xy|}$ é contínua, que suas derivadas parciais são nulas em $(0, 0)$, mas não é diferenciável em $(0, 0)$.

67. Considere a função $f : \mathbb{R}^2 \to \mathbb{R}$ dada por

$$f(x, y) = \begin{cases} x^3 + xy - \dfrac{4x^6y^2}{(x^4 + y^2)^2} & \text{se} \quad (x, y) \neq (0, 0) \\ 0 & \text{se} \quad (x, y) \neq (0, 0). \end{cases}$$

a) Mostre que $4x^4y^2 \leq (x^4 + y^2)^2$;

b) É correto dizer que a função f é contínua?

68. (Método dos Mínimos Quadrados) Em ciências experimentais (como Física, Química, Biologia) ou na Engenharia é, em algumas situações, importante estabelecer uma relação entre duas grandezas x e y. O cientista realiza um experimento n vezes e monta pares ordenados para correlacionar tais grandezas:

$$(x_1, y_1), (x_2, y_2), \cdots (x_n, y_n).$$

é muito comum supor que há uma relação linear entre x e y (naturalmente essa hipótese pode ser boa ou ruim, conforme o problema estudado). A Figura 110 ilustra tal situação. A reta obtida é dita Reta de Regressão Linear.

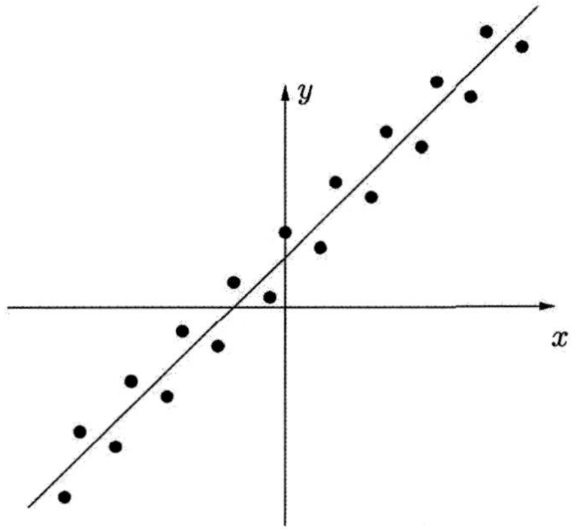

Figura 110 – Regressão Linear entre x e y.

A reta r é escolhida de tal modo que a soma dos quadrados dos desvios verticais seja mínima, isto é, deseja-se minimizar a função

$$f(a,b) = \sum_{k=1}^{n} (y_k - (ax_k + b))^2.$$

Observe que ponto de mínimo (a,b) deve satisfazer $\nabla f(A,B) = (0,0)$.

a) Mostre que se (a,b) for ponto de mínimo de f e $\overline{z} = \dfrac{1}{n}\sum_{k=1}^{n} z_k$, em que $z = x$ ou y,, então

$$b = \frac{\sum_{k=1}^{n} x_k y_k - n\overline{x}\cdot\overline{y}}{\sum_{k=1}^{n} x_k^2 - n\overline{x}^2} \quad \text{e } a = \overline{y} - b.\overline{x}.$$

b) Considere a tabela

x	1	2	3	4	5	6
y	3	-2	1	0	4	7

Encontre a reta de regressão linear para os dados apresentados.

c) Utilize o Software Geogebra para plotar os pontos (x_k, y_k) e a reta de regressão para conferir seus cálculos.

69. a) Mostre que a união (ou interseção) de dois conjuntos abertos de $\mathbb{R}^n$ é ainda um conjunto aberto.

b) Mostre que a união qualquer de conjuntos abertos de $\mathbb{R}^n$ é ainda um conjunto aberto.

c) Mostre que a interseção de uma quantidade finita de conjuntos abertos ainda é um conjunto aberto.

d) A interseção arbitrária de conjuntos abertos ainda é um conjunto aberto?

70. a) Se um conjunto $A \subset \mathbb{R}^n$ for aberto, o que se pode dizer a respeito de seu complementar?

b) Se um conjunto $F \subset \mathbb{R}^n$ for fechado, o que se pode dizer a respeito de seu complementar?

71. a) Mostre que a união (ou interseção) de dois conjuntos fechado de $\mathbb{R}^n$ é ainda um conjunto fechado.

b) Mostre que a interseção qualquer de conjuntos fechado de $\mathbb{R}^n$ é ainda um conjunto fechado.

c) Mostre que a união de uma quantidade finita de conjuntos fechados ainda é um conjunto fechado.

d) A união arbitrária de conjuntos fechados ainda é um conjunto fechado?

Respostas ou Soluções dos Exercícios Gerais

Capítulo 1

1. a) $-3\sqrt{1-r^2}+c$;
   b) $\frac{3}{4}(z^2+2z+2)^{\frac{2}{3}}+c$;
   c) $x-\text{arctg}x+c$;
   d) $\sec x+c$;
   e) $3\text{arcsen}x+c$;
   f) $-\cos t+c$;
   g) $\frac{1}{2}\ln|x|+c$;
   h) $\text{tg}x+c$;
   i) $2\sqrt{1+\sqrt{1+x^2}}+c$;
   j) $\ln(\ln x)+c$;
   k) $\frac{3}{8}(e^{2t}+2)^{\frac{4}{3}}+c$;
   l) $\frac{e^{4x}}{4}\left(x-\frac{1}{4}\right)+c$;
   m) $\frac{x^2}{2}\left(\ln x-\frac{1}{2}\right)+c$;
   n) $2\ln|x-4|+3\ln|x+1|+c$;
   o) $2\left(\sqrt{x+3}-\ln\left|\frac{2+\sqrt{x+3}}{2-\sqrt{x+3}}\right|\right)+c$;
   p) $2x\text{sen}x+2\cos x-x^2\cos x+c$;
   q) $\ln|\sec x+\text{tg}x|+c$;
   r) $\ln|\csc x-\text{cotg}x|+c$;
   s) $\frac{x}{2}+\frac{\text{sen}(2x)}{4}+c$;
   t) $\text{sen}x-\frac{\text{sen}^3x}{3}+c$;
   u) $\frac{1}{2}\left(\ln|\sec x+\text{tg}x|+\sec x\text{tg}x\right)+c$;
   v) $\frac{9}{2}\left(\text{arcsen}\frac{x}{3}-\frac{x\sqrt{9-x^2}}{9}\right)+c$;
   w) $-\ln\left|\frac{1}{\sqrt{3}x}+\frac{\sqrt{1-3x^2}}{\sqrt{3}x}\right|+\sqrt{1-3x^2}+c$.

2. a) $\frac{8}{3}$;
   b) $\frac{16}{3}$;
   c) 1;
   d) $\frac{9}{2}$;
   e) $\frac{9}{2}$;
   f) $\frac{1}{2}$;
   g) $\frac{1}{2}$;
   h) $2\sqrt{2}$;
   i) $\frac{1}{6}$.

3. $\frac{16}{3}-\frac{10}{3}\ln 3$.

4. A equação de um quarto de círculo de raio a e centro em $(0,0)$ é dada por $y=\sqrt{a^2-x^2}$, $0\le x\le a$. A área do círculo é dada por 4 vezes a integral $\int_0^a\sqrt{a^2-x^2}dx$. Fazendo a substituição trigonométrica $x=a\text{sen}\theta, -\frac{\pi}{2}\le\theta\le\frac{\pi}{2}$ obtém-se $\int_0^a\sqrt{a^2-x^2}dx=\frac{\pi a^2}{4}$, de modo que a área é dada por πa^2.

5. Proceda de foma similar ao que fizemos no item anterior, mas utilize a equação da elipse centrada na origem de semi-eixos a e b: $\frac{x^2}{a^2}+\frac{y^2}{b^2}=1$.

6.

a) $\frac{47}{15}\pi$;
b) $\frac{\pi}{10}$;
c) $9\pi^2$;
d) $\frac{5}{6}\pi$;
e) $\frac{29}{30}\pi$;
f) $\frac{18}{5}\pi$.

7. a) $\pi\int_a^b (f(x)-L)^2dx$; b) $\pi\left(\frac{3\pi}{2}+4\right)$.

8.

a)
b) $\frac{46}{15}\pi$;
c) 5π.

9. $\frac{64}{15}\pi u.v.$

10. a) $\frac{22}{3}\pi m^3$; b) $8\pi m^2$.

11. a) $2\ln\left(\frac{\sqrt{2}-1}{2-\sqrt{3}}\right)$;
b) $\sqrt{6}-\frac{2}{\sqrt{3}}$;
c) $\frac{779}{240}$;
d) $\ln\left(\sqrt{2}+1\right)$;
e) 12;
f) $\operatorname{senh}2=\frac{e^2-e^{-2}}{2}$;
g) $\frac{8(10^{\frac{3}{2}}-1)}{27}$;
h) $2+\frac{1}{2}\ln\frac{3}{5}$.

12. a)

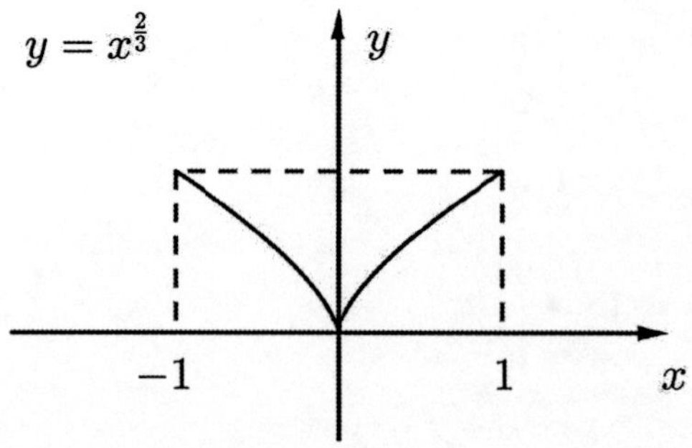

b) Não, pois a função $y=x^{\frac{2}{3}}$ não é diferenciável em $x=0$;

c) $\frac{2}{27}\left(13^{\frac{3}{2}}-8\right)$ u.c. Para resolver este exercício você deverá escrever x em função de y.

13. $\dfrac{242}{3}$.

14.

a)

b) $12u.c.$

15.

a) $\dfrac{7}{18}$;

b) $\dfrac{\pi}{6}\left(17\sqrt{17}-5\sqrt{5}\right)$;

c) 30π.

16. Utilize integrais para obter o volume do cone circular reto com raio r e altura h.

17. $\dfrac{\pi}{15}$.

18. $\dfrac{8}{3}\sqrt{2}\pi(14\sqrt{14}-3\sqrt{3})$.

19. a) $\pi\sqrt{10}$;

b) $4\pi\sqrt{26}$;

c) 8π;

d) 24π.

20. A equação de um quarto de círculo de raio a e centro em $(0,0)$ é dada por $y=\sqrt{a^2-x^2}$, $0\le x\le a$. Fazendo a rotação em torno do eixo x obtém-se metade da esfera. Deste modo, a área procurada é o dobro da integral $2\pi\int_0^a y\sqrt{1+(y')^2}dx$. Como $y'=\dfrac{x}{\sqrt{a^2-x^2}}$, segue-se que

$$2\pi\int_0^a y\sqrt{1+(y')^2}dx=2\pi\int_0^a\sqrt{a^2-x^2}\sqrt{1+\frac{x^2}{a^2-x^2}}dx.$$

Calculando a integral obtemos $2\pi a^2$. Logo a área é $2\cdot 2\pi a^2=4\pi a^2$.

21. Assim como no item anterior, considere a equação de um quarto de círculo de raio a no intervalo $[0,a]$. Ao rotacionar em torno do eixo y e aplicar o método das cascas cilíndricas, obtém-se a integral $I=\int_0^a 2\pi x\sqrt{a^2-x^2}dx$. O volume procurado é dado por $2I$.

22. a) $\dfrac{\pi^3-8\pi}{4}$.

b) $\dfrac{\pi^2}{4}-2$.

23. a) $2\pi\displaystyle\int_0^{\pi}(2\pi-\text{sen}x)dx$;

b) $6\pi^2$.

24. $\dfrac{47}{210}\pi$.

25. $\dfrac{1}{4}\pi(8+\pi)$.

26. Assim como feito no Exercício 20, considere a equação de um quarto de círculo centrado na origem. O comprimento total é dado por quatro vezes a integral $\int_0^a\sqrt{1+(y')^2}dx$, em que $y=\sqrt{a^2-x^2}$. Efetuando-se os cálculos obtém-se: $\displaystyle\int_0^a a\frac{1}{\sqrt{a^2-x^2}}dx$. Fazendo a mudança trigonométrica $x=a\text{sen}\theta$, $\theta\in\left[-\frac{\pi}{2},\frac{\pi}{2}\right]$ e efetuando-se os cálculos, obtém-se $a\dfrac{\pi}{2}$, de modo que o comprimento é $4\cdot a\dfrac{\pi}{2}=2\pi a$.

27.

a) Diverge;

b) 3;

c) $\frac{1}{2}$;

d) 0;

e) $\frac{\pi}{2}$;

f) Diverge para $n = 0$, converge para $n \geq 1$ e, neste caso, $\int_1^{\infty} \frac{lnx}{x^n} dx = \frac{1}{(n-1)^2}$.

28. Não, pois a função no integrando possui uma descontinuidade infinita em $x = 1$.

29. Não. De acordo com a Definição 1.5,

$$\int_{-\infty}^{\infty} x dx = \int_{-\infty}^{a} x dx + \int_{a}^{\infty} x dx,$$

em que $a \in (-\infty, \infty)$ é escolhido de forma arbitrária e a convergência da integral ocorre quando cada uma das integrais convergir, mas é fácil ver que, por exemplo, $\int_{-\infty}^{a} x dx$ é divergente. Este exemplo ilustra porque **não** podemos definir

$$\int_{-\infty}^{\infty} f(x) dx = \lim_{L\to\infty} \int_{-L}^{L} f(x) dx.$$

30. Diverge.

31. Converge se $0 < p < 1$ e converge para $p \geq 1$.

32. A integral é divergente.

33. $V = \pi\, u.v.$

34. 4 $u.a.$

35. $\frac{59}{20} = 2,95$.

36. letra e.

37. a) $\frac{23}{3}$; b) $\frac{\pi^2 + 13\pi + 36}{5}$.

38. Faremos a resolução apenas do item (a), os demais são análogos. Aqui $f(t) = 1$, daí

$$\begin{aligned} L(1) = F(s) &= \int_0^{\infty} f(t)e^{-st} dt = \int_0^{\infty} 1 \cdot e^{-st} dt = \lim_{n\to\infty} \left(\frac{e^{-st}}{-s} \Big|_0^n \right) \\ &= \lim_{n\to\infty} \left(\frac{-e^{-sn}}{s} + \frac{1}{s} \right) = 0 + \frac{1}{s} = \frac{1}{s}. \end{aligned}$$

39.

a) $\frac{4}{3}\pi ab^2$;

b) $2\pi \left(b^2 + \frac{a^2 b}{\sqrt{a^2 - b^2}} \text{arcsen} x \left(\frac{\sqrt{a^2 - b^2}}{a} \right) \right)$;

c) Neste caso, tem-se a esfera de raio a: $4\pi a^2$;

d) $\pi \frac{ba^2}{\sqrt{b^2 - a^2}} \left(\frac{b}{a} \text{arctg} \frac{\sqrt{b^2 - a^2}}{a} + \ln \left| \frac{b}{a} + \text{arctg} \frac{\sqrt{b^2 - a^2}}{a} \right| . \right)$

Capítulo 2

1. a) $\dfrac{(-1)^n}{2^n}$, $n \geq 0$; b) $\dfrac{2n-1}{2n}$, $n \geq 1$; c) $(-1)^n 2$, $n \geq 0$; d) $\dfrac{1}{n!}$, $n \geq 0$; e) $\dfrac{(-1)^n}{(2n)!}$, $n \geq 0$.

2. a) $(-1)^n r^{2n+1}$, $n \geq 0$; b) $(-1)^n r^{2n}$, $n \geq 0$.

3. Basta tomar (não são as únicas possibilidades)

   a) $N > \dfrac{1}{\epsilon^2}$;

   b) $N > \sqrt{1 + \dfrac{1}{\epsilon}}$;

   c) $N > \left(\dfrac{4}{\epsilon^2}\right)^2$.

   d) $N > \sqrt{\dfrac{2}{\epsilon}}$.

4.

   a) 0

   b) $e^{\frac{1}{3}}$;

   c) 1;

   d) 0;

   e) Não existe o limite;

   f) 1;

   g) $\dfrac{1}{e}$;

   h) 1;

   i) e;

   j) 0;

   k) ∞;

   l) e^2;

   m) Converge se $p > 1$, nesse caso $\lim\limits_{n\to\infty} \displaystyle\int_1^n \frac{dx}{x^p} = \frac{1}{p-1}$, e diverge se $p \leq 1$.

5. A sequência não converge, pois se convergisse, o limite seria único, mas para n par ela é constante igual a 2, já para n ímpar a sequência tende para infinito.

6. a) Se $\lim a_n = L$, então passando o limite na expressão de recursão tem-se $L = \dfrac{1}{2}\left(L + \dfrac{2}{L}\right)$. Resolvendo-se a equação obtém-se $L = \sqrt{2}$.

   b) Análogo ao anterior.

7. (c) Se $b_n = \dfrac{F_{n+1}}{F_n}$, então $b_{n+1} = 1 + \dfrac{1}{b_n}$. Supondo $L = \lim\limits_{n\to} b_n$, tem-se $L = 1 + \dfrac{1}{L}$. Resolvendo-se a equação, obtém-se $\dfrac{1+\sqrt{5}}{2}$.

8. (b) A associação é feita da seguinte forma

$$
\begin{aligned}
a_1 &= 5 \\
a_2 &= 12 \\
a_3 &= 21 \\
&\dots
\end{aligned}
$$

Para não confundirmos a notação, vamos utilizar o símbolo $\oplus$ para representar a "operação" definida na figura do Facebook, ou seja

$$\begin{aligned} 1 \oplus 4 &= 5 \\ 2 \oplus 5 &= 12 \\ 3 \oplus 6 &= 21 \end{aligned}$$

e + para representar a soma que estamos habituados. Observe que

$$\begin{aligned} a_1 = 1 \oplus 4 &= 5 \\ a_2 = 2 \oplus 5 &= 12 = 7 + 5 = (2+5) + 5 = (2+5) + a_1 \\ a_3 = 3 \oplus 6 &= 21 = 9 + 12 = (3+6) + 12 = (4+5) + a_2 = (2 \cdot 2 + 5) + a_2. \end{aligned}$$

Seguindo o padrão acima, teríamos

$$a_4 = 4 \oplus 7 = (4+7) + 21 = (6+5) + 21 = (2 \cdot 3 + 5) + a_3$$

ou de maneira geral

$$a_n = 2(n-1) + 5 + a_{n-1} = 2n + 3 + a_{n-1}.$$

9.

a) Crescente;
b) Crescente;
c) Crescente;
d) Decrescente;
e) Crescente.
f) crescente para $n \geq 3$;
g) decrescente para $n \geq 5$;
h) constante igual a 0;
i) não é monótona;
j) decrescente;
k) crescente;
l) não é monótona;
m) crescente;
n) crescente.

10. Use o mesmo argumento apresentado no Exercício 6.

11. $a_{n+1} = \sqrt{2a_n}$, em que $a_1 = \sqrt{2}$.

(a) $a_1 = \sqrt{2} < 2$. Supondo que $a_n < 2$, então

$$a_{n+1} = \sqrt{2a_n} < \sqrt{2 \times \sqrt{2}} < \sqrt{2 \times 2} = \sqrt{4} = 2.$$

(b) $\dfrac{a_{n+1}}{a_n} = \dfrac{\sqrt{2a_n}}{a_n} = \sqrt{\dfrac{2a_n}{a_n^2}} = \sqrt{\dfrac{2}{a_n}} > 1$, pois $a_n < 2$.

O limite L irá satisfazer a igualdade $L = \sqrt{2L}$. Resolvendo a equação, obtém-se $L = 2$.

12. A solução é análoga ao do anterior.

13. 6.

14. a) $a_{n+1} - a_n = nn! - 23^n \geq 2(n! - 3^n)$ para todo $n \geq 2$. Como $\lim_{n\to\infty} \frac{3^n}{n!} = 0$, então existe N tal que $n > N \Rightarrow n! > 3^n$ o que implica que $a_{n+1} - a_n > 0$ para todo $n > N$, ou seja $\{a_n\}$ é uma sequência crescente;

    b) Suponha que seja. Logo, existe $\lim a_n = L < \infty$. Daí

$$a_{n+1} = nn! - 23^n = 2n! + (n-2)n! - 23^n = 2(n! - 3^n) + (n-2)n! = 2a_n + (n-2)n!.$$

    Fazendo $n \to \infty$ temos $L = 2L + \infty = \infty$, o que é uma contradição.

15. *b*.

16. Note que

$$\begin{aligned} a_{2,3} &= 2 \oplus 3 &=& \ 10 = (2+3)\cdot 2; \\ a_{6,5} &= 6 \oplus 5 &=& \ 66 = (6+5)\cdot 6; \\ a_{8,4} &= 8 \oplus 4 &=& \ 96 = (8+4)\cdot 8; \\ a_{7,2} &= 7 \oplus 2 &=& \ 63 = (7+2)\cdot 7. \end{aligned}$$

    Em geral tem-se

$$a_{nm} = (n+m)n;$$

    daí $9 \oplus 7 = a_{9,7} = (9+7)\cdot 9 = 144$.

Capítulo 3

1. a) $-\frac{3}{7}$;
   b) $\frac{1}{4}$;
   c) $\frac{1}{3}$
   d) $\frac{1}{2}$
   e) Diverge.

2. Utilize séries para expressar a dízima periódica como uma fração:
   a) $0,9999...$
   b) $5,37373737...$
   c) $0,011111111...$
   d) $0,244444444..$

3. basta observar que é uma série geométrica de razão $\frac{(-1)^n \text{sen} x}{2}$.

4. 3 metros.

5.

a) Converge;
b) Converge;
c) Converge;
d) Diverge;
e) Converge;
f) Diverge;
g) Converge;
h) Converge;
i) Diverge;
j) Converge;
k) Converge;
l) Converge;
m) Converge;
n) Converge;
o) Converge;
p) Converge;

6. O teste da razão permite garantir que a série $\sum \frac{n!}{n^n}$ é convergente. Uma vez que ela converge, o limite do seu termo geral é zero.

7.

a) $R = \infty$. $(-\infty, \infty)$;
b) $R = 1$. $[-1, 1)$;
c) $R = 1$. $(-1, 1)$;
d) $R = 1$. $[-1, 1)$;
e) $R = \infty$. $(-\infty, \infty)$;
f) $R = 2$. $(1, 5)$.

8. a) $\frac{x}{1-x^2}$, $(-1, 1)$;
b) $\frac{1}{1+x^2}$, $(-1, 1)$;
c) $\frac{1}{4-x}$, $(2, 4)$.

9.

a) $\text{Dom}(f) = \{x \in \mathbb{R} : 3 < x < 11\}$;
b) 4;
c) $\frac{4}{x-3}$.

10. $\text{Dom}(f) = \mathbb{R}$.

11. $\text{senh}x$: $\sum_{n=0}^{\infty} \frac{x^{2n+1}}{(2n+1)!}$ e $\cosh x$: $\sum_{n=0}^{\infty} \frac{x^{2n}}{(2n)!}$.

12. Tem-se $\cos x = \sum_{n=0}^{\infty} (-1)^n \frac{x^{2n}}{(2n)!}$ para todo $x \in \mathbb{R}$. Integrando termo a termo obtém-se $\text{sen}x = \left(\sum_{n=0}^{\infty} (-1)^n \frac{x^{2n+1}}{(2n+1)!} \right) +$ C, em que C é uma constante. Tomando $x = 0$, percebe-se que $C = 0$, ou seja, $\text{sen}x = \sum_{n=0}^{\infty} (-1)^n \frac{x^{2n+1}}{(2n+1)!}$.

13. a) $\sum_{n=0}^{\infty} (-1)^n x^n$, $(-1, 1)$;
b) $\sum_{n=0}^{\infty} x^{4n}$, $(-1, 1)$;
c) $\sum_{n=0}^{\infty} 3^n x^n$, $\left(-\frac{1}{3}, \frac{1}{3}\right)$;
d) $\sum_{n=0}^{\infty} \frac{x^n}{4^{n+1}}$, $(-2, 2)$.

14. Faremos apenas o item (a), os demais são análogos. Temos $\frac{1}{1-x} = \sum_{n=0}^{\infty} x^n$, se $-1 < x < 1$. Derivando termo a termo, segue que $\frac{1}{(1-x)^2} = \sum_{n=1}^{\infty} nx^{n-1}$. Multiplicando ambos os lados por x, obtém-se $\frac{x}{(1-x)^2} = \sum_{n=1}^{\infty} nx^n$.

15.

a) $\frac{3}{4}$;

b) ln2.

16.

a) $\sum_{n=0}^{\infty} \frac{a^n x^n}{n!}$;

b) $\sum_{n=0}^{\infty} \frac{(-1)^n \pi^{2n} x^{2n}}{(2n)!}$;

c) $\sum_{n=0}^{\infty} \frac{x^{2n}}{(2n)!}$;

d) $\sum_{n=0}^{\infty} \frac{x^{n+1}}{n!}$.

17.

a) $\sum_{n=0}^{\infty} (-1)^n \frac{2^{2n+1} x^{2n+1}}{(2n+1)!}$;

b) $\sum_{n=0}^{\infty} \frac{2^{2n+1} x^{2n+1}}{(2n+1)!}$;

c) $\sum_{n=0}^{\infty} (-1)^n 3^n x^{n+2}$;

d) $-2\sum_{n=0}^{\infty} \frac{x^{2n+1}}{(2n+1)!}$;

e) $\sum_{n=1}^{\infty} (-1)^{n+1} \frac{x^n}{n}$.

18. a) Como

$$1 - \cos x = 1 - \sum_{n=0}^{\infty} \frac{(-1)^n x^{2n}}{(2n)!} = 1 - \left(1 - \frac{x^2}{2!} + \frac{x^4}{4!} - \frac{x^6}{6!} + \cdots\right)$$

tem-se

$$\frac{1-\cos x}{x} = \frac{x}{2!} + \frac{x^3}{4!} - \frac{x^5}{6!} + \cdots$$

Passando o limite termo a termo, obtém-se $\lim_{x\to 0} \frac{1-\cos x}{x} = 0$.

b) Similar ao anterior, basta usar a igualdade $e^x = \sum_{n=0}^{\infty} \frac{x^n}{n!}$. A resposta é zero.

19. a) $\sum_{n=0}^{\infty} e^{x_0} \frac{(x-x_0)^n}{n!}$;

b) $n = \sum_{n=0}^{\infty} (-1)(x+1)^n$;

c) $\sum_{n=0}^{\infty} (-1)^{n+1} \frac{(x-e)^n}{e^n}$.

20. a) $\sum_{n=0}^{\infty} (-1)^n x^{2n+1} = x - x^3 + x^5 - x^7 + \cdots$

b) $f^{(4)}(0) = 0, f^{(5)}(0) = 5!, f^{(7)}(0) = -7!$;

c) $f^{(n)}(0) = \begin{cases} 0, & \text{se } n \text{ for par;} \\ n! & \text{se } n \text{ for da forma} 4k+1, \text{ em que } k \in \mathbb{N}; \\ -n! & \text{se } n \text{ for da forma} 4k+3, \text{ em que } k \in \mathbb{N}; \end{cases}$

21.

a) $1,644834$; c) $2,07657$; e) $0,635966$;

b) $1,20195$; d) $1,686406$; f) $1,54305$.

22. a) $e^{-x^2} = \sum_{n=0}^{\infty} \frac{(-1)^n x^{2n}}{n!}$;

c) $0,747$.

23. $0,763$.

24. **Sugestão:** Utilize a série geométrica para encontrar uma série que represente a função $\frac{1}{1+x^2}$ e use integração termo a termo para encontrar uma série para o arctg$x$. Lembre-se que, após usar Integração ou Derivação Termo a Termo, você deve testar os extremos do intervalo.

25. a) $P_3(x) = x - \frac{x^3}{3!}$; $P_3\left(\frac{4}{9}\pi\right) = 0,64142$;

b) $\text{sen}\left(\frac{2}{9}\pi\right) = 0,64279$. Erro $= 0,00137$.

26. a) $1 + 0,5(x-1) - 0,25\frac{(x-1)^2}{2!} + 0,38\frac{(x-1)^3}{3!}$

b) $P_3(2) = 1,4375$;

c) $f(2) \approx = 1,4142\cdots$. Erro $= 0,0233$.

27. a) $P_2(x) = 2 + 0,25(x-4) - 0,03\frac{(x-4)^2}{2!}$;

b) $P_2(3) = 1,7344$;

c) $f(3) = \sqrt{3} \approx 1,7321$. Erro $= 0,0023$.

28.

a) $n = 3$; b) 1.10517.

29. $P_2(x) = 2 + \frac{1}{12}(x-8) - \frac{1}{144}\frac{(x-8)^2}{2!}$; $f(9) = 2,08008$; $P_2(9) = 2,07986$.

30. Apenas (i) é verdadeira.

31. e.

Capítulo 4

1.

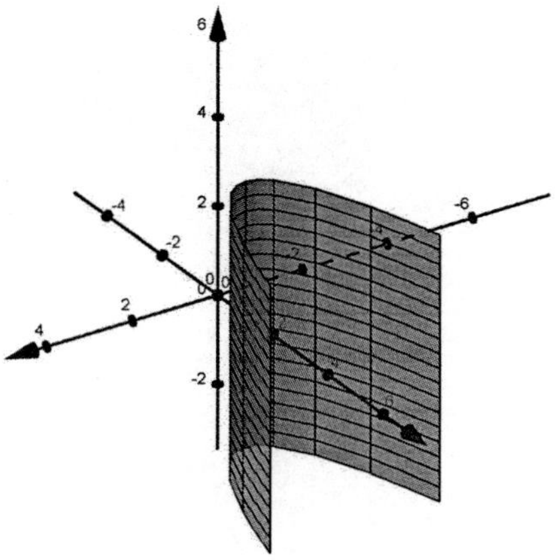

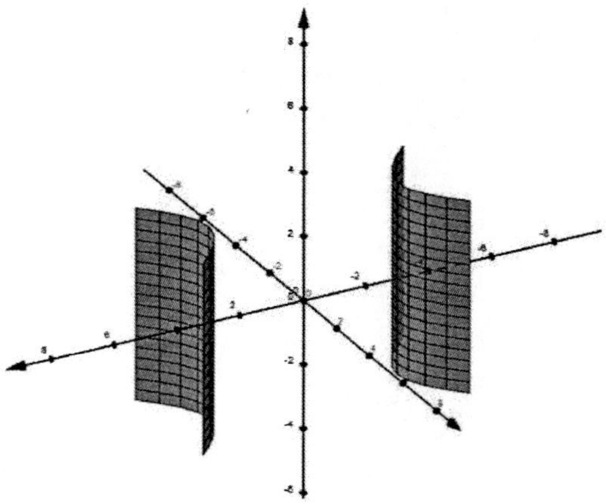

a)

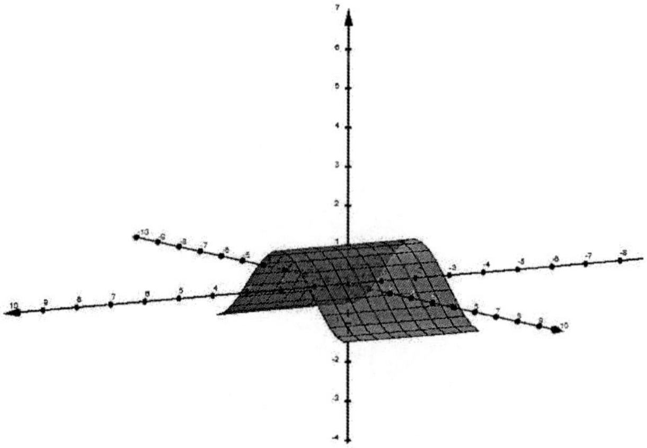

c)

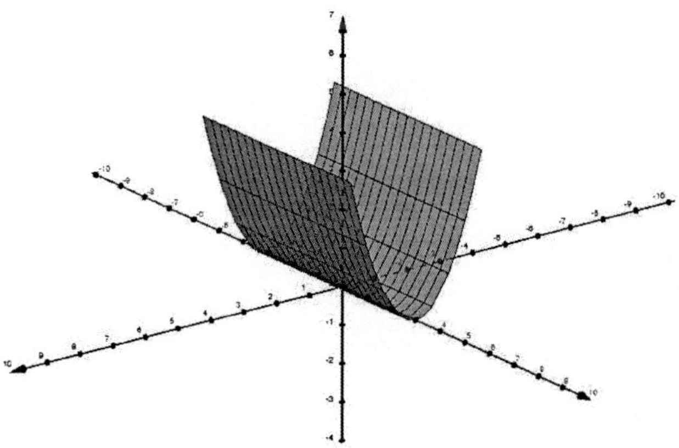

d)

2.

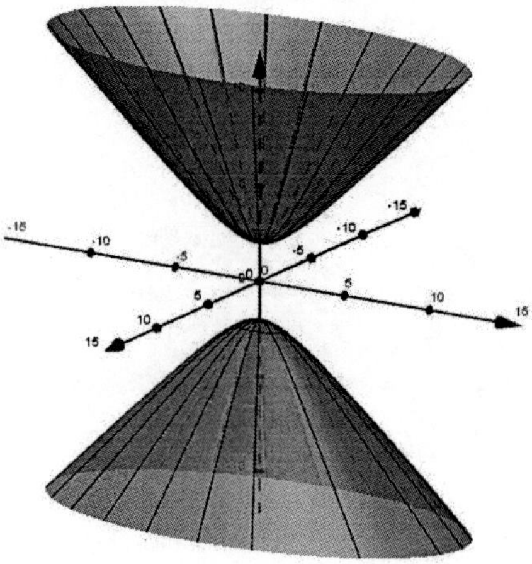

a)

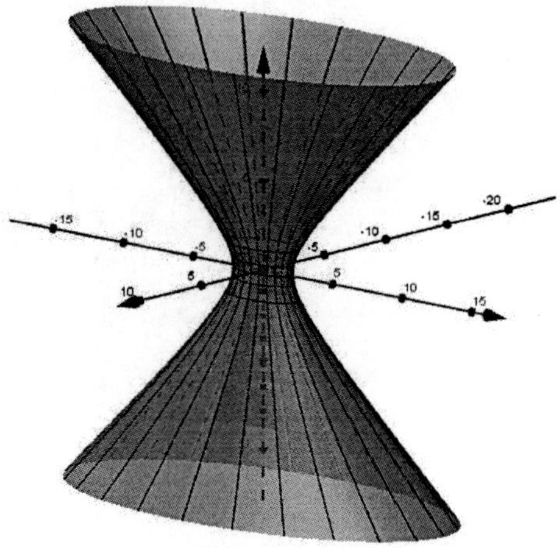

b)

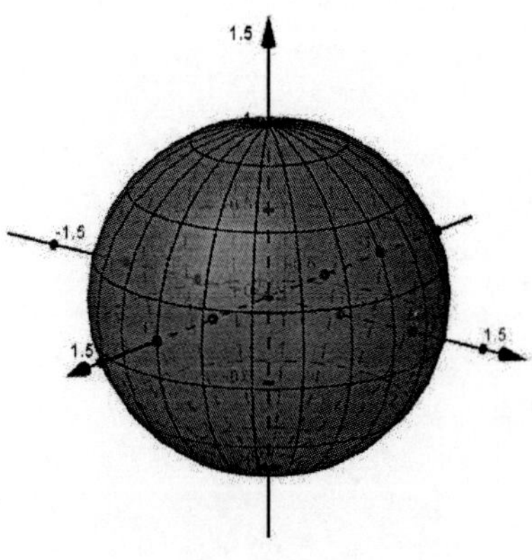

c)

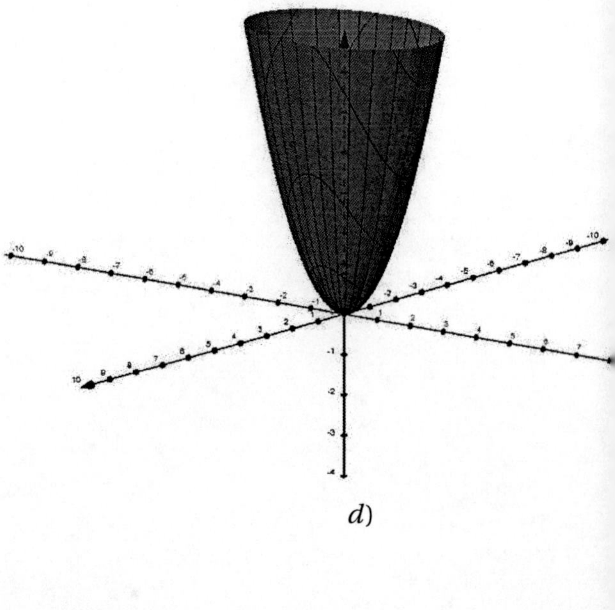

d)

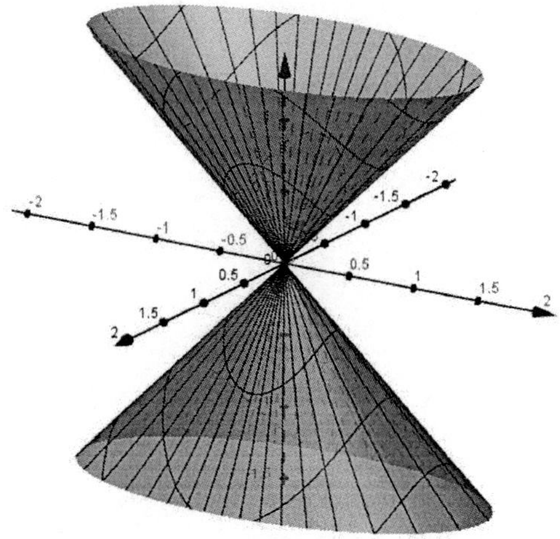

e)

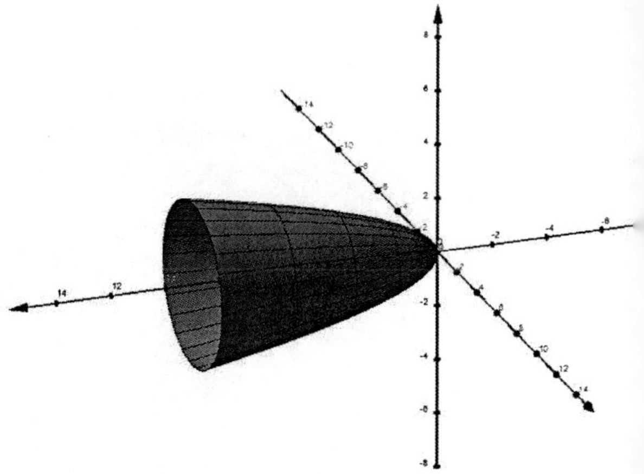

f)

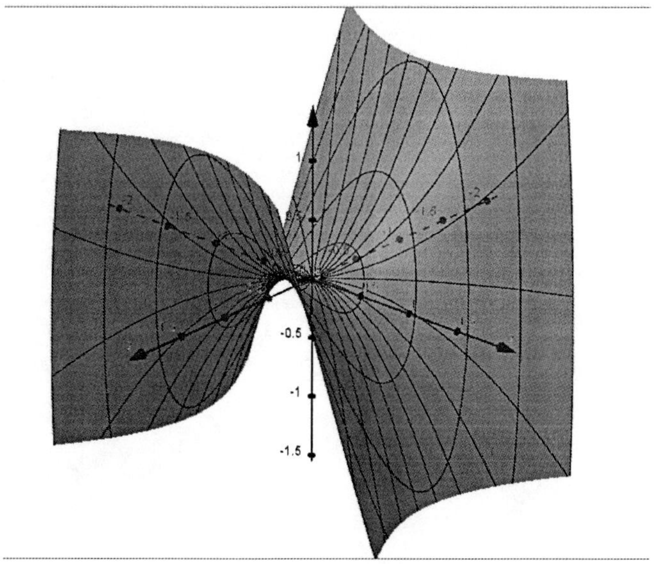

g)

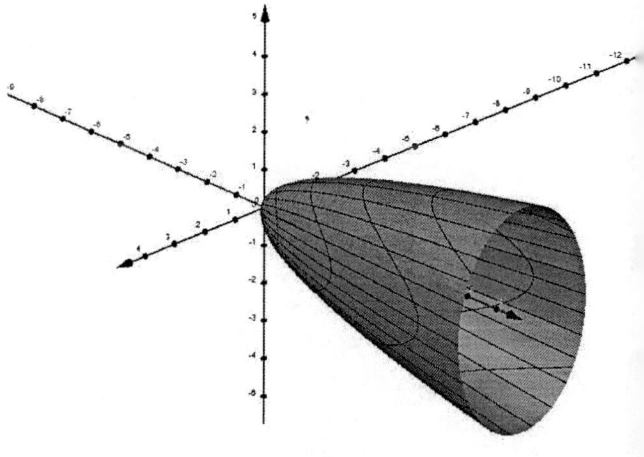

h)

3.

a) $(x-1)^2+(y-2)^2+(z+1)^2=9$;

b) $y+2-(x)^2-(z-2)^2$;

c) $(y+1)^2-(x+3)^2-(z+5)^2=1$;

d) $(y+1)^2/9+(x-1)^2/4-(z-1)^2/1-1$

4.

a)

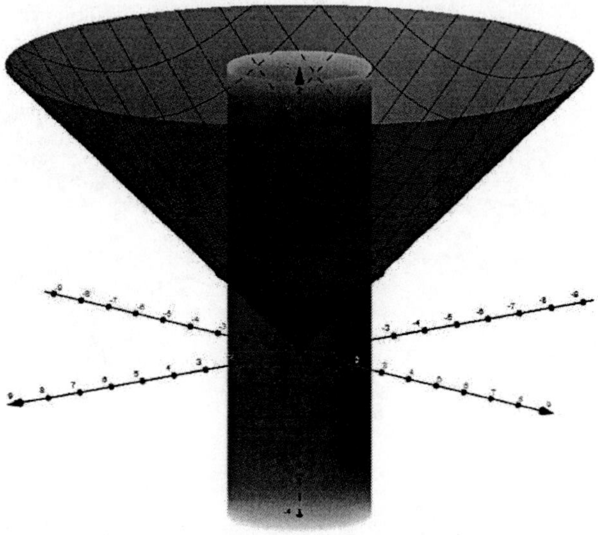

b) Círculo de raio 2 no plano $z = 2$ e centro (0,0,2).

5. $4z = x^2 + y^2$.

6. $8z^2 - x^2 - y^2 - 32 = 0$ (Hiperboloide de duas folhas).

Capítulo 5

1.

a) $\text{Dom} f = \{(x, y) \in \mathbb{R}^2 : y \neq -x\}$;

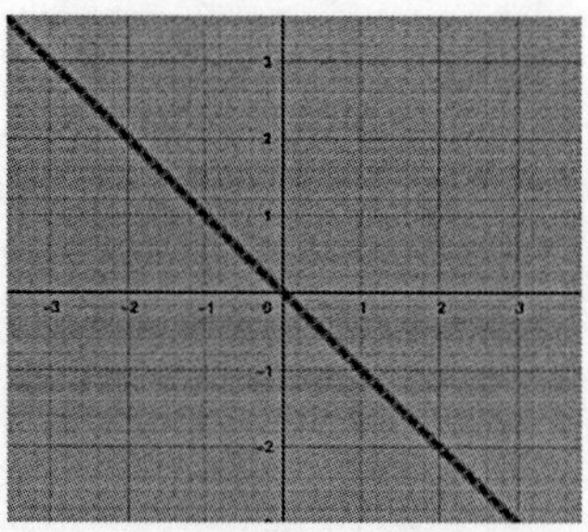

b) $\text{Dom} f = \left\{(x, y) \in \mathbb{R}^2 : \dfrac{y^2}{4} - \dfrac{x^2}{9} \geq 1\right\}$;

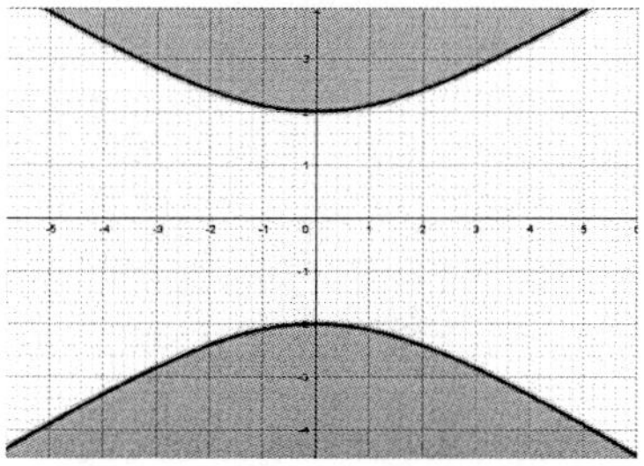

c) $\text{Dom} f = \{(x, y) \in \mathbb{R}^2 : x, y > 0 \text{ ou } x, y < 0\};$

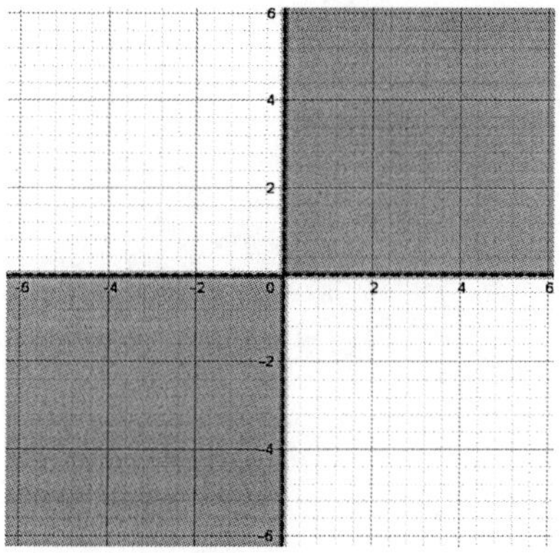

d) $\text{Dom} f = \{(x, y) \in \mathbb{R}^2 : y > x^2\};$

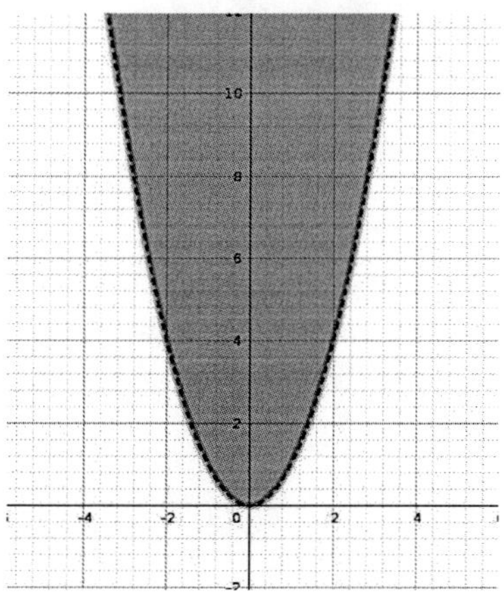

e) $\text{Dom} f = \{(x, y) \in \mathbb{R}^2 : |x| > |y|\};$

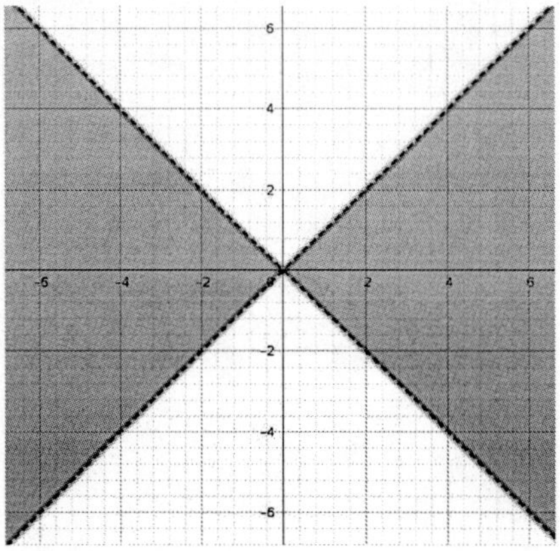

f) $\mathrm{Dom} f = \{(x, y) \in \mathbb{R}^2 : |y| < 2|x|\}$.

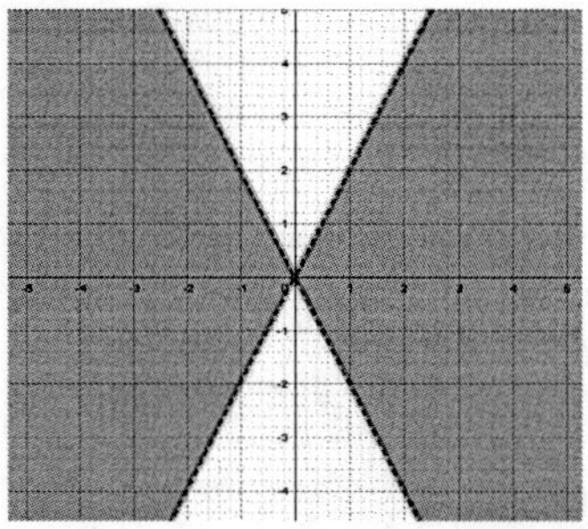

2.

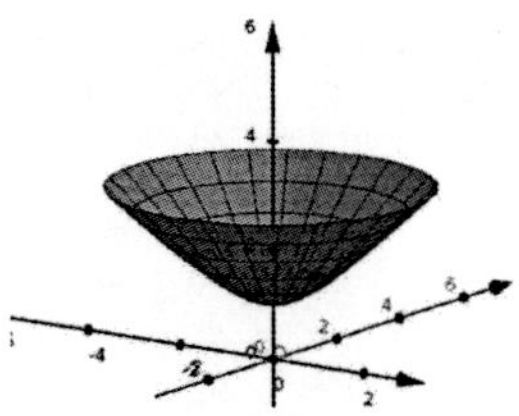

(a)

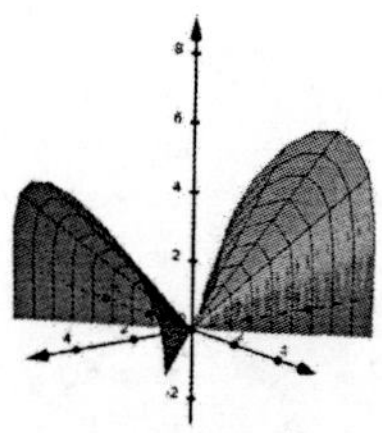

(b)

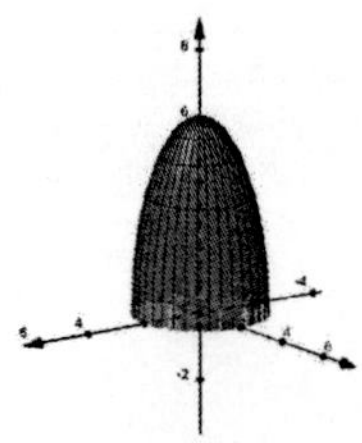

(c)

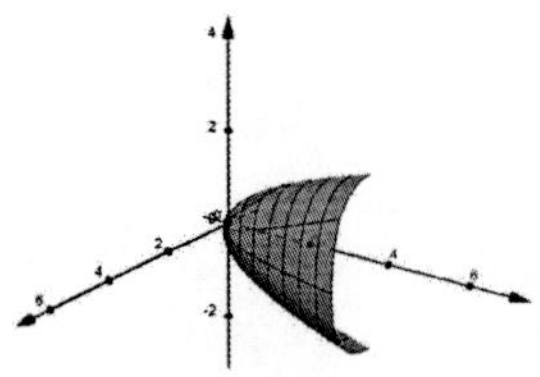

(d)

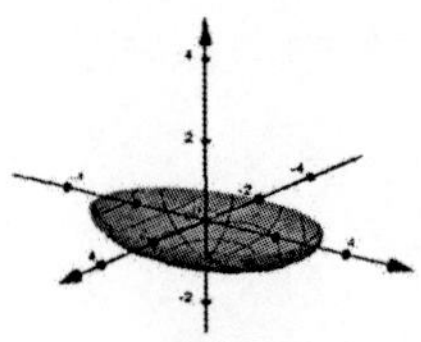

(e)

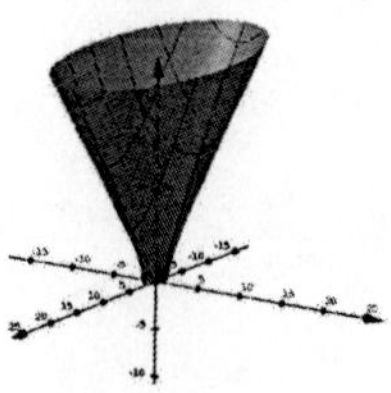

(f)

3.

a) $f\left(-1, \dfrac{1}{2}\right)$ está entre de $0,5$ e 1;

b) $f(-1,1) \approx 0,5$;

c) $f(-2,1) = 2$;

d) $(1,1) = 1$.

4. Esboce a curva de nível $z = k$ para os valores especificados de k:

   a) $z = x^2 - y^2$, com $k = 0,1,3,5$

   b) $z = \dfrac{y}{x}$, com $k = 1,2,3,4,5$;

   c) $z = x^2 + y$, com $k = 0,1,2$.

5. $x^2 - 2y^3 + 7xy + 8 = 0$.

6. $x \ln y = 6$.

7. a) aberto;

   b) não é aberto e nem fechado;;

   c) fechado;

   d) não é aberto e nem fechado;

   e) fechado;

   f) aberto;

   g) não é aberto e nem fechado.

8. Se $y = xm$, o limite é reescrito como

$$\lim_{x\to 0} \frac{x^2 \cdot mx}{x^4 + (mx)^2} = \lim_{x\to 0} \frac{mx^3}{x^4 + m^2x^2} = \lim_{x\to 0} \frac{mx^3}{x^2(x^2 + m^2)} = \lim_{x\to 0} \frac{mx}{x^2 + m^2} = 0.$$

Todavia isto não garante que o limite é zero, pois se $y = x^2$, temos

$$\lim_{x\to 0} \frac{x^2 \cdot x^2}{x^4 + (x^2)^2} = \lim_{x\to 0} \frac{x^4}{2x^4} = \lim_{x\to 0} \frac{1}{2} = \frac{1}{2}.$$

Ou seja, o limite não existe.

9.

a) 11;

b) não existe;

c) 0;

d) não existe;

e) 2.

f) 1.

10. a) É contínua em todos os pontos;

    b) não é contínua no ponto $(0,0)$.

11. b) **Solução:**

$$\lim_{(x,y)\to(0,0)} \frac{x^4 + y^4}{x^2 + y^2} = \lim_{(x,y)\to(0,0)} \frac{(x^2 + y^2)(x^2 - y^2) + 2y^4}{x^2 + y^2} = \lim_{(x,y)\to(0,0)} \left((x^2 - y^2) + \frac{2y^4}{x^2 + y^2}\right). \qquad (5.15)$$

$$\lim_{(x,y)\to(0,0)} \frac{x^4+y^4}{x^2+y^2} = \lim_{(x,y)\to(0,0)} \frac{(x^2+y^2)(x^2-y^2)+2y^4}{x^2+y^2} = \lim_{(x,y)\to(0,0)} \left((x^2-y^2)+\frac{2y^4}{x^2+y^2}\right).$$

Note que $\lim_{(x,y)\to(0,0)}(x^2-y^2)=0$ e que $\frac{y^2}{x^2+y^2}\leq 1$ (pois $y^2 < x^2+y^2$). Assim sendo,

$$\lim_{(x,y)\to(0,0)} \frac{2y^4}{x^2+y^2} = \lim_{(x,y)\to(0,0)} 2y^2\frac{y^2}{x^2+y^2} = 0,$$

pois $y^2\to 0$ e $\frac{y^2}{x^2+y^2}$ é limitada. Assim sendo, substituindo em (5.15) temos

$$\lim_{(x,y)\to(0,0)} \frac{x^4+y^4}{x^2+y^2} = 0.$$

12. **Solução:**

$$\begin{aligned}\frac{\partial}{\partial x}(x^2y^2) &= \lim_{h\to 0}\frac{(x+h)^2y^2-x^2y^2}{h} = y^2\lim_{h\to 0}\frac{(x+h)^2-x^2}{h}\\ &= y^2\lim_{h\to 0}\frac{x^2+2xh+h^2-x^2}{h} = y^2\lim_{h\to 0}\frac{2xh+h^2}{h} = y^2\lim_{h\to 0}(2x+h) = 2xy^2.\end{aligned}$$

13. Todas são verdadeiras.

14. Utilize a Definição de Derivada parcial (ou seja, o limite que define a derivada parcial) para mostrar que

$$\frac{\partial}{\partial x}\left(x^2y^2\right) = 2xy^2.$$

15.

a) $f_x = -\frac{x}{\sqrt{1-x^2-y^2}}$, $f_y = -\frac{y}{\sqrt{1-x^2-y^2}}$;

b) $f_x = ze^{(x+2y+z)}\cos(xy) - yze^{(x+2y+z)}\text{sen}(xy)$, $f_z = e^{(x+2y+z)}\cos(xy) + ze^{(x+2y+z)}\cos(xy)$;

c) $\frac{\partial G}{\partial x} = \frac{1}{y}e^{\frac{x}{y}}$ e $\frac{\partial G}{\partial y} = -\frac{x}{y^2}e^{\frac{x}{y}}$;

d) $f_x = \frac{2x}{1+(x^2+y^2)^2}$, $f_y = \frac{2y}{1+(x^2+y^2)^2}$;

e) $\frac{\partial f}{\partial x} = \frac{1}{y} - \frac{y}{x^2}$ e $\frac{\partial f}{\partial y} = -\frac{x}{y^2} + \frac{1}{x}$.

16. a) $f_{xx} = e^x\text{sen}y$, $f_{yy} = -e^x\text{sen}y$, $f_{xy} = f_{yx} = e^x\cos y$;

b) $\frac{\partial^2 G}{\partial x^2} = \frac{1}{y^2}e^{\frac{x}{y}}$, $\frac{\partial^2 G}{\partial y^2} = \frac{x^2}{y^4}e^{\frac{x}{y}}$, $\frac{\partial^2 G}{\partial x\partial y} = -\frac{1}{y^2}e^{\frac{x}{y}}\left(1+\frac{x}{y}\right)$.

c) $f_{xx} = -\frac{1}{x^2}$, $f_{yy} = -\frac{1}{y^2}$, $f_{xy} = f_{yx} = 0$.

d) $\frac{\partial^2 f}{\partial x^2} = -\frac{2}{(1+x^2-y^2)^{\frac{3}{2}}}\left(1+\frac{x}{1-x^2-y^2}\right)$, $\frac{\partial^2 f}{\partial y^2} = -\frac{2}{(1+x^2-y^2)^{\frac{3}{2}}}\left(1+\frac{y}{1-x^2+y^2}\right)$, $\frac{\partial^2 f}{\partial x\partial y} = -\frac{4xy}{(1-x^2-y^2)^{\frac{3}{2}}}$

17. a) 0; b) 0.

18. a) $\dfrac{dy}{dx} = \dfrac{x^2-2y}{y^2-2x}$; b) $\dfrac{dy}{dx} = \dfrac{sen(x-y)+e^y}{sen(x-y)-xe^y}$.

19. $\dfrac{\partial f}{\partial x}(1,2) \approx 6$ e $\dfrac{\partial f}{\partial y}(1,2) \approx -\dfrac{40}{3}$.

20. Como $\dfrac{\partial z}{\partial x} = \dfrac{y}{xy} = \dfrac{1}{x}$ e $\dfrac{\partial z}{\partial y} = \dfrac{x}{xy} = \dfrac{1}{y}$, temos

$$x\frac{\partial z}{\partial x} - y\frac{\partial z}{\partial y} = 1 - 1 = 0.$$

21. Observe inicialmente que

$$\frac{1}{r}\frac{\partial}{\partial r}\left(r\frac{\partial v}{\partial r}\right) + \frac{1}{r^2}\frac{\partial^2 v}{\partial \theta^2} = \frac{1}{r}\frac{\partial v}{\partial r} + \frac{\partial^2 v}{\partial r^2} + \frac{1}{r^2}\frac{\partial^2 v}{\partial \theta^2}. \tag{5.16}$$

Por outro lado, se $x = r\cos\theta$ e $y = r\text{sen}\theta$, temos

$$\begin{aligned}
\frac{\partial v}{\partial r} &= \frac{\partial u}{\partial x}\cos\theta + \frac{\partial u}{\partial y}\text{sen}\theta,\\
\frac{\partial^2 v}{\partial r^2} &= \left(\frac{\partial^2 u}{\partial x^2}\cos\theta + \frac{\partial^2 u}{\partial y\partial x}\text{sen}\theta\right)\cos\theta + \left(\frac{\partial^2 u}{\partial x\partial y}\cos\theta + \frac{\partial^2 u}{\partial y^2}\text{sen}\theta\right)\text{sen}\theta,\\
\frac{\partial v}{\partial \theta} &= r\left(-\frac{\partial u}{\partial x}\text{sen}\theta + \frac{\partial u}{\partial y}\cos\theta\right)
\end{aligned}$$

e

$$\begin{aligned}
\frac{\partial v^2}{\partial \theta^2} = &\left(r^2\frac{\partial^2 u}{\partial x^2}\text{sen}\theta + r^2\frac{\partial^2 u}{\partial y\partial x}\cos\theta\right)\text{sen}\theta - r\frac{\partial u}{\partial x}\cos\theta\\
&+\left(r^2\frac{\partial^2 u}{\partial x\partial y}\text{sen}\theta + r^2\frac{\partial^2 u}{\partial y^2}\cos\theta\right)\cos\theta - r\frac{\partial u}{\partial y}\text{sen}\theta.
\end{aligned}$$

Substituindo as expressões obtidas acima em (5.16) e efetuando as simplificações necessárias, temos

$$\frac{1}{r}\frac{\partial}{\partial r}\left(r\frac{\partial v}{\partial r}\right) + \frac{1}{r^2}\frac{\partial^2 v}{\partial \theta^2} = \frac{\partial^2 u}{\partial x^2} + \frac{\partial^2 u}{\partial y^2} = \Delta u.$$

22. Seja $t = x + 4y$. Pela regra da cadeia

$$\frac{\partial z}{\partial x} = f'(t)\frac{\partial t}{\partial x} = f'(t) \text{ e } \frac{\partial z}{\partial y} = f'(t)\frac{\partial t}{\partial y} = 4f'(t).$$

Logo

$$4\frac{\partial z}{\partial x} - \frac{\partial z}{\partial y} = 4f'(t) - 4f'(t) = 0.$$

23. A resolução é análoga ao anterior.

24. Uma vez que $\dfrac{\partial f}{\partial t} = -4a^2 e^{-4a^2 t}\text{sen}(2x)$ e $\dfrac{\partial^2 f}{\partial x^2} = -4e^{-4a^2 t}\text{sen}(2x)$, temos

$$\frac{\partial f}{\partial t} - a^2\frac{\partial^2 f}{\partial x^2} = 0,$$

o mostra o resultado.

25. A resolução é análoga ao anterior ao Exercício 22.

26. Mostre que f e g são funções duas vezes diferenciáveis, então

$$z = f(x+at) + g(x-at)$$

é uma solução da Equação

$$\frac{\partial^2 z}{\partial t^2} = a^2\frac{\partial^2 z}{\partial x^2}.$$

27.

a) $25,1402$; b) $25,14$; c) $0,0002$.

28. $2,015862944$. Erro = 0,004419293.

29. a) Verdadeiro; b) Falso; c) Verdadeiro;

30. a) $\dfrac{\partial T}{\partial x}(0,6;0,4) \approx -15$ e $\dfrac{\partial T}{\partial y}(0,6;0,4) \approx -5$;

b) $L(0,7;0,5) = 10,8$.

31. $\delta V \approx 27,2\pi$.

32. $\dfrac{3}{2}$.

33. $\dfrac{\partial f}{\partial u}(1,-2) = 239$ e $\dfrac{\partial f}{\partial v}(1,-2) = -168$.

34. Ambos são nulos.

35. $\dfrac{dz}{dt}(1) = -50$.

36.

a) $\nabla f(0,-1) = (2,3)$; $|\nabla f| = \sqrt{13}$;

b) 6,5;

c) $\dfrac{\partial g}{\partial u}(0,\pi) = 1$ e $\dfrac{\partial g}{\partial v}(0,\pi) = -2$.

37. a) 0; b) $\dfrac{1}{2(x+y)^{\frac{3}{2}}}$.

38. a) $\nabla f(1,2) = (135,27)$; b) $\nabla f(1,-1,0) = (2,1,1)$.

39.

a) $D_u f(0,0) = -\dfrac{6}{\sqrt{3}}$;

b) $D_u f(x,y) = -\dfrac{\text{sen}(xy)}{\sqrt{v_1+v_2}}(v_1 y + v_2 x)$;

c) $D_u f(x,y) = \dfrac{e^{x^2-\cos y}}{\sqrt{13}}(4x + 3\text{sen}y)$.

40.

a) $D_u f(3,1) = \dfrac{1}{8}\left(1+\sqrt{3}\right)$;

b) $D_u f\left(\dfrac{pi}{4},1\right) = \sqrt{2}\left(1-\dfrac{\pi}{4}\right)$.

41.

a) $3x - 4y + \sqrt{17}z = 0$;

b) $2x - 4y + e^5 z = 11$;

c) $z = y + 1 - \dfrac{\pi}{2}$.

42.

a) $2x - y + 4z - 4 = 0$;

b) $\dfrac{x}{e} + y - 2x + 2 = 0$.

43. a) $(0,0)$ é ponto de mínimo;

b) $(2,2)$ é ponto de sela;

c) $(k\pi,0)$ é ponto de sela, com $k \in \mathbb{Z}$;

d) $(0,0)$ ponto de sela;

e) $(2,4)$ é ponto de máximo.

44. $x = y = z = 17$.

45. $(0,0,-a)$ e $(0,0,a)$.

46. Todos os lados devem medir 4.

47. Todos os lados de dimensão $\dfrac{2}{3}p$, ou seja um triângulo equilátero.

48. a) $(1,1)$ é ponto de mínimo local; b) Sim

49.

a) Não. Você consegue explicar o por quê?;

b) Sim. Basta pensar, por exemplo, em uma calça.

50. Cada lado da caixa deve medir $20cm$.

51. Pontos de mínimo absolutos: $(1,-2),(-1,2)$. E os pontos de Máximo absolutos são $(-1,-2),(1,2)$.

52. Valor máximo: 0 e valor mínimo: -3.

53. O ponto de máximo absoluto $(0,0)$ é e os pontos de mínimo absoluto são $(-1,-1),(1,-1),(1,1),(-1,1)$.

54. a) O ponto de máximo é $\left(\frac{\sqrt{2}}{2}, \frac{\sqrt{2}}{2}\right)$ e o ponto de mínimo é $\left(-\frac{\sqrt{2}}{2}, -\frac{\sqrt{2}}{2}\right)$;

b) O ponto de máximo é $\left(\frac{\sqrt{3}}{3}, \frac{\sqrt{3}}{3}, \frac{\sqrt{3}}{3}.\right)$ e o ponto de mínimo é $\left(-\frac{\sqrt{3}}{3}, -\frac{\sqrt{3}}{3}, -\frac{\sqrt{3}}{3}\right)$;

c) Os pontos de máximo são $(1,0,0), (0,1,0), (0,0,1)$ e o ponto de mínimo é $\left(\frac{1}{3}, \frac{1}{3}, \frac{1}{3}\right)$.

55.

a) Para $k = 1$ e $k = -1$;

b) São os valores máximo e mínimo de f restrita a V;

c) Valor máximo: 1, valor mínimo: -1.

56. Como perímetro é $2p$, temos que $g(x,y,z) = x + y + z = 2p$, em que x, y, z são as medidas dos lados do triângulo. A fórmula de Heron nos diz que a área deste triângulo é

$$A(x,y,z) = \sqrt{p(p-x)(p-y)(p-z)}.$$

Maximizar A é o mesmo que maximizar a função

$$f(x,y,z) = p(p-x)(p-y)(p-z).$$

Procuramos por pontos que satisfazem

$$\nabla f = \lambda \nabla g.$$

Daí, temos o sistema:

$$\begin{cases} -p(p-y)(p-z) & = \lambda \\ -p(p-x)(p-z) & = \lambda \\ -p(p-x)(p-y) & = \lambda \\ x+y+z & = 2p. \end{cases}$$

Das três primeiras equações:

$$\begin{cases} (p-y)(p-z) & = (p-x)(p-z) \\ (p-x)(p-z) & = (p-x)(p-y). \end{cases}$$

de onde obtemos $x = y = z$. Substituindo na quarta equação do primeiro sistema, obtemos

$$x + y + z = 2p \Rightarrow 3x = 2p \Rightarrow x = y = z = \frac{2p}{3}.$$

57. Apenas o ponto $(-1,-1,2)$.

58. 864.

59. *b*.

60. *e*.

Apêndice

Polinômios de Taylor para funções de várias variáveis

No Capítulo 3 apresentamos o polinômio de Taylor, de grau n, de uma função f, que possui derivadas de todas as ordens, em torno do ponto a:

$$P_n(x) = f(a) + f'(a)(x-a) + \frac{f''(a)}{2!}(x-a)^2 + \frac{f^{(3)}(a)}{3!}(x-a)^3 + \cdots + \frac{f^{(n)}(a)}{n!}(x-a)^n.$$

Se $f : A \subset \mathbb{R}^2 \to \mathbb{R}$ for uma função que possui derivadas parciais de todas as ordens (ou pelo menos de ordem $n+1$), também é possível escrever seu polinômio de Taylor. Procedemos da seguinte forma: dado $P_0 = (x_0, y_0)$, defina $g : [0,1] \to \mathbb{R}$ por

$$g(t) = f(x_0 + t(x - x_0), y_0 + t(y - y_0)).$$

O polinômio de Taylor de g, em torno de $t = 0$, pode ser calculado no ponto $t = 1$. Para simplificar a exposição, denote $h = x - x_0$ e $k = (y - y_0)$. Daí

$$\begin{aligned}
g'(t) &= \frac{\partial f}{\partial x}(x_0+th, y_0+tk)h + \frac{\partial f}{\partial y}(x_0+th, y_0+tk)k\\
g''(t) &= \frac{\partial^2 f}{\partial x^2}(x_0+th, y_0+tk)h^2 + 2\frac{\partial^2 f}{\partial x \partial y}(x_0+th, y_0+tk)hk + \frac{\partial^2 f}{\partial y^2}(x_0+th, y_0+tk)k^2\\
g'''(t) &= \frac{\partial^3 f}{\partial x^3}(x_0+th, y_0+tk)h^3 + 3\frac{\partial^3 f}{\partial x^3 \partial y}(x_0+th, y_0+tk)h^2k\\
&+ 3\frac{\partial^3 f}{\partial y^3 \partial y}(x_0+th, y_0+tk)hk^2 + \frac{\partial^3 f}{\partial y^3}(x_0+th, y_0+tk)k^3\\
&\vdots
\end{aligned}$$

ou seja

$$\begin{aligned}
g'(0) &= \frac{\partial f}{\partial x}(x_0, y_0)h + \frac{\partial f}{\partial y}(x_0, y_0)k\\
g''(0) &= \frac{\partial^2 f}{\partial x^2}(x_0, y_0)h^2 + 2\frac{\partial^2 f}{\partial x \partial y}(x_0, y_0)hk + \frac{\partial^2 f}{\partial y^2}(x_0, y_0)k^2\\
g'''(0) &= \frac{\partial^3 f}{\partial x^3}(x_0, y_0)h^3 + 3\frac{\partial^3 f}{\partial x^3 \partial y}(x_0, y_0)h^2k\\
&+ 3\frac{\partial^3 f}{\partial y^3 \partial y}(x_0, y_0)hk^2 + \frac{\partial^3 f}{\partial y^3}(x_0, y_0)k^3\\
&\vdots
\end{aligned}$$

· De maneira geral, tem-se

$$g^{(n)}(0) = \sum_{j=0}^{n} \left(C_{n,j}\right) \frac{\partial^n f}{\partial x^{n-j} \partial y^j}(x_0, y_0) h^{n-j} k^j,$$

em que $C_{n,j} = \dfrac{n!}{(n-j)!j!}$ (combinação de n e j).

Pela fórmula do resto de Lagrange, temos que existe $c \in (0,1)$ tal que

$$g(1) = g(0) + g'(0) + \frac{g''(0)}{2!} + \cdots + \frac{g^{(n)}(0)}{n!} + \frac{g^{(n+1)}(c)}{(n+1)!},$$

isto é, o resto é dado por

$$R_{n+1} = \frac{g^{(n+1)}(c)}{(n+1)!}.$$

Uma vez que $g(1) = f(x,y)$, temos

$$\begin{aligned}
f(x,y) &= f(x_0,y_0) + \frac{\partial f}{\partial x}(x_0,y_0)h + \frac{\partial f}{\partial y}(x_0,y_0)k \\
&+ \frac{1}{2!}\left(\frac{\partial^2 f}{\partial x^2}(x_0,y_0)h^2 + 2\frac{\partial^2 f}{\partial x \partial y}(x_0,y_0)hk + \frac{\partial^2 f}{\partial y^2}(x_0,y_0)k^2\right) \\
&+ \frac{1}{3!}\left(\frac{\partial^3 f}{\partial x^3}(x_0,y_0)h^3 + 3\frac{\partial^3 f}{\partial x^3 \partial y}(x_0,y_0)h^2 k\right. \\
&+ \left. 3\,\frac{\partial^3 f}{\partial y^3 \partial y}(x_0,y_0)hk^2 + \frac{\partial^3 f}{\partial y^3}(x_0,y_0)k^3\right) \\
&\;\vdots \\
&+ \frac{1}{n!}\sum_{j=0}^{n}\left(C_{n,j}\right)\frac{\partial^n f}{\partial x^{n-j}\partial y^j}(x_0,y_0)h^{n-j}k^j \\
&+ \frac{1}{(n+1)!}\sum_{j=0}^{n+1}\left(C_{n,j}\right)\frac{\partial^{n+1} f}{\partial x^{n-j}\partial y^j}(x_0+ch, y_0+ck)h^{n-j}k^j
\end{aligned}$$

Isto é

$$R_{n+1} = \frac{1}{(n+1)!}\sum_{j=0}^{n+1}\left(C_{n,j}\right)\frac{\partial^{n+1} f}{\partial x^{n-j}\partial y^j}(x_0+ch, y_0+ck)h^{n-j}k^j.$$

A ideia acima permite obter uma demonstração para o Teste da Derivada Segunda do Capítulo 5:

Teorema 5.15 (Teste da Derivada Segunda). *Seja $z = f(x,y)$ uma função diferenciável com derivadas parciais de segunda ordem contínuas. Defina a **Hessiana** de f no ponto (x,y) por*

$$H(x,y) = \begin{pmatrix} \dfrac{\partial^2 f}{\partial x^2} & \dfrac{\partial^2 f}{\partial y \partial x} \\ \dfrac{\partial^2 f}{\partial x \partial y} & \dfrac{\partial^2 f}{\partial y^2} \end{pmatrix} = \begin{pmatrix} f_{xx} & f_{xy} \\ f_{yx} & f_{yy} \end{pmatrix}$$

e $D(x,y) = \det H(x,y)$. Suponha que (x_0,y_0) seja um ponto crítico de f. Tem-se que

(i) se $D(x_0,y_0) > 0$ e $\dfrac{\partial^2 f}{\partial x^2}(x_0,y_0) > 0$, então (x_0,y_0) é ponto de mínimo local;

(ii) se $D(x_0,y_0) > 0$ e $\dfrac{\partial^2 f}{\partial x^2}(x_0,y_0) < 0$, então (x_0,y_0) é ponto de máximo local;

(iii) se $D(x_0, y_0) < 0$, então (x_0, y_0) é ponto de sela;

(iv) se $D(x_0, y_0) = 0$, nada se pode afirmar a respeito de (x_0, y_0).

Prova. Provaremos o item (i), o caso (ii) é análogo. Utilizando a notação dos polinômios de Taylor, o fato que $\nabla f(x_0, y_0) = (0,0)$ e denotando $\overline{P_0} = (x_0 + ch, y_0 + ck)$, podemos escrever

$$f(x,y) = f(x_0, y_0) + \frac{1}{2!}\left(\frac{\partial^2 f}{\partial x^2}(\overline{P_0})h^2 + 2\frac{\partial^2 f}{\partial x \partial y}(\overline{P_0})hk + \frac{\partial^2 f}{\partial y^2}(\overline{P_0})k^2\right). \tag{5.17}$$

Por hipótese, $D(x_0, y_0) > 0$, de modo que $D(\overline{P_0}) > 0$ para $\overline{P_0}$ próximo de (x_0, y_0) (isso vem do fato das derivadas parciais serem contínuas). Denotando $A = \frac{\partial^2 f}{\partial x^2}(\overline{P_0})$, $B = \frac{\partial^2 f}{\partial x \partial y}(\overline{P_0})$ e $C = \frac{\partial^2 f}{\partial y^2}(\overline{P_0})$, tem-se, portanto,

$$AC - B^2 > 0. \tag{5.18}$$

Colocando k^2 em evidência na expressão (5.17), tem-se:

$$\begin{aligned} f(x,y) - f(x_0, y_0) &= \frac{k^2}{2!}\left(\frac{\partial^2 f}{\partial x^2}(\overline{P_0})\left(\frac{h}{k}\right)^2 + 2\frac{\partial^2 f}{\partial x \partial y}(\overline{P_0})\left(\frac{h}{k}\right) + \frac{\partial^2 f}{\partial y^2}(\overline{P_0})\right) \\ &= \frac{k^2}{2!}\left(A\left(\frac{h}{k}\right)^2 + 2B\left(\frac{h}{k}\right) + C\right). \end{aligned}$$

Note que $\Delta = (2B)^2 - 4AC = 4(B^2 - AC) < 0$, por (5.18). Uma vez que $A > 0$, por hipótese, segue-se que $f(x,y) - f(x_0, y_0) \leq 0$ para todo (x, y) próximo de (x_0, y_0), ou seja, (x_0, y_0) é ponto de mínimo local. □

Referências

ANTON, H.; BIVENS, I. C.; DAVIS, S. L. *Cálculo-Volume I*. 8. ed. São Paulo: Bookman, 2007. Citado na página ix.

ANTON, H.; BIVENS, I. C.; DAVIS, S. L. *Cálculo-Volume II*. 8. ed. São Paulo: Bookman, 2007. Citado 2 vezes nas páginas ix e 180.

FLEMMING, D. M.; GONÇALVES, M. B. *Cálculo A*. São Paulo: Makron, São Paulo, 1992. Citado na página ix.

FLEMMING, D. M.; GONÇALVES, M. B. *Cálculo B*. São Paulo: Makron, São Paulo, 1992. Citado na página ix.

LIMA, E. L. *Análise real Volume I*. 6. ed. Rio de Janeiro: Impa, 2002. Citado 2 vezes nas páginas 58 e 110.

LIMA, E. L. *Análise real Volume II*. 6. ed. Rio de Janeiro: Impa, 2002. Citado na página 153.

STEWART, J. *Cálculo Volume I*. 5. ed. São Paulo: Thomson, 2008. Citado na página ix.

STEWART, J. *Cálculo Volume II*. 5. ed. São Paulo: Thomson, 2008. Citado na página ix.

Impressão e acabamento
Gráfica da Editora Ciência Moderna Ltda.
Tel: (21) 2201 - 6662